KB235275

군대와 성평등

서울대학교 공익인권법센터

양현아 편

景仁文化社

  여성도 남성과 마찬가지의 병역의 의무를 하는 것이 양성 평등에 부합하는 것인가. 아니면 불리한 현실 여건을 감안하여 여성의 의무 징집을 면제하는 것이 실질적인 평등의 길인가. 제대 군인에 대한 국가의 지원은 정당하고 필요한 것인가. 약 80%의 남성들이 군대 경험을 가진다는 현대 한국의 징병제도 하에서 군대제도는 한국의 남성성과 여성성을 주조(鑄造)하는데 어떤 영향을 미쳤을까. 이러한 질문들은 2009년의 한국사회에서 여전히 많은 논란을 불러일으키는 현재진행형의 문제들이다.

  지구상 유일의 분단국가이며, 국가재정의 15% 정도(2009년 약 28조원)를 국방비에 투여하고, 모든 젊은 남성을 징집대상으로 보는 한국에 살고 있는 사람이라면 어느 누구도 군대라는 주제에서 빠져 나가기 어려운 것이다. 이렇게 군대가 남성에게는 보편적인 경험세계인데도 절대 다수 여성에겐 이방의 세계라고 할 때, 분단만큼이나 높은 장벽이 남녀간의 경험세계에 세워져 있다고도 할 수 있다. 그럼에도 그간 한국의 페미니즘에서 군대문제가 그리 중시되었다고 하기는 어려울 것 같다. 군대문제가 일반의 눈높이에 들어온 것은 흥미롭게도, 1999년 헌법재판소에 제기된 제대군인가산점에 대한 헌법소원을 통해서일 것이다. 그것이 흥미로운 이유는 군대와 같이 개인들의 생각에는 끄떡없을 정도의 대규모의 국가 제도에 대해 '개인들'이 사법절차를 통해 문제를 제기했다는 점 때문이다. 우리 헌법재판소는 제대군인에 대한 가산점 제도에 대해 위헌 결정을 내린 바 있으나 본 사안에 완전히 종지부를 찍은 것은 아닌 것 같다. 2007년 우리 국회는 이전의 제도와 유사한 가산점제도를 신설한 병역법 개정안을 발의하였고 이후 비슷한 법안이 현재에도 국회에 계류 중에 있다. 그런가 하면, 남성만의 징병제도가 헌법이 보장하는 양성평등, 직업선택의 자유 등을 침해한다는 이유로 헌법소원을 낸 국민도 있다. 이 사건 역시 2009년 4월 현재 헌재에 계류 중이다. 본 서는 이러한 입법과 사건의 맥락 속에서 기획되었다.

이 책은 2008년 6월 14일 서울대학교 법과대학의 공익인권법센터와 한국젠더법학회의 공동주최로 개최되었던 학술회의에 바탕하고 있다. 이 학회를 계획할 당시, 보다 뜨거운 현안이었던 '군가산점제'에만 초점을 맞출지 아니면 이와 함께 위 헌법소원을 계기로 남성만의 징병제에 대해서도 다룰지에 대해 고민하였다. 두 주제를 다룰 경우 자칫 초점이 흐려질 수 있고, 어느 한 주제에 대해서도 심도 있는 연구를 제시하지 못할 가능성이 높아지기 때문이다. 이런 위험을 부담하고라도 우리는 두 사건을 모두 다루기로 하였는데, 그것은 두 사건이 결국 남성국민의 징집과 결과적으로 초래되는 군대 문제에 대한 여성의 배제 혹은 2차 시민화라는 점에서 말 그대로 유기적 연관성을 가지고 있다고 보았기 때문이다. 이렇게 하여 본 서는 두 사건을 다루고 있고 이를 통해 우리의 군대제도를 조금은 더 합리적이고 민주적이고 성평등한 제도로 개혁하는데 하나의 참고가 되기를 희망한다. 이제 그 내용을 간단히 소개하기로 한다.

제1장에서 김용화 교수(숙명여대)는 헌법적 측면에서 군대와 양성평등의 문제를 폭넓게 살펴보고 있다. 먼저, 기본권 관점에서 평등 개념과 법여성학적 관점에서 평등 개념을 논하고, 군대와 관련하여 각국의 입법례를 비교법적으로 고찰한다. 이에 바탕하여 양성평등과 군대문제를 여성의 입장에서 논하고 있는데, 김 교수는 "남성과 다른 여성을 남성과 동일하게 취

급한다면 여성들에게 평등은 권리가 아니라 부담이 될 것이다”라고 진단한다. 요컨대, 여성의 차이와 현실적 불평등을 감안하여 여성에 대한 징집 면제를 용인하는 입장을 제시하고 있다. 본 연구는 헌법적 관점에서의 평등권리를 군대 문제에 적용한 총론에 해당하는 연구로 이해할 수 있겠다. 이에 대한 지정 토론은 이재승 교수(건국대)와 이우영 교수(서울대)가 맡았다. 다음 장에는 뜨겁게 논란이 된 군가산점제 부활 법안에 대한 김하열 교수(고려대)의 헌법적 평가 논문이 실려 있다. 김 교수는 헌법재판소 연구관의 실무 경력을 바탕으로 하여 2008년 12월 국방위원회를 통과한 법안을 중심으로 살펴보고 있다. 먼저, 개정안의 내용을 살펴보고 여기에 헌법 위반의 문제는 없는지를 검토한다. 여기서 군복무로 인한 불이익은 보상해야 하는 것인지, 그러한 보상은 헌법에서 명령하고 있는지 등을 다루고 있다. 이러한 검토에 근거하여 필자는 개정안의 가산점제도는 헌법적 근거가 있는 내용과 방법을 채택하지만, 근본적으로 헌법적 문제점을 지니고 있다고 결론짓는다. 즉 본 제도는 능력주의와 기회균등을 요체로 하는 공무담임권을 침해하며, 헌법 제32조 4항 등 양성평등을 보장하는 헌법규범에 위반한다는 것이다. 본 발표에 대한 지정 토론은 박선영 박사(한국여성정책연구원)와 전종익 교수(서울대)가 맡았으니 참고하기 바란다.

제3장에 실려 있는 양현아 교수의 논문은 위에서 말한 병역법 제3조 제1항 등에 대한 헌법소원을 계기로 하여 남성만을 대상으로 한 한국의 징병제도를 살펴보고 있다. 이 글은 본 헌법소원을 둘러싸고 제시된 헌법학자와 국방부 장관 등의 의견을 법사회학적·법여성학적 견지에서 검토하고 있다. 이에 따라, 여성에 대한 ‘수혜적 차별론’ 혹은 여성의 ‘차이론’ 등에 대해 비판적 접근을 취하고, 이와 같은 현실적 고려가 아니라 본 사안에 대해 헌법적 심사를 할 것을 요청하고 있다. 필자는 여성의 차이론이나 수혜론이라는 것은 실은 여성과 남성의 영역을 갈라놓은 한국사회와 국방정책을 정당화하는 논거가 될 수 있다고 분석하고 노동관계법상의 ‘진정직업자

격(BFOQ)' 기준을 병역 업무에도 적용하여 여성의 군징집 배제에 대한 국가의 정당화가 필요하다고 하고 있다. 이와 같은 논거 위에서 양 교수는 본 병역법 제3조 등은 성차별의 소지가 있기에 헌법에 합치하지 않는다고 결론짓는다. 이 글에 대한 지정 토론은 권인숙 교수(명지대)와 전주성 박사(국방연구원)가 맡았다.

이어서 권인숙 교수의 논문은 스웨덴과 이스라엘을 중심으로 한 여성의 징병제 연구이다. 지구상 여성 징병제를 채택하는 국가는 위의 두 국가뿐이라고 하는데, 권 교수는 이 글에서 징병제를 통해서 본 여성과 시민권의 관계, 양성평등의 입지 강화의 의미와 한계를 살펴보고 있다. 본 논문에서 볼 때, 징병제라도 해도 각 국가의 조건마다 다양하게 제도가 운영됨을 알 수 있다. 예컨대, 스웨덴의 경우는 다음과 같다. "매년 5만 명 정도의 남성이 징병연령에 도달하고 이 중 40% 정도만 징병된다. 남자의 징병과 같은 방식으로 진행되는 입대검사를 통해 군대에 적합하다고 판명이 난 여성은 이후 어떤 역할이 어울린 것인가를 정한다. 이 때 그 역할을 택할지 아니면 입대를 하지 않을지를 결정할 권한을 여성에게 있다. 여성의 일이나 역할은 따로 없으며 350개의 모든 교육이 남성과 여성 모두에게 열려있다. 2005년 기준으로 여성은 4만 8360명 병사 중 1천 107명이고, 매년 200~300명의 여성이 징병제에 지원하고 있다." 이러한 연구는 여성 징병제에도 다양한 형태가 있을 수 있음을 보여준다. 권 교수는 또한 한국에서 논의되는 사회복무제와 여성간의 관계에 대해서도 고려해야 할 여러 측면을 짚고 있다.

제5장의 박선영 박사의 연구는 군가산점제 대체법안에 관해 분석하고 있다. 앞서의 김하열 교수가 2008년 말 국방위원회를 통과한 개정안을 주요 대상으로 하였지만, 박 박사의 논문은 김성회 의원안을 중심으로 분석하고 있다. 하지만, 그 내용이 대동소이하여 내용상 큰 차이는 없는 것으로 보인다. 박 박사는 헌법상의 논거 위에서 본 법안이 합헌적인지를 묻고 있

는 바, 결론적으로 이 글에서는 위 안은 군가산점제가 가지고 있던 위헌성을 극복하지 못하고 있다고 진단한다. 김성회 의원안은 가산점 대상자, 가점비율, 가점횟수, 선발예정인원 제한 등으로 피해의 범위를 최소화했다고 하지만, 헌법적 근거가 없는 입법 정책적 제도이며 국가의 재정 지원 없이 제대군인을 지원하려는 것으로서 여성과 장애인의 희생을 전제로 한 제도에 불과하다고 결론짓는다.

이상의 5편은 앞의 학술회의에서 발표된 논문 세편에 권인숙 교수와 박선영 박사의 두 글이 보태진 것이다. 이 다섯 명의 학자들은 개인 연구를 발표한 것으로 서로의 생각을 일치하거나 조정하는 과정을 가지지는 않았다. 김용화 교수는 현재의 남성 복무제의 현실 적합성을 인정한 반면, 양현아와 권인숙 교수의 글에서는 여성에 대한 징병제를 포함한 군복무 참여 확대를 고려해 볼 수 있다는 의견을 나타내고 있다. 다른 한편, 김하열 교수와 박선영 박사는 헌법적 견지에서 군가산점제의 부활안은 헌법적 정당성을 가지고 있지 않다는 일치된 의견을 보이고 있다.

이어서 2부에는 학술회의에서 발표된 지정토론과 자유토론의 내용이 실려있다. 특히 자유토론문에는 학회장에서의 역동성과 생생한 분위기를 느낄 수 있는 참고가 되리라 생각된다. 제3부 자료집에서는 본 서에서 다루어진 사건과 관련 법안을 수록하였다. 먼저, 남성만의 징병제도에 대한 헌법소원 사건 자료들을 수록하였다. 여기에는 이전에 기각된 사건과 현재 심의 중인 사건이 포함되어 있다. 제대군인 가산점제 관련해서는 1999년 헌재에서의 결정문, 2007년 이후 군가산점제를 부활하는 대체 법안들을 수록하였고, 이에 대한 국회 국방위원회, 여성위원회와 국가인권위원회의 의견이 수록되어 있다. 마지막으로 군대 경험에 대한 남성 의식 조사 자료를 실었다. 이 자료는 한국여성정책연구원이 2007년 8월 20-38세의 남성 1,000명을 대상으로 수행한 조사에 관한 것이다. 흔히 남성들이 군가산점의 부활에 찬성한다는 표면적인 결과에 매몰되어 그 저변에 흐르는 보상욕구나 동기를 정확히 이해하려는 노력이 부족하다는 취지에서 수행된 본 연구는 앞으로의 정책 개발에 유용한 자료가 되리라 믿는다. 이 자리를 빌어 본 서에 자료를 제공해 주신 한국여성정책연구원의 안상수 연구원께 감사드린다.

계속해서 본 서가 나오기까지 도움을 주신 분들께 감사를 표하고 싶다. 본 학술회의가 열릴 당시의 한국젠더법학회 회장 이화여대 김선욱 교수님, 서울대 공익인권법센터 소장 한인섭 교수님께는 본 학술회의에 대한 지원에 감사드린다. 본 고에 논문과 토론문을 기고하신 연구자, 토론자, 그리고 사회자 등 여러 참여자들께 깊이 감사드린다. 또한, 자료 수집과 편집에 수고를 아끼지 않은 공익인권법센터의 조교이자 서울대 법대의 박사과정에 재학중인 장임다혜 조교와 김동혁 조교에게도 감사의 마음을 전한다.

학술회의 이후 거의 1년이 지난 시점인 현재 18대 국회가 구성되고 군가산점제를 부활하거나 제대군인에게 지원을 하고자 하는 법안들이 여럿 발의되고 있다. 특히 2008년 12월에는 관련법안이 소관소위인 국방위원회에서 의결된 바 있다. 군가산점제는 남성 징병제 기존 질서 유지를 위한 일종의 반대급부로서, 이 땅의 여성과 남성 모두의 관심사일 것이라고 생각된다. 또한 여성 사회복무제도 논의되고 있어 여성에게도 직접적 관련성을 가진 사안이다. 그럼에도 이 문제에 대한 세인과 학계의 관심이 그리 높지 않은 것 같다. 학술회의를 조직하면서 보니 한국에서 군대를 주제로 한 여성 연구 또는 페미니즘 연구가 많지 않음을 알 수 있었다. 또한 여성군인들이나 여성군인 조직과 접촉하기 어렵다는 것을 알았다. 군가산점에 대한 뜨거운 여론에도 불구하고 이러한 역설적인 상황을 본 서의 의의로 삼을 수 있을 것 같다.

제대군인지원제도는 남성 징병제의 틀을 바꾸지는 않는다는 점에서 두

제도는 체계적으로 관련되어 있다. 본 서의 메시지를 요약하자면 군가산점제와 같은 제대군인 지원제도가 아니라 평등원리라는 큰 틀에서 군인력 충원의 제도를 재구성하라는 것이다. 박선영 박사의 논문을 인용하자면, "남성만의 징병제가 존재하는 한 군복무를 이유로 채용시 가산점을 부여하는 제도는 헌법질서와 양립할 수 없다"는 것이다. 군인력 제도는 이제 국가를 중심으로 할 것이 아니라 국민을 중심으로 하는 시각 전환이 요청되고 여기서 평등권, 특히 성평등 원리는 빠질 수 없는 기준이 될 것이다. 국민들의 평등의 요청에 따라 일부(남성)에 대한 의무 부과와 이에 대한 보상과 희생자를 낳는 방법이 아니라 보다 보편적인 인력 제도를 구성해야 한다. 여기서 여성의 보편적 군복무를 위한 제도 마련은 장기적이지만 지금 시작해야 할 과제라고 본다. 이와 같은 메시지가 관련 정책의 개발에 참고가 되기를 바라는 마음이다.

2009. 4. 18
음대 옆 법대에서
양 현 아

차 례

서문 ‖ 양현아

제1부 연구 논문 ‖ 1

제1장 헌법적 측면에서 본 군대와 양성평등 ‖ 김용화 ‖ 3
제2장 군가산점제도에 대한 헌법적 평가 ‖ 김하열 ‖ 45
제3장 병역법 제3조 제1항 등에 관한 헌법소원을 통해 본 남성만의 징병제도
　　　‖ 양현아 ‖ 77
제4장 징병제의 여성참여: 이스라엘과 스웨덴의 사례 연구를 중심으로
　　　‖ 권인숙 ‖ 119
제5장 계속되는 군가산점제 부활안의 쟁점 : ‘김성회의원안’을 중심으로
　　　‖ 박선영 ‖ 165

제2부 토론 종합 ‖ 183

제1장 지정토론 ‖ 185
제2장 자유토론 ‖ 219

제3부 관련 자료 ∥ 245

제1장 남성 징병제 헌법소원 관련 ∥ 247

1. 2000헌마30 사건 ··· 247
2. 2002헌마79 사건 ··· 249
3. 2006 헌마 328 병역법 제3조 제1항 등 위헌확인에 대한
   심판청구원인보충서 ··· 251
4. 2006 헌마 328 병역법 제3조 제1항 등 위헌확인에 대한
   국방부장관 의견서 ··· 258

제2장 제대군인 가산점제 관련 ∥ 265

1. 98헌마363 헌법재판소 결정 ································· 265
2. 관련 대체법안 ·· 293
3. 관련기관 의견서 ··· 306

부록 군가산점제 부활 논쟁과 남성 의식조사 ∥ 325

제1부
연구 논문

제1장
헌법적 측면에서 본 군대와 양성평등[*]

김 용 화[**]

Ⅰ. 서설

20세기 이후 양성에 대한 평등요구는 단순한 형식적 평등을 넘어 실질적 평등을 요구하고 있다. 현대에는 여성과 남성, 즉 양성간의 평등은 개인적 평등을 넘어서 집단으로서의 평등을 요구하고 있는 것이다. 그러나 아직까지도 양성평등은 기준이나 형식 등에서 해결되지 못한 많은 문제를 안고 있다. 즉 지금까지의 인류 역사는 남성중심의 역사(문화)로서, 사회 전반적으로 뿌리 깊게 고착화되어 있는 남성중심의 문화가 변화되지 않는 한 양성평등의 문제는 계속 논쟁거리로 남아 있게 될 것이다. 그럼에도 불구하고 이러한 한계를 극복하기 위하여 남성 중심적 문화를 지양하고 양성평등을 정착시키기 위한 법과 제도 그리고 정책에 대한 요청이 각국의 헌법

---

[*] 본 글의 Ⅰ·Ⅱ·Ⅲ의 내용은 졸고인 "성인지적 관점에서 바라본 성평등 실현에 관한 연구" 중 일부를 요약·인용하였음.
[**] 숙명여자대학교 법과대학 조교수

에 규정되어 있다.[1]

우리 헌법도 제11조 제1항 제2문에 '누구든지 성별·종교 또는 사회적 신분에 의하여 정치적·경제적·사회적·문화적 생활의 모든 영역에 있어 차별받지 아니한다'고 규정함으로써 양성평등을 규정하고 있다. 양성평등을 규정한 헌법 제11조 제1항 제2문은 동조 제1항 제1문의 구체화된 규범으로서 '원칙적으로 절대적 차별금지'를 그 내용으로 하고 있다. 양성평등과 관련하여, 헌법 제11조 제1항 제1문은 평등권에 관한 일반적 규정이며 제2문이 구체적 개별적 규정이므로 동조 제2문이 우선적으로 적용되어, 성에 따른 차별을 금지할 것을 요구하고 있다. 다만 예외적으로 생리 등에 의한 차이를 인정하고 이에 따른 차별을 예외적으로 허용한다. 왜냐하면 어떠한 것이 태어나면서부터 주어진 생래적 특성에 의해 결정적으로 또는 영구적으로 형성됨에도 불구하고 여성과 남성을 획일적으로 동일하게 규정하고 적용하는 것은 여성과 남성의 생리적 차이를 부정하는 것으로써 오히려 불평등을 초래하기 때문이다. 따라서 이러한 예외적인 사안에 있어서는 성별을 고려한 차등적인 법적 대우가 가능하며 오히려 요구된다고 할 것이다.[2]

그러나 이러한 헌법 규정에도 불구하고 현실적으로 성불평등적 현상은 여전히 존재한다. 법적인 차별금지가 외형적으로 어느 편도 들지 않는, 즉 몰 성적인 법질서로서의 중립성만을 원칙으로 고수한다면 성차이에 따른 성불평등은 근본적으로 해결될 수 없을 것이다. 몰 성적인 관점은 여성과 남성간의 생래적·사회적으로 정해진 다른 역할, 책임 또는 능력 등을 무시함으로써 불평등을 지속시킬 수 있기 때문이다. 역사적으로 법은 남성적, 가부장적 가치와 경험 위주의 내용으로 구성됨으로써 여성의 경험은 비가시화되고, 성차이나 성불평등의 현실을 무시함으로써 남성적 관점에서의

---

1) 졸고, "성인지적 관점에서 바라본 성평등 실현에 관한 연구", 2006. 6쪽.
2) 이욱한, "차별금지원칙과 실질적 평등권 – 양성평등을 중심으로 –", 『공법학연구』 제6권 제3호, 비교공법학회, 2005, 119쪽.

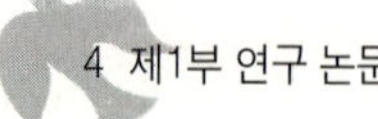

성차와 성역할을 정상적인 것으로 전제하는 위계적인 법문화를 형성·유지하여 왔다는 비판을 받아 왔다. 이러한 법문화 속에서도 인식의 변화를 통한 진보를 추구하면서 요구한 평등은 실질적인 기회의 평등이다. 형식적 평등으로서의 기회의 평등만을 보장하는 경우, 이미 차별적인 환경이 설정되어 있음으로 인하여 평등을 실현하기에는 불가능하기 때문이다. 평등은 '같은 것은 같게 다른 것은 그에 상응하게 다르게 취급하라'는 것과 '각자에게 그의 몫을 주라'는 법언으로도 표현되고 있다. 여기서의 '같고 다른 것', 그리고 '각자의 몫'이라는 것이 무엇이며, 평등하게 되기 위해서는 어떠한 것이 전제되어야 하는가가 문제이다. 특히 양성평등을 위해 무엇을 '같은 것'으로 보고 무엇을 '다른 것'으로 보아야할 지에 대한 지표와 '각자의 몫'을 주기 위해 기회만을 보장하는 것을 의미하는 것인지, 결과적인 상태까지로 해석할 지에 대하여는 명확하게 나타나 있지 않은 것이다.[3]

이러한 평등에 대한 인식은 최근 들어 그동안 남성의 전유물이라고도 할 수 있었던 군대, 특히 병역의무에 따른 성불평등 문제로 불거지고 있다. 이러한 논란 속에서 군대와 관련, 국방의 의무와 평등간의 근본적인 논의 없이 성불평등을 전제하고 이를 제거하기 위해 병역의무에서의 양성평등 실현 또는 불평등에 대한 보상지원이 요구되고 있다. 하지만 이미 헌법재판소는 헌법적 의무인 국방의 의무 특히, 대다수의 남성에게 해당되는 병역의무에 대한 보상조치(가산점부여)는 비제대군인에 대한 평등권위반이라는 위헌판결이 있었다. 이에 본 연구는 국토방위의 임무를 수행하는 군대(제도)와 관련, 헌법상 모든 국민에게 부과하고 있는 국방의 의무, 그 중에서도 직접적 의무인 병역의무가 남성에 대한 성차별이라는 논란에 앞서 헌법상 양성평등과 군대의 본질적인 의미를 우선적으로 고찰해 보고자 한다.

---

3) 졸고, 앞의 논문, 8쪽.

II. 평등의 이해

　모든 인간은 평등한가. 이에 대한 논쟁은 아리스토텔레스 이후 계속되어 오고 있다. 모든 인간은 각자 주어진 능력과 소질, 처해 있는 환경이 다르기 때문에 일률적으로 평등하다, 불평등하다라고 단정지울 수는 없다. 즉 개인의 생래적·사회적 차이를 인정하지 않고 모든 인간은 평등하다, 불평등하다라고 단정하는 것은 인간의 정체성을 부정하는 것이 될 수 있기 때문이다. 인간은 중요한 본성에 있어서 그리고 부수적인 취향 등에 있어서도 각자 다를 수밖에 없으며 이것은 자율적인 삶을 사는 인간의 중요한 조건이기도 한 것이다. 그래서 인간은 늘 자유와 평등을 함께 추구하고 있는 것이다. 인간은 다른 사람과의 비교에서 조금이라도 불평등한 대우를 받는다고 느끼면 자유를 제한당하는 것에 못지않게 인격을 침해받는다고 생각한다. 따라서 '차이는 인정하되 차별이 허용되어서는 안 된다'는 사회적 차별에 대한 인식,[4] 평등은 남성과 여성의 차이가 감춰질 수 있거나 여성의 경험이 남성과 비교될 수 있는 경우에만 적용될 수 있다[5]는 것이 주장되고 있다. 즉 평등과 차이를 어떻게 해석하느냐에 따라 평등의 실현 내용은 달라질 것이다.

1. 가치와 규범의 기준으로서 평등

　평등이 가치로서 논의되는 경우는 사회가 궁극적으로 추구할 목표로서의 평등이 무엇인가이다. 이에 반하여, 평등이 법규범으로 논의되는 경우

---

4) 이종수, "사회적 차별과 평등실현", 『연세법학연구』, 연세법학회, 2004, 6쪽.
5) Carol Tavis, The Mismeasure of Women, 히스테리리아 역, 『또하나의 문화』, 2001, 132쪽.

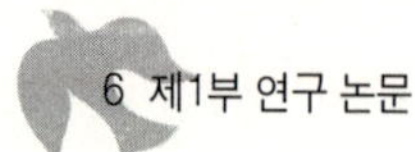

는 현실적인 법규범으로서의 평등이 어떠한 역할을 하여야 하며, 심사기준이 무엇이고, 그 판단의 논리구조가 무엇인가이다. 즉 가치적인 논의에서는 추구되어야 할 평등의 실질적 내용이 무엇인가가 중요한 반면에, 법규범적 논의에서는 현실의 법규범으로 규정된 평등규정이 실제로 가져야 할 의미가 무엇인가가 논점이다. 따라서 일반적으로 가치로 주장되는 평등의 내용이 현실의 규범 내용으로 그대로 받아들일 수 없는 현실적 한계로 인하여, 다양한 실질적 내용을 통합할 수 있는 평등이 무엇인가가 논점이 된다.6) 예컨대, 양성평등은 가치적 측면에서 보면 인간의 존엄성 실현의 방법으로 요구되며, 법규범으로서 양성평등은 (실질적인)기회의 평등을 보장하기 위한 평등으로 해석할 것이 요구된다. 한편, 일반적으로 규범적인 평등은 두개의 동등의 사안을 – 다수의 대상 – 전제로 한다. 다수의 대상은 그 대상들이 어떤 관점에서 서로 구별될 때에만 존재한다. 여기서 주목해야 할 것은 모든 대상(상황, 생활관계)은 다수의 표지로 구성된다는 것이다. 서로 다른 표지를 확인할 수 없다면, 동일(완전히 같음)한 것으로서 평등의 문제는 존재하지 않는다. 또한 두 개의 사안에서 서로 일치하는 개별표지가 중요한지 서로 다른 개별표지가 중요한지, 즉 사안을 같은 것으로 간주해야 하는지 다른 것으로 간주해야 하는지는 비교가 이루어지는 차별기준(비교의 관점)에 따라 결정될 수 있다.

예컨대, 육아휴직이 필요한 사람과 육아휴직이 필요하지 않은 사람을 비교할 때 '사람'이라는 표지를 중요한 기준으로 삼으면, 육아휴직자와 비육아휴직자는 동등한 대우를 받아야 하지만 육아휴직이 차별기준이라면, 차별취급은 허용된다. 따라서 차별기준이 불명확할수록, 동일한 것으로 판단되는 사안(집단)은 더 많아지고 차별취급의 가능성은 더 적어진다. 반면,

---

6) 황도수, "법규범으로서의 평등의 사적 전개", 『헌법논총』 제7집, 헌법재판소, 1996, 187-188쪽.

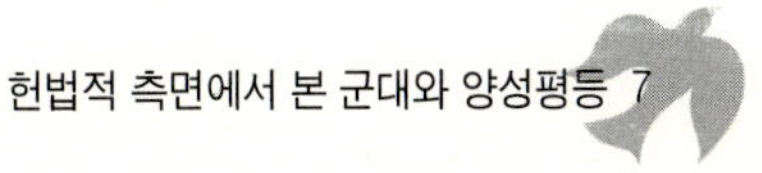

차별기준이 정확하게 선택될수록, 동일한 것으로 판단되어지는 사안(집단)은 더 적어지고 차별취급의 가능성은 더 많아진다. 그러므로 누구든지 평등의 침해를 주장하고자 한다면 비합리적인 내용의 차별기준을 선택함으로써 그에 대해 증거를 제시할 수 있다.[7] 따라서 차별기준은 사안의 합리성 여부에 따라 동등대우와 차별취급의 정당성을 부여한다.

한편, 법원은 비교 관점의 기준을 명확하게 선정하여 차별을 허용한다. 법적으로 평등권 위반이 자주 주장되지만 주장하는 것만큼 인정되지 않는 중요한 이유가 바로 여기에 있다. 평등을 적용함에 있어 중요한 것은 차별기준의 선택이 논리적인 사고 작용에 의해 이루어지는 것이 아니라 가치판단에 근거한다[8]는 것이다. 또한 두 개의 사안에서 '같은 것은 같게 다루어야 한다'고 하는 명령, 즉 동등한 대우는 관계된 사안들에 대하여 동일한 법적 효과를 명하는데 있다. 만일 동일한 법적 효과가 나타나지 아니하는 경우에는 '상이한 취급'(Verschiedenbehandlung)이 존재하는 것이다. 모든 법적 효과는 특정한 요소의 표지에 구속되기 때문에 상이한 취급들은 원칙적으로 모든 규범적 규율과 관련이 된다. 따라서 차별취급은 오히려 상이한 취급의 '같은 것'(Gleiches)과 관련된 사안에만 국한되어야 한다. 즉 '다른 것'을 같게 취급하는 것이 차별이 되는 것이다. 이러한 사안에서 비로소 평등원칙에 대한 구성요건적 위반이 나타나는데, 물론 이는－그 밖의 기본권 제한의 경우 같이－정당화될 수도 있어서 반드시 평등원칙의 침해라고 할 수 없다. 따라서 상이한 취급을 차별로 판단하기 위해 '같은 것'이 존재하는지를 판단하는 것은 상당히 어려운 문제이다. 즉 최소한 두 개의 상이한 사안 가운데 동일한 상황(동일한 사람들, 동일한 사건유형 등)이 존재하여야 한다는 구성요건적 요청은 모든 비교대상들이 필수적으로 두 개의 서로

---

7) Manfred Gubelt, in: Münch/Kunig(Hrsg.), GG. Bd. 1, 5. Aufl., 2000, Art. 3 Rn. 16.
8) M. Gubelt, a. a. O., Rn. 17.

같지 아니한-이들은 상호간에 모든 면에서 같을 수는 없으며 오히려 어떤 관점에서는 서로 상이하여야 하는-상황을 포함하고 있어야 한다는 것이다.9) 그렇다면 건장한 남성에게만 부여된 병역의무 이행에 대한 불평등을 해소하기 위해 가산점을 부여하는 것은 헌법재판소의 결정문에서도 나타났듯이 비건강한 남성, 그리고 남성이 아닌 여성 등 생래적, 후천적 차이를 고려하지 않는 차별, 즉 '남성과 여성은 같다', '건강한 남성과 비건강한 남성은 같다'라는 전제하에서 '다름'에도 불구하고 '같음'으로 취급한 차별이 명백하다할 것이다. 그동안 군대의 역사와 문화는 - 플라톤은 여성이 시민의 모든 의무를 모든 남성과 동등하게 분담하도록 공공연히 의도했으나 가정주부인 여성은 임신과 수유가 통제나 예측이 어렵기 때문이며 가정의 주도적 책임자라는 것 등으로 인해 병역을 수행한다는 것은 불가능하다고 하였다.10) - 남성 독점적인 것으로 존재해 왔으며 지금도 군대문화는 사회 전 영역에서 남성 중심적인 이데올로기의 전형으로써 남성의 권력화를 공고히 하고 있는 기제 중에 하나이다.

따라서 여성에게 병역의무를 부과하여 평등의 가치를 실현하고자 한다면, 생래적·사회적 차이로 정치적·경제적·문화적·사회적으로 다르게 취급됨으로써 역사적으로 불평등을 감수하게 하였던 상황을 고려하여야 할 것이다. 또한 현재 징병제를 채택하고 있는 우리나라 군대제도는 신체조건으로 복무자를 선발하고 있기 때문에 이는 생래적으로 후천적으로 신체적 조건이 나약하거나 미약한 이들은 아예 배제시키고 있다. 따라서 성차별에 따른 불평등으로 군대문제를 접근하는 것은 본질적인 문제를 비껴나가는 것이라 할 수 있다. 그럼에도 불구하고 병역의무에 대하여 양성공동징병제를 실시하던지 아니면 대부분의 남성에게만 부과되는 병역의무에 대한 사

---

9) Michael Sachs, Verfassungsrecht II Grundrechte, Springer, 2000, Art. 3 Rn. 9-11.
10) 캐럴페이트만 외, 『페미니즘 정치사상사』, 이후, 2004, 52쪽.

후적 보상조치로 평등실현을 요구하고 있다. 그러나 이미 우리 헌법재판소
는 헌법 제39조 제1항에서 국방의 의무를 국민에게 부과하고, 특히 병역법
에 따라 군복무를 하는 것은 국민이 마땅히 하여야 할 이른바 신성한 의무
를 다 하는 것일 뿐, 그러한 의무를 이행하였다고 이에 대하여 보상할 이유
가 없다고 하였다. 또한 헌법 제39조 제2항은 병역의무를 이행한 사람에게
보상조치를 취하거나 특혜를 부여할 의무를 국가에게 지우는 것이 아니라,
법문 그대로 병역의무의 이행을 이유로 불이익한 처우를 하는 것을 금지하
고 있을 뿐이라고 하면서 제대군인에게 부여했던 가산점제도가 비제대군
인(여성과 장애인, 남성 중 신체적 미약자)의 평등권 및 공무담임권을 침해
하였다고 하면서 위헌판결[11]을 내린 바 있어 병역의무에 대한 가산점부여
조치가 차별취급에 대한 보상이 아님을 밝히고 있다.

2. 기회의 평등

  기회의 평등은 근대 부르주아 계층이 그들의 경제력을 바탕으로 당시
귀족계급이 누렸던 법적·정치적 권리에 동참을 요구하기 위한 정당화 논
리로서 한층 더 강화되었다. 이러한 기회의 평등은 개인의 소질과 능력을
자유롭게 계발할 평등한 권리와 기회를 가질 뿐만 아니라 동일한 업적에
대하여 동일한 보상이 주어져야 한다는 것이다. 이러한 평등은 헌법에서는
'법 앞에서 평등'으로 규정되어 있고, 실질적인 내용은 누구에게나 동등한
기회를 부여하는 것을 의미하는 것이다. 즉 성별, 종교, 사회적 신분 등의
객관적 조건이 아니라 개인의 주관적 능력이 결정적인 요소라는 것이다.[12]
이렇게 만인의 '법 앞의 평등'을 의미하는 기회의 평등은 모든 사람에게 모

---

11) 헌법재판소 1999. 12. 23. 98헌마363.
12) 박호성, 『평등론』, 창작과 비평사, 2002, 57쪽.

든 사회적 제도에 접근할 수 있는 평등한 기회를 보장하는 것이다. 그러나 이러한 기회의 평등은 기회에 자체에 대한 평등이지, 현실적으로 기회를 이용할 수 있는 개인의 능력이나 소질 또는 환경에 대한 고려는 배제되어 있다. 특히 생래적·사회적 차이가 고려되지 않은 상태를 공평하고 동등한 기회가 보장되었다고 하는 경우, 즉 이미 차별적 요소가 내재되어 있거나 기회자체가 배제된 형식적 평등만을 보장하게 되는 것이다. 기회의 평등은 적어도 개인에게 어떠한 방법으로든지 그의 능력과 소질 등 개인의 능력을 다른 삶과의 경쟁 속에서 발휘할 기회를 동등하게 가질 수 있어야 한다. 그러기 위해 적어도 동등한 조건(또는/그리고) 능력이 전제되어야 하지만, 그 전제가 만족될 수 없으면 이미 불평등을 내재하고 있는 것이다. 그렇다면 군대는 여성에게는 접근의 기회조차가 주어지지 않은 사회제도였다. 여성에게는 기회조차 부여되지 않았던 군대는 남성조직집단으로서 시민권의 발로였으며, 그와 함께 국가와 사회의 지배권의 독점이 부여되었다. 이렇게 남성 지배중심적 체제의 발로인 군대는 지금도 그 체제를 공고히 하고 있다.

반면, 여성은 남성(군대)을 지원하는 간호 등을 이행하는 것이 대부분이었다. 미국을 위시한 대부분의 나라에서도 여군은 간호직으로 출발해 전시 보조 인력으로 임무를 수행하다가 남군인력이 부족하거나 징병제의 효력이 상실하면서 역할이 확대된 역사를 가지고 있다. 즉 남군의 '대체병력'이었던 셈이다.[13] 이러한 상황으로 본다면 여성에 대한 법적·제도적으로 불평등한 요소를 제거하지 않은 상태에서 병역의무를 부과하거나, 병역의무를 이행하지 못했던(또는 않았던) 것에 대하여 불이익을 감수하게 함으로써 양성평등을 실현하고자하는 것은 오히려 여성의 실질적인 기회의 평등을 제한하는 것이다.

---

13) 이임하, 『여성, 전쟁을 넘어 일어서다』, 서해문고, 2004, 43쪽.

3. 결과의 평등

기회의 평등과는 달리 인간에게 주어지는 모든 권리가 평등해야 한다고 보는 것이 결과의 평등인 것이다. 이는 출발점이나 자연적 능력은 고려하지 않고 법적인 조치나 정치적 수단 등을 이용하여 결과적으로 도식적인 평등을 실현하고자 하는 것이다.14) 이러한 결과의 평등은 '평등한 지위' (Gleichstellung)와 같은 의미로 사용될 수 있을 것이다.15) 즉 현실이라는 사실적 차원에서의 평등을 말한다. 따라서 출발조건의 평등을 부여함으로써 결과적으로 평등을 보장하는 것이다. 결과의 평등은 모든 권리를 전부 소유할 수 있는 기회가 동등하다는 것을 의미한다고 할 수 있다. 이는 평등 보장의 가장 핵심적인 문제가 바로 사실상의 출발 조건의 차이이기 때문이다. 그렇기 때문에 결과의 평등은 정의와 평등사이의 긴장관계를 조성하게 된다. 즉 '각자에게 그의 몫을 주라'는 것을 어떻게 해석하느냐에 따라 기회의 평등을 보장해야하는지 결과의 평등을 보장해야하는지가 다르게 나타나기 때문이다.

한편, 결과의 평등은 원칙적으로 법적으로 허용되지 않는다. 여성운동에서는 역사적으로 여성에 대한 차별취급의 보상으로서 결과의 평등을 요구하고 있는데, 이러한 요구에 대한 법적·제도적 조치로서 도입된 것 중에 하나가 적극적 조치이다. 이러한 적극적 조치를 통하여 출발조건의 평등을 실현한다면 기회의 평등만이 주어지더라도 평등 실현이 가능하다는 것이다. 그러나 이러한 현실적 요구에 대하여 유럽사법재판소16)에서는 공공기

---

14) 박호성, 앞의 책, 58쪽.

15) M. Gubelt, in: a. a. O., Rn. 93; Hans Hoffmann, Die tatsächliche Durchsetzung der Gleichberechtigung in dem neuen Art. 3 Ⅱ S. 2 GG, in: FamRZ 1995, 249f.(257, 261).

16) Case c-450/93 Kalanke vs. Freie Hansestadt Bremen, 1995. 10. 17.

관의 모든 직무에 동일한 수의 남성과 여성을 고용하게 하려는 목적을 가진 적극적 조치로서 할당제는 EU 평등대우 지침 제2조 제4항[17]의 기회의 평등이 아니라, 결과의 평등을 달성하려는 것으로 보아 허용하지 않았다. 그러나 결과의 평등은 반드시 절대적 평등을 의미하는 것은 아니다. 절대적 평등이라는 개념은 사실상 존재할 수 없기 때문이다. 결과의 평등은 그 성과에 있어서 동등한 결과를 추구하는 것이다.

이렇게 평등의 의미를 고찰할 때에는 '기회의 평등 – 결과의 평등'이라는 두 개념이 병렬적으로 나타난다. 기회의 평등은 역동적인 개념으로서 특정한 성과의 달성을 지향하는 어떤 과정을 말하며 결과의 발생을 가능하게 하는 조건을 만들어 내는 것을 내용으로 한다. 그에 반해 결과의 평등은 오히려 정적인 개념으로서 노력의 종국적 상태, 다시 말해 성과, 즉 결과의 발생에서의 평등을 의미하는 것이다. 따라서 평등은 동시에 상이함이 인정이 된다는 점에서만 남성과 여성의 동등한 가치를 추구하는 것이다. 그렇기 때문에 남성과 여성사이의 생물학적 차이를 완전히 부정하는 도식적인 평등은 실제로는 요구되지 않는다. 여성운동에서도 그동안 전통적 성역할을 극복하기 위해 평등을 강조하는 것 이외에도 여성의 '차별성'을 인정하는 것도 동시에 요구하고 있다.[18] 그러므로 결과의 평등은 '실질적인 평등'이라는 결과를 달성하기 위한 실질적인 가능성으로서 기회의 평등을 관철시키는 데에 있다. 여기에서의 기회의 평등은 결과의 방향이 설정된 과정으로서 이해될 수 있고, 이것은 슈미트 글래저(W. Schmitt Glaeser)가 제안한 '결과지향적인 기회의 평등'(Ergebnisorientierte Chancengleichheit)을 의미한다할 것이다.[19]

---

17) 남녀의 기회균등을 촉진하기 위한 조치, 특히 실제로 존재하는 것으로써 제1조 제1항에서 언급하고 있는 영역에서 여성의 기회를 침해하는 불평등을 제거함으로써 남녀의 기회균등을 촉진하는 조치를 금하지 않는다.
18) K. Schweizer, Der Gelichberechtigungssatz- neue Form, alter Inhalt?, 1988, S. 45.

그렇다면 군대에서의 평등은 특히, 징병제하에서의 병역의무의 양성평등은 논의하기가 쉽지 않다. 왜냐하면 기회의 평등 및 결과의 평등은 개인의 능력을 발휘할 수 있는 출발점부터가 논의의 대상이 되기 때문이다. 따라서 우리나라의 경우 징병제를 수단으로 하는 군대에서의 (양성)평등의 문제는 출발점의 문제가 아니라 출발 이후, 즉 군대내의 양성평등여부가 논의되는 것이 합당할 것이다. 따라서 혁신적인 군대제도의 변화, 예를 들어, 징병제가 아닌 모병제 또는 대체복무제 등으로 병역제도의 변화가 전제된다면 양성평등이나 적극적 조치로서의 사후보상조치 등에 대한 논의는 가능할 것이다.

4. 법여성학적 평등원칙

법여성학적 관점에서 양성평등을 평등 원칙에 적용하려고 할 때, 성을 같게 취급해야할 것인가 아니면 다르게 취급해야 할 것인가의 딜레마에 봉착하게 된다. 즉 형식적인 '성 중립적 평등'인가 아니면 성 차이를 반영한 '실질적 평등'인가이다. 성은 차이가 존재하는 개념이고, 평등은 동등하다는 개념이 전제된다. 따라서 양성평등은 '다름과 같음'이 공존하는 문제인데 무엇이 같고 무엇이 다른지가 일률적으로 확정되지 않는다. 따라서 평등의 비교기준에 대한 논쟁은 계속되고 있다. 이러한 상황에 대하여 자유주의적 페미니즘은 양성평등 실현을 위해 두 가지가 가능하다고 본다. 하나는 '같다'는 논리를 강조하여 '형식적 평등'을 주장하고, 다른 하나는 '다르다'는 논리를 강조하여 '특별보호(합리적 차별대우)'를 요구한다. 그러나 성의 문제를 이미 '같음'과 '다름'으로 접근하는 것 자체가 남성적 관점이라는 비판이다. 즉 평등하게 된다고 하는 것은 － 여자와 같게 되는 것이

---

19) K. Schweizer, a. a. O., S. 401.

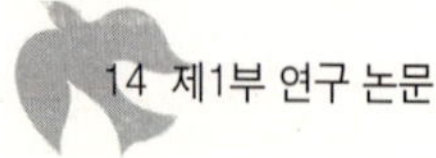

아니라 − 남성과 같게 인정되는 것이며 특별보호, 즉 합리적인 차별대우를 받는다는 것은 남성과 다르게 인정되는 것을 말한다. 다르게 인정된다는 것은 여성이 남성보다 더 좋게 혹은 더 나쁘게 취급될 수 있는 기회가 제공된다는 것이나 다름을 주장하는 사람들의 입장에서는 (여성의)열등함으로 판단하기 때문에 이미 성역할에 대한 부정적인 결과가 예상된다는 것이다. 그러므로 '같은 것은 같게, 다른 것은 그에 상응하게 다르게'라는 정의는 같고 다르게 취급하기 위한 (남성적)기준이 이미 주어졌다는 전제하에서 적용되는 정의관에 불과하다는 주장이다.[20] 따라서 모든 법적·사회적 기준이 남성으로 되어 있어 남성과 같고 다르다는 이유로 인해 평등과 불평등이 정당화되는 한 법적 평등이데올로기는 페미니즘의 정의관을 실현하는데 한계가 있다는 것이다.

그럼에도 불구하고 법은 성 중립적 가치라는 확고부동한 관념을 고수한다. 이러한 성 중립적인 가치의 이면에는 남성중심적 가치가 내재되어 있다. 성 중립적인 평등대우는 남성을 기준으로 하는 평등, 다시말해 형식적 기회의 평등으로서 양성평등 실현에 문제점을 드러낸다. 한편, 특별대우는 차이를 인정함으로써 남성과 다른 특별보호를 요구하는 것이다. 특별대우는 여성의 남성과의 차이를 인정하고 여성이 종속, 피지배로부터의 벗어나기 위하여 남성과 다른 특별한 보호가 필요하다는 것이다. 여성에 대한 특별 보호의 주장은 남녀의 차이를 전제로 한다. 다만 남녀의 차이를 인정하는 범위나 양성평등을 보는 시각에 대하여는 다양한 견해가 존재한다. 즉 남녀는 생래적으로 다르고 자녀양육과 같은 역할에 대한 문화적 차이는 생래적 차이에서 유래한다는 것이다. 따라서 사회는 이러한 차이를 인정하고 여성이 불이익을 받지 않도록 몰 성적인 시각을 제거하기 위한 조치로서의 여성에 대한 적극적 평등실현조치(affirmative action)의 정당성을 인정해야

---

20) 박은정, "여성주의와 비판적 법이론", 한국법철학회, 법문사, 1997, 297-298쪽.

한다는 것이다. 즉 특별보호는 전통적으로 여성이 남성과 다르기 때문에 불리하게 다루어졌다면, 현재는 생래적으로 다른 것을 인정하여 유리하게 취급하라는 것이다.21) 그러나 특별보호가 오히려 성차별의 원인이 될 수 있음도 간과할 수 없는 것이다. 차이를 인정하는 것은 필요하지만 그 차이를 이유로 자율권을 침해하는 보호조치는 오히려 불평등을 초래할 수도 있기 때문이다. 이러한 요구에 대하여 법원은 '요보호'(suspect)계층 — 상당히 무능력하거나, 역사적으로 고의적인 불평등 대우를 받아왔거나, 정치적으로 힘이 없는 처지에 있기 때문에 다수지배적 정치과정의 특별한 보호가 요구되는 계층 — 이라고 불러왔던 집단에게 어떤 결정이 심각한 불평등(불이익)을 부과한다면 그때 그 결정에 대하여는 '엄격한 심사(strict scrutiny)'를 통하여 결정하여야 한다는 입장이다. 이것은 만일 그 불평등(불이익)이 어떤 절박한 정부의 이익을 보호하기 위해서 필수적이라는 것이 보여지지 않는다면 평등조항을 침해하는 것으로 적용되어서는 안되는 것을 의미한다. 그러나 만일 법이 불평등(불이익)을 받는 사람들이 그런 '요보호' 계층이 아니라면 — 만일 그들이 특정한 사업이나 전문직종에 종사하거나 특정한 지역의 거주자일 뿐이기만 한다면, 그리고 편견이나 반감과 역사적으로 연관되어 있는 어떤 방식에서 그들의 같은 시민들과 다르지 않다면 — '완화된'(relaxed)심사'를 하여야 하며, 만일 그것이 어떤 목적이나 취지에도 기여하는 바가 없다는 것이 증명되지 않으면 그것은 합헌이라는 것이다.22) 이렇게 볼 때 군대의 구성원인 군인은 '요보호' 계층, 즉 편견의 희생자가 되었던 계층을 구성하지는 않는다할 것이다. 따라서 적극적 조치 등 특별한 보호가 필요한 집단이 아닌 것이다.

한편, 페미니즘은 여성의 군대 참여와 관련하여 입장이 나누어지고 있

---

21) 박은정, 앞의 책, 300-301쪽.
22) 로널드 드워킨, 염수균 옮김, 『자유주의적 평등』, 한길사, 2005, 625쪽.

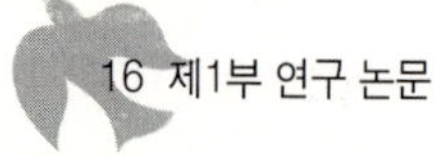

다. 즉 여성과 남성의 본질적인 차이를 강조하면서 여성을 평화와 관련시켜 바라보는 본질주의 입장과 여성의 군대참여를 여성이 남성과의 동등함을 얻는 중요한 도구로 보고 여성의 군대 참여를 적극적으로 지지하는 입장이다. 이에 대하여 여성이 군대 또는 군대문화에 동화되는 것, 즉 여성의 현역복무가 양성평등을 실현한다는 주장에 대하여 반대하는 견해는 여성이 평화를 위하여 역사적으로 싸워왔는데 이제와서 그 지위를 포기해야 이유가 없다는 것이다. 즉 평등을 위해 지금까지의 남성적 가치와 기준을 맹목적으로 수용해야할 이유가 없다는 것이다.[23] 또한 양성공동징병제는 경제적·군사적 타당성이 현저히 떨어지기 때문에 현실적으로 받아들여지기 어려운 제도라는 것이다. 즉 양성공동징병제는 남녀간의 평등권과 형평성은 어느 정도 해결할 수 있을지 모르지만 기타 기본권 – 평등권, 각 개인별 기회비용 상실정도의 불평등, 직업선택의 자유, 거주이전의 자유, 신체의 자유, 양심의 자유, 행복추구권, 교육을 받을 권리 등 – 의 침해와 관련한 징병제의 본질적 문제는 전혀 해소하지 못한다. 또 현재의 군인력도 남성들간의 형평성으로 인해 한계효용의 범위를 초과해 보유되고 있는 것이라 볼 수 있는 상황에서 여성 징집으로 인한 인력증가는 군의 효율성면에서 문제가 된다. 따라서 현재의 징병제를 개선하는 방안은 다른 방향으로 모색되어져야한다[24]는 것이다. 반면, 평등주의적 입장에 대하여는 양성평등은 여성이 군대에 가야만 이루어지는 것이 아니며, 수많은 사회제도에서 여성의 차별 취급에 대한 개선이 미미한 가운데 유독 군대참여에 대하여 평등을 논하는 것은 형평성이 없다는 비판이다. 양성평등은 군대제도의 변화가 우선되고 그러한 제도변화 안에서 양성평등을 어떻게 실현할 것인가 고려되어야 한다는 것이다.

---

23) Katharine T. Bartlett & Deborah L. Rhode, Gender and Law, ASPEN, N.Y, 2006, pp.632-633.

24) 이석범, "징병제, 모병제로의 전환, 그리고 투쟁", 『고대문화』 55호, 2002, 68쪽.

III. 양성평등 실현에 관한 입법례

1. 독일

독일은 기본법 제3조 제1항에서 '모든 인간은 법률 앞에 평등하다'라고 규정함으로써 일반적 평등원칙을 선언하고 있다. 또한 양성평등과 관련해서는 동법 제3조 제2항에 '남성과 여성은 동등한 권리를 가진다. 국가는 양성평등의 실질적 관철을 지원하고 현존하는 불이익을 제거하기 위하여 노력한다'와 동법 제3조 제3항의 '누구도 성별, 가문, 종족, 언어, 고향과 출신, 신앙, 종교적 또는 정치적 견해 때문에 불이익을 받거나 특혜를 받지 아니한다. 누구도 장애를 이유로 불이익을 받지 아니 한다'라고 규정하고 있다. 독일은 1945년 기본법이 제정된 이후 수 십 년간 법 실무에서는 기본법 제3조 제2항과 제3조 제3항을 성별과 관련된 차별금지의 헌법적 근거로 적용하였다. 또한 독일 연방헌법재판소는 기본법 제3조 제2항과 결부하여서 법적 차별의 제거를 넘어서 양성평등의 사실적 실현까지도 목적으로 추구된다고 판시하였다.[25]

이를 구체적으로 살펴보면, 기본법 제3조 제2항 제2문은 국가에게 양성평등의 실질적 관철을 '지원'하도록 하고 있다. 여기서 '지원'은 능동적 행위를 명시적으로 요구하는 것[26]이며, 그렇기 때문에 실질적인 평등을 만들어내는 것에 영향을 미칠 수 있는 행위가 행해지지 않는다면 충분하지 않다는 것이다. 다른 한편으로 '지원'은 국가에 대한 명령으로 결과지향적인 기회균등을 추구하는 것이다. 이렇게 '지원'은 능동적인 행위를 의미하는

---

25) BVerfGE 85, 191.

26) Ute Sackosofsky, Das Grundrecht auf Gleichberechtigung, Baden-Baden, 2. Aufl. 1996, S. 401.

역동적인 개념이지만, 다른 한편으로는 지시된 행위가 지향하고 있는 결과가 없으면 의미가 없는 것이 될 것이기 때문에 '지원'은 실질적인 평등을 이루려고 노력하는 것을 말한다. 그러나 이 지원명령은 사회에서의 평등을 보장하기 위해 국가를 개입시키려는 것은 아니다. 왜냐하면 기대되고 있는 것은 '다만' 지원인 것이지, '보증' 또는 '보장'이 아니기 때문이다.[27]

따라서 지원명령의 효과는 여성들에게만 영향을 미치는 것은 아니다. 법적·정치적으로 여성지원에 대한 이견이 없다고 할지라도, 지원명령은 차별취급금지처럼 제한없이 구성원 모두에게 동등하게 적용된다. 즉 여성뿐만 아니라 남성도 지원할 수 있는 것이다. 한편, 국가목표규정은 남성과 여성에게 동일하게 적용하지 않고, 의도적으로 여성의 지위를 개선해야 한다는 견해[28]가 있으나, 국가목표규정을 통한 수혜자의 범주에서 남성을 완전히 배제시키는 것에 대하여는 반론이 제기될 수 있다. 기본법 제3조 제2항 제2문은 특히 여성의 지위를 개선하려는 목적을 가지고 도입된 것은 분명하지만 양성이 평등하다는 것은 규범의 목표로서 양성평등의 실현에 있어서 다르게 적용할 수 없다. 따라서 이 규정을 전적으로 여성만을 위한 것으로 해석할 수는 없다. 국가의 평등실현을 위한 실질적인 지원의무는 다른 성에 비하여 실질적으로 평등하지 못한 성에 대한 기회균등을 부여하는 것이다.[29] 이렇게 평등은 모든 관점에서 남녀 구성원들에 대한 평등한 삶의 조건을 만들어낸다는 이상을 포함하고 있다. 이 평등한 삶의 조건을 현실적으로 실현할 수는 없지만, 국가는 적어도 가능한 한 그 목표에 접근하기 위하여 노력해야 하는 것이다. 이 때 평등명령은 행위명령뿐만 아니라 국가행위의 한계로서 작용하는데 평등이 침해된 성을 지원하는 의무는 그

---

27) M. Gubelt, in: a. a. O., Rn. 93c.

28) U. Sacksofosky, a. a. O., S. 349 ff.

29) Sonja Rademacher, Diskriminierungsverbot und "Gleichstellungsauftrag", Peter Lang, 2004, Rn. 125.

침해가 구제되는 순간에 종료되기 때문이다.[30] 따라서 지원명령에 있어서 여성과 남성의 평등은 국가행위 목표로 특정 성의 구성원을 위한 지원조치들은 역차별[31]이 발생하는 한계이기도 하다.

한편, 국가의 현존하는 '불이익의 제거' 의무는 평등의 침해가 실제로 존재함을 인정하는 것이다. 즉 기본법 제3조 제2항 제1문에 의한 포괄적인 양성평등은 현실적으로 아직 실현되지 않아 국가의 노력이 필요하다는 사회적 합의를 전제한다. 따라서 양성평등을 위한 사회적 노력이 불완전한 것이라 하더라도 구체적인 지원조치의 허용가능성에 대한 판단이 과소평가되어서는 안 될 것이다. 또한 명시적으로 '현존하는' 불이익의 제거는 미래지향적인 지원이지 과거 지향적이지는 않다.[32] 여기서 '불이익'은 일반적으로 다른 사람의 상황과 비교할 때 법적인 지위 그리고/또는 사회적 지위에 있어서 부정적인 결과로 나타나는 장애로 이해된다. 성에 따라 다른 어떤 것이 적용되는 것이 아니다. 불이익은 여성의 측면에서는, 예컨대 남성과 생물학적으로 다르다는 점에서 생겨날 수 있지만, 마찬가지로 사회적인 상황(선입견, 전통적 성역할 분담)에 의해서도 생겨날 수 있다. 기본법 제3조 제2항 제2문의 국가목표는 포괄적인 평등권을 추구한다는 점에서, 특정한 유형의 불이익에 제한되어야 한다고 가정할 근거는 존재하지 않는다.[33] 그러나 기본법 제3조 제2항 제2문은 국가에게 현존하는 불이익을 제거할 것을 요구하지만 어떻게 할 것인지를 구체화되지 않았다.[34]

---

30) U. Sacksofsky, a. a. O., S. 379.

31) M. Gubelt, in: a. a. O., Rn. 93b.

32) M. Gubelt, in: a. a. O., Rn. 3c; Hans-Jochen Vogel, Verfassungsreform und Geschlechterverhältnis, in: Eckart Klein(Hrsg.), Festschrift für E. Benda zum 70. Gebburstag, Heidelberg, 1995, S. 395 (419).

33) K. Schweizer, a. a. O., S. 152.

34) Günter Dürig, in: Maunz/Dürig, Grundgesetz Kommentar, Verlag C.H.Beck, 2003, Art. 3, Rn. 67.

한편, 집단으로서의 여성을 고려함으로써 '불이익'을 단체적 권리로 보는 견해에서는 불이익을 제거하기 위한 실질적인 국가의 지원조치들 중 적극적 조치로서 여성할당제는 개인의 평등 문제가 아니라 단체로서의 여성의 문제, 즉 양성평등 문제라고 주장한다. 따라서 기본법 제3조 제2항 제1문은 집단적인 지원명령 또는 집단기본권을 의미한다는 것이다.[35] 그렇다면 개인의 불이익은 더 이상 증명할 필요가 없고, 차별취급을 받는 집단의 구성원으로서의 개별 여성이 지원되는 것이다.[36] 그러나 동 조문을 '집단기본권'으로 규정할 경우 불이익 철폐조항은 집단으로서의 '여성'에게는 제한이 따르게 된다. 즉 집단의 동질성이 전제되어야 하고 그 결과 불평등한 취급뿐만 아니라 국가지원조치들이 집단 구성원들(여성)모두에게 관련되게 된다. 여기서 간과한 것은 다양한 계층의 여성들에게 나타나는 성차이에 따른 불이익이 개인의 문제로 취급되어 다양한 형태로 나타난다는 것이다. 반면, 여성이기 때문에 당하는 불이익은 개인적인 것이라고 보는 견해에서는 불이익 보상조항은 실제로 구체적·개별적으로 당한 불이익을 보상해 주는 것을 정당화할 수 있다고 주장한다.[37] 따라서 집단으로서 여성에게 취하는 지원조치는 '역차별'을 의미한다는 것이다. 그러나 개인주의적인 관점은 몇 가지를 간과하고 있다. 즉 예외 없이 구체적·개별적으로 당하는 불이익을 보상받기 위해서 국가의 지원조치를 원한다면 기본법 제3

---

35) Vera Slupik, Die Entscheidung des Grundgesetzes für Parität im Geschlechterverhältnis, 1988, S. 79 ff.; Heide M. Pfarr, Quoten und Grundgesetz, 1988, S. 34; S. Raasch, Frauenquoten und Männerrechte, Baden-Baden, 1991, S. 148 ff.; U. Sackosofsky, a. a. O., S. 334 f.

36) Pfarr, Heide M, Quoten und Grundgesetz, Motwendigkeit und Verfassungsmäßigkeit von Frauenförderung, Baden-Baden, 1988. S. 34.

37) Walter S. Glaeser, Öffentliche Sachverständigenanhörung der GVK vom 5. 11. 1992, in: Limbach/Eckertz-Höfer(Hrsg.), Frauenrechte im Grundgesetz desgeeinten Deutschland, 1993, S. 127 (129).

조 제2항 제2문은 효력이 없다는 것이며, 구체적·개별적으로 불이익을 증명하는 것도 어렵다.[38] 또한 국가목표규정의 의미는 일차적으로 과거의 불이익에 대한 보상에 있는 것이 아니고 미래사회의 양성평등을 실현하는데 있다. 따라서 여성에 대한 차별취급은 전통적 성역할과 고정관념에 따른 구조적인 차별이 압도적이기 때문에 구체적 '보상'은 전혀 가능하지 않다는 것이다.[39]

2. EU

EU의 양성평등 정책은 초국가적인 법적 근거를 마련하여 회원국법에 적용하여 합법성과 정당성을 부여받음으로써 실현되고 있다. 그 결과, 회원국 간에 정치 및 경제, 사회발전 정도에 있어서 상당한 차이가 있음에도 불구하고 유럽공동체 각국의 양성평등 관련법은 일정한 정도의 수준에 도달되어 양성평등을 실현할 유리한 여건이 조성되었다. 이를 위하여 각종 결의안 및 행동프로그램을 채택했는데, 비록 법적구속력은 없지만 각국의 양성평등 개념을 확대시키는데 기여하였고, 2000년대에 들어 성 주류화 전략을 채택하면서 성폭력 및 인신매매 등 새로운 영역으로 확대되고 있다.[40] EU는 1958년 설립조약인 로마협약에서부터 이미 여성과 남성에 대한 동일노동 동일임금의 원칙을 규정하였고, 1999년부터 발효되고 있는 암스테르담조약은 변경된 로마조약 제3조 제2항에서 '모든 영역의 활동에서 공동체는 불평등의 철폐와 남성과 여성의 평등을 촉진하여야 한다'고 규정함으로써 양성평등을 촉구하고 있다. 이러한 규정에 따라 유럽사법재판소

---

38) U. Sacksofosky, a. a. O., S. 203 (211).

39) Stefan Huster, Frauenförderung zwischen individueller Gerchtigkeit und Gruppenparität, in: AöR Bd. 118 (1993), 109(118).

40) 방혜영, "EU의 여성정책", 『여성연구』 Vol.07, 한국여성개발원, 2004, 12쪽.

는 고용과 관련하여 유럽 여성의 지위향상에 기여해 왔다. 즉 직접차별과 간접차별 그리고 적극적 조치에 대한 판결을 통해 양성평등실현에 직접적인 기여를 해 온 것이다. 한편, 적극적 조치나 전통적인 남성 직종이라고 하는 영역에의 여성의 취업에 대하여 최근 유럽사법재판소는 소극적인 입장을 취하고 있는데, 대표적인 사례를 살펴보면 다음과 같다.

1) Angela Sirdar 판결[41][42]

영국여성인 Angela Maria Sirdar는 Plymouth에 있는 포병연대의 요리사로 근무 중, 그 군에서 직책이 없어짐에 따라 해병대 전투부대로의 전근을 제안 받았다. 그러나 해병대는 해병대원은 '모든 면에서 사용가능'(interoperable)해야 한다는 이유로 전근제안을 철회하였다. 즉 해병대원은 위기상황에 전투부대요원으로 근무할 수 있어야 하는데,[43] 여성은 '모든 면에서 사용가능'하지 않기 때문에 전투부대에 배치할 수 없다는 것이다. 영국법에 의하면 왕실의 해군, 육군, 공군 전투부대의 이러한 조치는 위법하지 않다고 규정하고 있다.[44] 원고인 Angela는 이러한 영국법이 EU 동등대우지침 76/207/EWG을 위반하고 있다고 주장하였으나, 유럽사법재판소는 여성을 특수전투부대의 근무로부터 배제시키는 것은 동 지침 제2조 제2항에 의해 합법적이며, 최전방에서 근접전을 하는 해병대에서 여성을 배제하는 것은 불평등한 취급이 아니라고 판결하였다.[45] 유럽사법재판소는 영국왕실 해군의 전투력을 보장하기 위하여 즉 일반 부대와는 다른 영

---

41) 1999.10.26. Case C-273/97 Angela Sirdar vs. Army Board, Secretary of state.

42) Björn Gerd. Schubert, Affrimative Action und Reverse Discrimination, Nomos Verlagsgesellschaft, 2003, S. 111.

43) EuGH, Urteil vom 26. 10. 1999, Rs. C-273/97.

44) Sex Discrimination Act, sec. 85 (4).

45) EuGH, Urteil vom 26. 10. 1999, Rs. C-273/97.

국군대의 최강의 전투력을 보장하기 위하여 여성들을 부대에서 제외시켜도 된다는 영국정부의 주장을 받아들였다. 그 이외에도 소수의 인원으로 구성된 부대에서 실제로 부대의 모든 구성원들은 동일한 목적 하에 교육을 받고 최전방에 투입된다는 점도 인정되었다.[46]

2) Tanja Kreil 판결[47]

하노버에 거주하는 여성인 Tanja Kreil은 에너지 전기기사 교육을 받은 후 연방군 전자무기 수리직에 지원했으나 거절되었다. 연방군 규정에 의하면 여성은 무기를 휴대하고 근무해서는 안 되며, 단지 위생부대나 군악대에서만 근무할 수 있다고 규정되어 있다. 따라서 여성은 전기공으로서 군대에서 근무하는 것은 불가능하다는 것이다. 이에 Tanja Kreil은 특정 성(여성)을 이유로 지원을 거부하는 것은 EU 지침에 위배되는 차별취급이라고 하며 하노버행정법원에 소송을 제기하였다. 이에 독일행정법원은 유럽사법재판소에 군인법(Soldatengesetz)[48] 제1조 제2항 제3문과 군인경력규정(Soldatenlaufbahnverordnung)[49] 제3a조가 평등대우지침 76/207/EWG과 조화되는지 여부에 대한 판단을 요청하였다.[50] 반면, 소송이 진행되는 동안 독일정부는 여성의 군복무가 연방군의 전투력을 저해한다는 것을 증명하지 않았다.[51] 이후 유럽사법재판소는 회원국의 군 조직에 대한 판결은 EU 법으로 판단할 수 없는 것으로 심의할 수 없다는 입장을 표명하였다.

---

46) EuGH, Urteil vom 26. 1.0. 1999. Rn. 30 ff.

47) 1999.10.26. Case C-285/98 Tanja Kreil vs. Bundersrepublik Deutschland.

48) In der Verfassung vom 15. 12. 1995 (BGBl. I, S. 1737.)

49) In der Verfassung der Bekanntmachung vom. 28. 01. 1998 (BGBl. I, S. 326.)

50) 군인법이나 군인경력규정에 따르면, 여성들은 자유의사에 의해 위생과 군악업무에만 채용될 수 있고 무기를 휴대해야 하는 업무로부터는 모든 경우에 있어서 배제된다고 한다.

51) FAZ, vom 27. 10. 1999, S. 6.

그러나 2000년 1월 11일, 유럽사법재판소는 동 지침 76/207/EWG에 따라 여성들을 무기를 휴대하고 근무하는 직종에서 배제시키고 위생업무와 군악업무만 허용하는 국가규정은 동 지침에 위배된다고 결정하였다.[52] 즉 유럽사법재판소는 성, 특히 여성을 제한하는 것은 동 지침 제2조 제2항에 근거할 수 없다고 판단하였다.[53] 여기에 간과하지 말아야할 것은 일반적으로 무기를 휴대하지 않는 또는 정당방위나 긴급피난의 경우에만 무기를 휴대하는 위생업무를 담당하는 여성들이 남성들보다 더 보호를 받지 않는다는 점이다.[54] 독일정부가 제시하는 것처럼 여성에 대한 보호의 필요성을 강조하여 모든 경우에 여성을 전투요원 지위에서 배제하려는 논거들은 어떠한 차별취급의 근거가 될 수 없는 것이다.

EU 지침 제2조 제1항에 따르면, 평등은 성에 근거하여 직·간접적 차별취급을 해서는 안 된다. 남성들이 군복무를 할 의무가 있다면, 반면에 여성들은 군복무를 할 권리가 있는 것이다. 남성들은 군복무로 인하여 늦게 원하는 직업교육을 시작하여 불평등한 취급을 받는다고 주장하고 있는데, 불평등취급에는 여성들의 임신·출산기간이 군복무기간보다 더 길다라는 사실이 제외되어 있는 것이다. 이를 정당화할 필요성이 있다. 그러한 점에서 성의 실질적 평등대우를 위해서는 '합리적인 차별대우'가 허용될 수 있다.[55] 국방의 의무가 없는 EU의 다른 국가들이 존재하지만 이러한 국가들에서도 여성의 출산은 배제할 수 없다.[56] 반대의 경우로는 이스라엘을 들 수 있는데, 이스라엘은 남성뿐만 아니라 여성에게도 국방의무가 있으나, 경우에 따라서는 대체복무로 바꿀 수 있다.[57] 그러나 여성들은 복무기간과

---

52) EuGH, Urteil v. 11. 01. 2000, Rs. C-285/98.

53) EuGH, Urteil v. 11. 01. 2000, Kreil, Rn. 21.

54) B.G. Schubert, a. a. O., 2003, S. 118.

55) Kämmerer, EuR 2000, 103.

56) 예를 들어, 영국과 프랑스.

임신기간을 가져야 하기 때문에 차별취급을 받는다는 주장을 유효하게 할 것이다. 이러한 맥락에서 모든 여성들이 어머니가 되는 것은 아니지만 남성에게는 병역의무를, 여성에게는 임신기간을 대립시켜놓은 것은 의미가 있는 것으로 본다.58)

3. 우리나라

우리 헌법은 독일의 기본법 제3조 제3항 제2문과 같이 명시적으로 양성평등을 보장하는 확정적 규정은 없다. 다만 헌법 제11조 제1항 제2문에서 차별금지영역으로 성별을 우선적으로 예시하고 있으며, 양성평등과 관련하여 독일의 기본법 제3조 제3항 제2문과 같은 규정으로 보고 있는 헌법 제34조 제3항59)이 있다. 그리고 헌법 제36조 제1항과 그 외에 개별 평등권에서 간접적으로 양성평등을 규정하고 있다. 헌법상 양성평등에 관한 규정을 어떤 내용으로 이해해야 할지는 우리 공동체의 양성평등에 관한 입법에 결정적인 영향을 미친다. 할당제는 물론이고 그 외의 양성간의 실질적인 평등을 실현하기 위한 각종의 우대조치(남성우대조치를 포함한)의 합헌성 여부 판단의 기초가 이 규정을 어떻게 해석하느냐에 달려 있다.60)

구체적으로 살펴보면, 우리 헌법에서 규정하고 있는 평등권은 헌법 제11조 제1항 제1문의 평등이 법 내용의 평등을 포함하고 있기 때문에 차별

---

57) 이스라엘은 2002년, 남자3년 여자 2년이던 복무기간을 여성계에서 남성과 군 복무를 똑같이 해줄 것을 강력한 요구하여 정부에서 여성의 군복무를 3년으로 늘일 것을 검토하다가 개인 및 국가의 여러가지 손실을 고려해서 남녀모두 2년 6개월로 개정하였다.

58) B. G. Schubert, a. a. O., S. 120.

59) 국가는 여자의 복지와 권익의 향상을 위하여 노력하여야 한다.

60) 이욱한, 앞의 논문, 112쪽.

이 존재하더라도 그것이 정당화되지 않는 경우에만 평등권이 침해되는 상대적 차별금지를 그 내용으로 하고 있다. 따라서 모든 차별이 평등권의 침해로 되는 것은 아니며 경우에 따라서는 차별하여야 평등권이 보장되기도 하고 차별이 있어도 평등권을 침해하지 않는 경우도 생기는 것이다. 차별이 존재하여도 그 차별이 자의적이지 않거나 비례의 원칙에 어긋나지 않는 합리적인 근거가 있는 경우에는 평등권 위반이 아닌 것이다. 그와 동시에 동조항 제2문을 통하여 헌법적으로 정당화되는 합리적인 근거에 해당되지 않는 것을 열거하고 있다. 즉 누구든지 성별·종교 또는 사회적 신분에 의하여 정치적·경제적·사회적·문화적 생활의 모든 영역에 있어서 차별을 받아서는 안된다고 규정함으로써 정당화될 수 없는 차별금지의 비교기준을 헌법에 직접 열거하고 있다. 따라서 양성평등에 관해서는 특정 성을 근거로는 원칙적으로 차별을 할 수 없다. 헌법은 성별을 합리적인 근거가 될 수 없는 것 중의 하나로 규정하고 있기 때문이다. 이러한 관점에서 동조 동항 제2문은 양성평등권을 원칙적, 절대적 차별금지로 이해할 수 있다.61) 이렇게 차별금지 영역으로 성별을 열거하는 이유는 일반적 평등원칙만으로는 성별에 대한 차별금지가 가능하지 않아, 즉 국민의 일반적 법의식이나 인식이 확고하지 않다고 판단하기 때문이다. 그래서 성별이 차별기준이 될 수 없는 것으로 분명하게 언급하고 있는 것이다.62) 따라서 헌법 제11조 제1항 제2문에 열거된 특징들은 원칙적으로 차별대우의 근거로 사용되어서는 안 되기 때문에 헌법적으로 금지된 기준이 아닌 것으로만 차별대우가 정당화될 수 있다. 그렇다고 해서 성별에 의한 모든 차별대우가 평등권에 위반되는 것은 아니다. 본질적으로 여성 또는 남성에게만 발생할 수 있는 문제의 해결을 위하여 필연적으로 차별이 요구되는 경우에는 차별금지에 대한 정

---

61) 이욱한, 앞의 논문, 118쪽.
62) 한수웅, "엄격한 기준에 의한 평등원칙 위반여부의 심사", 홍익대학교 법학연구소, 2004, 164-165쪽.

당한 예외적 사유로 남녀를 차별하는 것을 허용된다. 예를 들어 출산휴가, 생리휴가 등은 성질상 여성에게만 나타날 수 있는 문제의 해결을 위한 규정이므로 헌법상 성차별금지에도 불구하고 차별을 정당화한다. 또한 남녀 사이의 '기능적 차이'가 차별대우를 정당화할 수 있다는 견해가 있지만, 과거 전통적으로 생활관계가 일정형태로 형성되었다는 사실만으로는 남녀차별이 정당화될 수 없을 뿐 아니라, 이는 헌법이 명시하는 차별금지규정을 극복하려는 것이다. 예컨대, 육아는 여성과 남성 모두가 가능함에도 불구하고 보편적으로 여성이 전담하는 역할로 고정화되어 있다. 기존에 형성된 사회적 현상의 유지로 남녀간의 차이에 대한 차별을 계속 감수해야 한다면 미래에 있어서 양성평등을 실현하려는 헌법적 의지는 상실될 것이다.63) 이미 헌법재판소는 제대군인지원에 관한법률의 위헌소송에서 양성평등과 관련하여 실질적 평등을 인정하는 판결64)을 함으로써, 공직부문에서 모든 구성원의 평등권 회복에 획기적인 전기를 마련하였다. 이는 단순히 법조문에 따른 해석을 넘어서서 평등에 대한 재해석을 통하여 사회적 요구를 수용한 것이라고 판단된다.

IV. 군대제도

1. 세계사적 고찰

수세기 동안 군대제도와 관련하여 여성과 남성 사이에 존재해 온 차별은 전통적 성역할 배분에 기인한다.65) 원시사회에서는 남녀노소 모두가 전

---

63) 한수웅, 앞의 논문, 169-170쪽.

64) 헌법재판소 1999.12.23 93헌바33,

65) Ekardt, Wehrpflicht nur für Männer - vereinbar mit der Geschlechteregalität aus Art. 79 III GG?, DVBl. 2001, S. 1175.

투원이었으나, 그 후 병기의 발달과 국가의 성립 및 강대화로 인하여 직업
적 군인과 용병이 생기고, 이들은 국민개병적 군대와 공존하였다. 로마 공
화정과 그 당시의 게르만 국민들에게도 병역의무는 스스로 준비해야 하는
무기를 소지한 시민의 의무 내지 전쟁복무의무였다.[66] 봉건사회제도와 더
불어 세습적·직업적인 기사단의 세력이 커갔으나, 14·15세기경, 소총·대
포 등이 출현하고 그 위력이 커짐에 따라 기사단의 세력은 쇠퇴하고 봉건
제도에 대신하여 중앙집권적 국가가 탄생하였다. 이 국가들은 국내외적으
로 강력한 군대를 필요로 하였는데, 그 핵심은 직업군인을 주로 하는 용병
이었다. 현대와 같이 남성의 병역의무에 대한 사고는 프랑스 혁명 이래로
형성되었는데, 즉 프랑스 혁명의 성공은 일반적 병역의무의 재확대를 위한
동기가 되었고 프랑스 상비군의 군사적 탁월성과 민족주의적 사고는 다른
유럽대륙 국가들이 일반적 병역의무를 채택하도록 하였다.[67]이렇게 군대
제도의 역사는 주로 남성의 역사[68]로 19세기에 일반적인 병역의무가 유럽
에서 정착되었다. 반면, 전쟁에서의 전통적 여성상은 군인의 어머니(또는
전쟁미망인), 보조인, 조력인, 군장비기사, 종군상인 등이다. 매우 적은 수
의 여성들만이[69] 비전투원으로 전쟁에 참여하여 공로를 인정받았을 뿐이
다.[70] 따라서 군대조직에 편입되지 못하고 '비정규군'으로 전쟁에 참여했
던 여성들은 전쟁포로가 되었을 때 즉시 총살된 것으로 나타나고 있다.[71]

---

66) Fröhler, Grenzen legislativer Gestaltungsfreiheit in zentralen Fragen des
    Wehrverfassungsrechts, 1995, S. 143ff.

67) Heun, in: Dreier, GG, Bd. 1, Art. 12a GG.

68) Krämmerer, Bedeutung der Gleichbehandlungsrichtlinie bei generellem Ausschluß
    von Frauen vom Dienst an der Waffe, EuR 2000, S. 103.

69) 예컨대 Florence Nigtigale, Elsa Brändström 등.

70) 집총복무의 타부를 위반했던 Jeanne d'Arc는 전쟁을 성공적으로 이끌었음에도
    불구하고 화형되었다. Krämmerer, (주 68), S. 103.

71) 정혜영, "여성의 병역의무", 『토지공법연구』 제37집 제2호, 2007, 508쪽.

한편, 제2차 세계대전 이후 비로소 국가공동체는 19세기에 강조되었던 성역할 고정관념에 대한 인식을 바꾸기 시작하였다. 많은 국가에서 군대조직 내부의 모든 지위에 여성들이 진입할 수 있게 하였고, 무장전투업무도 할 수 있게 되었다(combat services).[72] 그러나 일부 국가들은 군인으로서의 여성들에게 오직 군대의 특정업무만을 허용하였는데, 이 국가들은 특정지위로부터 여성을 배제하거나 직접적인 전투상황에서 실전에 투입되는 것을 금지하였다(direct combat). 반면, 이스라엘의 여성들은 전 세계에서 유일하게 병역의무를 진다.[73] 1948/49년의 이스라엘 독립전쟁에서 여성은 완전한 의미의 군인으로서 투입되었고 이러한 여성의 병역투입과 관련하여 1956년과 1967년, 1973년, 1982년에 다양한 논쟁이 있었는데, 그 결과 전쟁에서 여성의 직접적인 참여를 지양하였다. 그 대신에 여성은 치료행위와 같은 전쟁에서 중요한 다른 활동을 위해 투입되었는데, 이러한 변화는 독립전쟁에서 여성들의 참여가 남성들의 전쟁의지에 나쁜 영향을 미쳤다는 분석 때문이었다.[74] 국가들 중 몇몇은 여성들의 군편입을 정책적으로 결정할 때 2차 세계대전에서 여성들의 전투투입에 대한 경험을 긍정적으로 평가하였다. 히틀러는 당시 독·소 전쟁에 여성을 공식적으로 전투에 참여시켰다. 반면, 1960년대의 이스라엘과 아랍 전쟁에서 이스라엘 여성들은 무기를 소지하지 못하였다. 주목할 것은 미국도 여성들이 육군과 공군에 배치되어 업무를 수행하지만 모든 분야에 투입되는 것은 아니라는 점이다.

---

72) 덴마크, 핀란드, 캐나다, 노르웨이, 러시아, 1998년 이래 오스트리아 등. Krämmerer, (주 68), S. 104.

73) 특정업무로부터 여성을 배제하는 국가들은 프랑스, 포르투갈, 이탈리아 등이다.

74) 그 이유로서 첫째는 남성들이 적과 싸우기 보다는 그들 옆에 있는 여성들에 대한 보호본능이 더 많이 작용하였다는 것이고, 둘째는 상해를 입거나 사망한 여성들의 광경으로 인하여 남성들의 신체적 상해가 더 많이 발생했다는 것이다. Ekardt, (주 65), S. 1175.

특히 직접지상전투에 투입(direct ground combat)은 허용되지 않는다.[75] 일본도 1945년 전쟁말기에 병력부족의 문제가 발생했으나, 여성 징병을 전혀 고려하지 않았다. 다만, 전쟁 마지막 시점에 여성을 항공정비원으로 채용하였고 육군은 여성위생병을 모집하기는 했지만 모두 전투가 아닌 후방지도 등 보조업무에 배치하였다.[76]

2. 우리나라의 경우

우리나라 군대의 역사를 살펴보면, 고대로부터 삼국시대까지는 국민개병제를 채택하였는데, 평시에는 농업 등 생업에 종사하다가 비상시에만 동원하는 병농일치제로서 스위스의 민병제 개념이었다. 이후, 고려시대에는 외적의 침입이 자주 발생되어 직업군인으로 구성된 상비군제도와 의무병을 주로 한 예비군제도를 병행하였다. 조선시대에는 평시에도 16세부터 60세까지 모든 남자에게 국방의 의무를 부여하는 국민개병제 체제로 발전하였는데, 일부에서는 병역의무를 면제해 주는 대신 삼베나 무명을 납부 하는 군포제를 실시하다가 이로 인한 백성의 부담이 커지면서 종래 납부하던 군포의 양을 반으로 줄이고 그 부족분을 어업세·소금세·선박세 등으로 보충한 균역제로 변경하는 등 이른바 병역물납제를 병행 실시하였다. 이후 갑오경장 후 국정개혁의 일환으로 병역제도의 개혁방향을 제시되었는데, 1907년 7월 '모병법'과 8월 병적관리에 관한 규정인 '육군병적규칙'이 제

---

75) 직접지상전투란 적군의 화력(화기)에 노출되고 적군과 직접적인 물리적 접촉의 가능성이 높은 상황에서 무기를 휴대하고 단독 또는 부대 단위로 지상에서 적과 교전하는 것이다.[(CRS Issue Brief 92008): Women in the Armed Forces, Stand 12. 12. 1996, S. 8)]

76) 우에노치즈코 지음, 이선이 역,『내셔널리즘과 젠더』, 박종철출판사, 1998, 26쪽.

정·공포되었다. 이 규칙은 병역의무의 연령과 역종의 구분, 복무 한계와 전·평시 병력충원 방안 등을 규정하여 근대적인 병역제도의 틀을 마련하였으나, 1910년 일제의 강제합병으로 사문화되고 말았다.[77] 이후 우리나라는 1948년 헌법에 국민의 국방의 의무와 병역법에 의하여 국민개병제도가 실시되고 있는데, 즉 동법 제3조는 "대한민국 국민인 남자는 헌법과 이 법이 정하는 바에 따라 병역의무를 성실히 수행하여야 한다. 여자는 지원에 의하여 현역에 한하여 복무할 수 있다."[78]라고 규정함으로써, 남성에게만 의무복무를 규정하고 있다.

한편, 여성의 군대참여는 1950년 한국전 쟁시 여성의용군(500명)교육대의 창설로 시작되었다. 여성의용군은 육군본부와 첩보대에 배치되어 행정업무 및 첩보수집, 선무심리전등의 임무를 수행하였다. 이후 여성들은 하사관, 장교로 군대에 지원할 수 있게 되었고, 1997년 공군사관학교를 시작으로 198년 육군사관학교, 1999년 해군사관학교에 여성의 입학이 허용되어 장교를 배출하고 있다. 또한 2001년부터는 공군과 해군에서 여학사 장교, 부사관을 모집하고 있으며, 2002년 1월에 국군간호사관학교장이 장군으로 임명되어 첫 여군장군이 탄생하였으며, 동년 11월에 국방부 여군발전단이 창설되었다. 현재 70여만명의 군인 중에 여군은 3500여명이며, 이 중 육군에 소속된 여군은 2800여명, 해군 200여명, 공군 500여 명이 배치되어 있다. 2004년 7월 현재, 병과별 여군현황을 살펴보면, 육군에서 간호 업무에 762명 배치, 보병 502명, 부관 356명이 배치되어 있다. 또한 해군은 항해 업무 57명, 간호 업무에 39명이 배치되어 있으며, 공군은 무기정비에 54명, 보급수송에 51명이 배치되어 있다.[79]

---

77) http://www.mma.go.kr.

78) 이 조항은 1983년12.31.개정된 것으로 이전에는 당연히 병역의무의 주체는 남자라는 것은 전제되어 있었고, 여성은 1970.12.31개정에서 현역으로 지원할 수 있다는 규정이 제정되었다.

Ⅴ. 양성평등과 군대

1. 헌법상 국방의 의무의 주체

우리 헌법 제39조 제1항은 '모든 국민은 법률이 정하는 바에 의하여 국방의 의무를 진다'라고 규정하고 있다. 여기서 말하는 국방의 의무는 외부적대세력의 직·간접적인 침략행위로부터 국가의 독립을 유지하고 영토를 보전하기 위한 의무로서, 현대전이 고도의 과학기술과 정보를 요구하고 국민 전체의 병력을 필요로 하는 이른바 총력전인 점에 비추어 단지 병역법에 의하여 군복무에 임하는 등의 '직접적 병력형성의무'만을 가리키는 것이 아니라 병역법, 향토예비군설치법, 민방위기본법, 비상대비자원관리법 등에 의한 '간접적인 병력형성의무' 및 병력형성이후 군 작전명령에 복종하고 협력하여야 할 의무도 포함된다.[80] 또한 헌법상 국방의 의무의 주체는 '대한민국 국민'이다. 다만, 국방의 의무는 '직접적인 병력형성의무'와 '간접적인 병역형성의무 및 방공의 의무'로 구별할 수 있는 바, '직접적인 병력형성의 의무'는 병역법 제3조에 따라 남자인 국민만이 주체가 되나, '간접적인 병력형성의무'는 남녀의 구별없이 모든 국민이 부담하는 것으로 해석하고 있다.[81] 최근 병역법 제3조 제1항과 제2항이 양성평등의 원칙과 모든 국민이 국방의 의무를 지도록 한 헌법 제39조에 위배된다며 헌법소원을 낸 바 있다. 즉 남성은 국방의 의무를 수행하기 위해 원칙적으로 모든 사병으로 입대하는데 비해 여성은 지원자에 한하여 하사관이나 장교만으로

---

79) www.womennews.co.kr.

80) 헌법재판소 1995. 12.28 헌마80, 1999.2.25. 97헌바3.

81) 대법원. 1993. 3.24. 92구22253. ; 계속 복무하기를 원하는 여자단기하사관을 의무복무기간이 지났다고 하여 전역지원서를 제출하게 하고 그에 따라 강제로 전역처분한 것은 무효이다.

복무할 수 있어 양성평등원칙에 위배된다는 주장이다. 그러나 헌법재판소는 이미 병역법 제3조 제1항의 헌법 제11조 제1항, 제39조 제1항 위반과 관련하여 제기된 3차례의 위헌법률심판에서 모두 형식적 요건을 갖추지 못했음을 이유로 위헌여부를 판단하지 않고 부적법하다고 하여 각하한 바 있다.[82] 병역법에 의하여 현역복무의 가능성의 여부는 신체적 기능 및 조건이다. 병역의무 이행이 가능한 신체적 요건을 갖춘 남성의 비율과 여성의 비율이 다르다고 하더라도 일단 병역의무를 수행할 수 있는 여성이 다수 존재한다는 것은 부정할 수 없는 사실이다. 이는 3군 사관학교의 경우, 여 사관생도들은 우수한 성적을 내고 있으며 일부 여성생도는 이미 장교나 부사관 등으로 복무하고 있다. 여성이 대부분의 징병대상인 사병으로 직접적인 병력형성의무를 수행하지 못한다고 해서 국방의 의무 자체에서 면해졌다고 볼 수 없는 것이다. 왜냐하면 국방의 의무는 앞서 대법원의 판결에서와 같이 직접적인 병력형성의무만을 의미하는 것이 아니기 때문에 대부분의 여성은 재생산으로 국가를 방위한다고 볼 수 있기 때문이다. 또한 앞서 살펴본 바와 같이 군대, 특히 현역복무를 결정하는 것은 신체적 조건이 우선적이다. 그렇다면 병역의무 이행이 성차별이라는 주장은 설득력이 없다고 본다. 신체적 조건은 남성과 여성간의 문제가 아니라 건강한 사람과 건강하지 못한 사람, 신체적 기능이 완벽한 사람과 그렇지 못한 사람으로 구별될 수 있기 때문이다.

2. 여성과 군대

현대의 기술 변화는 군대에서의 여성 인력의 적절성을 증대시키고 있

---

82) 헌법재판소. 2000. 1. 25. 99헌마744, 2000. 2. 2. 2000헌마30. 2002 .2. 19. 2002헌마79.

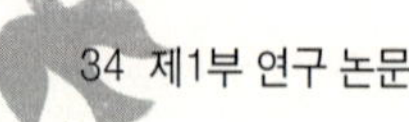

다. 즉 걸프전 이후 군대의 전투형태는 보병, 기병 등 육체적 전투가 아닌 첨단 기계장치에 따른 장비전투로 변하고 있다. 미래사회에서는 전쟁이 없어야 하나 불가피한 전쟁이 발생될 경우, 첨단기술에 의한 전쟁으로 전면전인 지상전이 아닌 첨단무기 전쟁이 될 것으로 예측된다. 따라서 미래 정보전쟁, 첨단무기 전쟁 하에서 여성은 전쟁 수행을 위한 대부분의 기능을 담당할 수 있다는 전망이 제시되고 있다. 이와 더불어 한국군대도 많은 변화를 거듭하고 있으며 여군의 수도 지위도 향상되었다는 평가이다. 그러나 군대에서 여성이 차지하는 비율은 아직 미미한 수준이며 특히 계급별로 보면 주로 낮은 계급에 위치하고 있는 것이 현실이다. 이는 구조적 차별의 결과로 볼 수 있는데, 즉 여성에 대한 차별이 누적되어 오면서 제도로 정착되고 차별화된 제도와 관념이 성차별적 관행으로 구조화된 것이다.

이러한 성차별의 근원은 여성과 남성의 생물학적 차이인 신체적 조건과 모성기능(임신 및 출산), 즉 여성만의 특수성이다. 신체적 조건의 측면에서 보면 모든 여성들이 남성들에 비해 약한 체력을 가지고 있는 것은 아니다. 더욱이 오늘날과 같은 현대전에서는 과거에 비해 신체적 조건이 전쟁의 승패에 커다란 영향을 미치지 않는다는 것도 사실이다. 따라서 여성의 신체적 조건(신장, 근력 등)을 고려한 군사훈련과 무기를 사용한다면 여성이 단지 신체적 조건이 약하다는 것을 이유로 병역의무를 수행하지 못할 이유는 없다고 본다.[83] 그러나 임신과 출산이라는 모성 기능, 즉 여성의 특수성의 측면에서는 달리 볼 이유가 있다. 왜냐하면 신체적 조건은 남성과 여성 간에 정도의 차이를 고려할 수 있는 여지가 있음에 반하여, 임신과 출산은 오직 여성만이 경험할 수 있는 여성의 특수성에 해당되기 때문이다. 그런데 여성의 병역의무를 긍정하는 입장은 여성과 남성의 생래적 차이를 분석하면서 오로지 신체적 강약, 즉 생물학적인 체격 내지 체력의 차이만을 지나

---

83) 따라서 여성이 남성과 동일한 방식으로 병역을 수행하기 위해서는 모든 군사 장비체계가 여성의 신체적 조건에 합당한 수준으로 조정되어야 한다.

치게 강조하고 있다. 따라서 여성에게 병역의무를 부과할 것인가의 문제는 여성이 신체적 약자인지 여부에 초점을 맞추어 판단하기보다는 여성의 신체적 특수성을 어느 정도 범위에서 인정할 것인가라는 측면에서 접근하는 것이 필요하다할 것이다. 반면, 여성의 병역의무를 부정하는 입장은 병역복무기간과 임신 및 출산기간이 대체로 일치하기 때문에 직업적 손실의 기준을 산술적인 '기간'으로 환산하여 대체로 남성과 여성의 직업활동에 대한 지체기간이 동일해진다는 결론을 내리고 있다. 그러나 이에 대해서는 일반적으로 병역수행이 시간적으로 임신 전에 이루어지기 때문에 병역의무와 임신과의 상관성이 적고, 따라서 여성의 병역의무를 부정할 근거가 되지 못한다는 반론이 제기된다.[84] 바로 이 점에서 여성의 신체적 특수성을 어느 정도 범위에서 인정할 것인가라는 문제가 발생하는 것이다.[85] 출산은 남성이 대신할 수 없는 여성의 고유한 영역이다. 가임여성이라면 누구나 임신의 개연성으로부터 벗어날 수 없다. 또한 그 시기(및 횟수)를 확정할 수 없기 때문에 항상 미래의 삶에 대한 불확실성을 부담하여야 한다. 이것은 오직 여성만의 특수성이기 때문에 남성은 출산이 여성의 직업 활동에서 얼마나 큰 장애요인으로 작용하는지에 대해서 경험할 수가 없다. 임신, 출산, 출산 후 회복까지의 기간은 병역기간에 못지않은 고통스럽고 긴 시간이다. 따라서 출산시기를 일률적으로 정할 수 없는 자연적 섭리를 여성의 신체적 특수성의 범위 내로 포함시켜야 한다는 것이 전제되어야 한다. 물론 병역을 위해 22개월을 복무해야 하는 우리나라의 상황이 복무기간이 10개월인 독일의 상황과 완전히 일치하는 것은 아니다. 하지만 평균 1.08명의 출산율과 육아시설이 제대로 갖추어지지 않은 우리나라의 사정을 고려하면 출산과 초기 양육기간(수유기간 포함)이 군복무기간을 초과할 것이라는 추측이 가능하다. 평등심사를 하기 위해서는 기본적으로 그 대상

---

84) Ekardt, a. a. O., S. 1177.
85) 정혜영, 앞의 논문, 516쪽.

이 같은 영역에 해당한다는 전제조건이 성립되어야 한다. 그러나 출산은 성질상 '주체'의 측면에서 비교가능성을 내포하지 못한다. 따라서 그 특수성을 인정하여 '직업활동의 지연'이라는 공통분모만을 기준으로 병역과 출산의 영역을 같은(또는 비슷한) 영역으로 분류할 필요가 있다. 직업활동에 대한 불이익이 발생한다는 점에서 병역과 출산의 상관성을 인정한다면, 여성에 대하여 병역의무를 부과하게 되었을 때 여성의 직업활동에서의 지연(또는 정체)시기가 남성의 두 배가 되어 상당히 불합리한 결과에 이르게 될 것이다.86)

3. 양성평등과 군대의 접점

현대의 첨단 기계장치에 따른 장비전투로 변화가 여성의 전투참여가 용이해 졌다고는 하나, 현재와 같은 테크놀로지시대에서도 초기와 비교하여 많이 달라지지 않았는데, 지속적인 육체적 힘의 요구, 즉 성 차이에 대한 근본적인 특성들이 달라지지 않았다. 한편, 역사적으로 문화적 기대와 법적 제한은 군대에 여성의 참여를 엄하게 제한해 왔다. 이는 징병제가 아닌 모병제로 군대를 조직해 온 미국의 경우에서도 명백하게 나타났다. 미국은 1970년대 초반까지 여군은 전체 미군의 2%에 불과하였으며 이들은 계급과 승진에서 차별받았으며 유색인종 여성에 대한 차별은 더욱 심하였다. 특히 전투에서의 지위, 사관학교 그리고 훈련프로그램에서 제외시켰고 어린 자녀가 있거나 임신한 여성들은 지원자격을 박탈하였다.87) 1968년 미국 연방대법원은 남성과 여성의 차별적인 자원입대 조건에 대하여 '의회는 국가를 존립하도록 하기 위하여 남성은 여성이 집이 불타지 않게 지키는

---

86) B. a. a. O., S. 120f.

87) Katharine T. Bartlett & Deborah L. Rhode, ocpt, p.628.

동안 최전방 최전선에서 대비하여야한다는 역사적 가르침을 따라야한다'
고 판결[88]하였다. 이후 여군은 1980년대 후반에는 10%, 2005년에는 15%
로 증가하였으나 직접적인 전투지역에는 배치하지 않는 것을 원칙으로 하
고 있다. 군과 입법자들은 실제 전투는 남성의 직업이며 대부분의 여군은
근력, 지구력, 공격력 또는 '감정이입이 없는 살인'의 능력이 현저하게 부
족하다고 확신하고 있다. 그렇기 때문에 여성은 남성보다 선천적으로 부족
한 공격성과 전투력 등을 가졌기 때문에 전투임무에서 배제되는 것이 정당
하다고 주장한다.

한편, 여성이 군인을 하나의 직업으로 선택할 수는 있겠지만 여성들이
전투규칙을 수용할 수 있다는 것에 대하여 소극적 입장이다. 전쟁은 인류
에 있어서 잔인한 마지막 선택이다. 그것은 직업선택에 관한 것이 아니다.
여성은 인류를 재생산하는 명백한 사회적 역할을 가지고 있다. 이는 인류
를 존속시킬 수 있는 유일한 방법이다. 그러나 신체적 능력을 고려하여 여
성의 기회의 평등을 주장하는 사람들은 전쟁의 기술력 변화로 인해 전투에
서 육체적인 힘의 타당성이 감소하였다고 주장한다. 미국 연방대법원 판사
Richard Posner은 "우리의 전쟁은 버튼을 누르는 시대로 도래하였다. 여성
은 남성과 마찬가지로 버튼을 누를 수 있다"라고 하였다. 그러나 미국 국방
부의 공식입장은 최전방 전투에서의 여성 복무를 금지하고 있다. 다만 예
외적으로 이라크 전쟁에서 반군 게릴라의 전술과 최전방 병력의 부족으로
여군이 투입되었는데, 2005년도에 약 10,780명의 여성해군(장교와 모병)
이 복무하면서 주로 이라크 시민의 이동경로 조사업무를 수행하였다. 또한
이들은 이라크 문화의 존중차원에서 군을 돕는 전투보조 형태로, 3,000여
명의 여성은 엔지니어링, 군 경찰, 자동차 수송 등 전투지원부대에서 복무
하였다. 반면, 여성의 전투력 부족을 이유로 여성의 직업의 자유와 군대내

---

88) United States v. St. Clair, 291 F Supp. 122.134((S.D.N.Y, 1968).

에서의 승진 등에 있어서 고용 제한을 명문화하고 있다. 군대에서의 이러한 이중기준 역시 전통적인 성역할에 따른 고정관념을 강화시키고 있는 것이다.[89]

이렇게 평등과 군대제도에 대한 논쟁을 통하여 도출할 수 있는 것은 군대문화에서 양성평등을 논하는 것은 제도개선을 통한, 즉 모병제 등에서 그 해결의 실마리를 찾아야할 것이다. 여성은 태어날 때부터 생물학적으로 이미 남성과 다르다. 남성과 다른 여성을 남성과 동일하게 취급한다면 여성들에게 평등은 권리가 아니라 부담이 될 것이다.[90] 더욱이 우리나라에서 최근 병역의무에 대한 차별의 논쟁은 성의 문제가 아닌 병역비리에서 발생되는 보이지 않는 계층간의 차별 문제이다. 따라서 계층간의 병역의무자 선발에 있어서의 불평등 해소와 더불어 개인의 다양한 사상과 의지가 인정될 수 있는 제도 개선을 통해서 일방적 희생논리나 약자논리를 사회 전체적으로 극복해 나가는 것이 필요하리라고 본다.[91]

VI. 결어

국방은 남성의 일이라는 고정관념과 함께 남자의 특권으로 받아들어지는 경향이 있으며 이 특권은 남성만이 신성한 국방의 주체로서 여성이 도전할 수 없는 국가안보 수호자의 책임과 권한 그리고 남성의 자존심을 인

---

89) 1991년 미국의 최대 여성단체인 NOW(National Organization for Women)는 여성병사의 전투참가 해금을 평등이라는 이름하에 요구하였다. 그러나 이것이 여성해방을 의미하는 것인지, 아니면 여성의 최종적인 국민화를 의미하는 것인지가 의문이다(미국은 1973년 국민의 병역의무를 징병제에서 모병제로 전환하였다).

90) 석인선, "헌법상 여성관련조항의 개정방향에 관한 소고", 『헌법학연구』 제12권 제4호, 2006.11, 302쪽.

91) 권인숙, 『대한민국은 군대다』, 청년사, 2006, 244쪽.

정받아 왔다.92) 징병제가 남성의 국가적 의무로 강요되어 온 한국적 상황에서 군대는 남성들만의 고유한 집단적 경험을 통해 여성과 차별화되는 남성 주체 생산에 기여해 왔다는 것도 사실이다. '국방'이라는 특수한 목적 달성을 위해서 특수한 훈련을 통해 군인을 길러내는 군대는 독특한 남성문화를 창출하면서 남성의 정체성 형성에 중요한 역할을 해 왔다.93) 이렇게 남성을 전형적 모델로 하고 있는 사회에서 여성은 평등을 주장할 것인가, 차이를 주장할 것인가에 대한 딜레마에 빠져있다. 하지만 이러한 양자택일은 어느 쪽을 취해도 여성에게는 불리할 뿐이다. 직접적인 병역의무 수행을 '진짜 국민'이라는 인식은 그동안 여성은 이등국민으로서의 지위를 확인해 준다. 여성의 국민화에는 성별격리전략(분리형)과 성별불문전략(참가형)의 두 가지 유형이 있는데, 이 두 가지 유형은 페미니즘 안에서 '차이인가 평등인가'라는 딜레마이다. 성별격리를 받아드리게 되면 '여성다움'이라는 규범을 받아들여야 하지만, 반면에 한정된 범위 내이기는 하지만 자율성 영역을 획득할 수 있게 된다. 성별불문전략은 평등을 이룬 것처럼 보이지만 그 속에서 생산과 전투를 짊어진 여성들은 '공적영역'이 남성성을 기준으로 정의되어 있는 한 '이류 노동력', '이류전사'가 되는 것에 만족해야한다. 그렇지 않으면 스스로 '여성성'을 부정해 '남자와 동등해 지는 것'을 목표로 하든가 아니면 '여성역할'을 유지한 채 보조 노동력화되는 '이중부담'이라는 선택뿐이다. 이러한 딜레마는 지금도 여전히 문제로 남아있다. 기지 매춘이나, PKF(Peace Keeping Force:유엔평화유지군)매춘, 전시 강간이 변함없이 문제가 되고 있으며, 페르시아만 전쟁에서 미국 여성병사의 '임신·출산'이나 '산휴로 얻는 *病死*'라는 현실이다. 더불어 포로가 된 여성병사는 성적 능욕 즉 강간의 대상이 된다는 것이다.94)

---

92) 이영자, "한국의 군대생활과 남성주체형성", 『현상과인식』 29-3호, 2005 가을호, 90쪽.

93) 조성숙, "군대문화와 남성", 『여성한국사회연구회』, 나남출판, 1997, 156쪽.

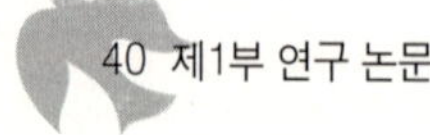

　양성평등은 삶의 모든 영역에서 남녀가 평등한 가시성, 권력, 참여를 보장받는 것을 의미한다. 이러한 양성평등은 그동안 사회의 모든 영역에서 남녀에게 법적인 동등한 권리·기회 또는 동등한 조건·처우를 부여하는 것으로 고려되어 왔다. 최근에는 법적으로 평등하다고 해서 자동적으로 실질적인 평등이 달성되지는 않는다는 인식이 확산되기 시작하였다. 이는 남성과 여성이 처해 있는 삶의 조건이 매우 다르다는 것, 그리고 그 차이의 가장 큰 원인이 여성의 모성적 기능에 있다는 것을 인식한 데 따른 것이다. 즉 차이를 인식한 평등을 추구하기 시작한 것이다. 모성적 기능 중에서 여성에게만 해당되는 임신·출산의 직접적 기능에 따른 차이, 그리고 양육 등의 간접적 기능에 따른 차이가 법과 제도에서 고려되지 않는 것이 문제가 된다는 것이 지적되기 시작한 것이다. 이러한 차이는 오히려 차별을 정당화시키는 요인으로 작용하고 있는 것이다.95) 이러한 차별을 해소하기 위해서는 '차이'가 있다는 것을 확인하는 데 그치는 것이 아니고 차이가 남녀 모두의 삶의 조건에 부정적인 영향을 끼치지 않도록 방지해야 하며 남녀를 차별하는 빌미로 사용되지 않도록 다른 것은 다르게 취급함으로써 차이를 인정한 실질적인 평등을 실현해야 한다. 차이를 인정함으로써 경제적·사회적·정책결정 과정에서 남녀의 평등한 권력 공유에 기여할 수 있다는 것이다. 평등은 동일한 삶의 관계를 만드는 것이 아니다. 즉 사회영역에서 똑같이 획일적으로 남성과 여성의 수적 평등을 말하는 것이 아니라는 것이다. 양성평등은 성의 특성에 따라 이익 또는 불이익을 발생시키는 법규범을 제거할 뿐만 아니라 미래사회에서의 삶의 질을 동등하게 실현하는 것이다.

---

94) 우에노치즈코, 앞의 책, 89-93쪽.
95) 졸고, 앞의 논문, 190쪽.

참고문헌

〈단행본〉

권인숙,『대한민국은 군대다』, 청년사, 2006.
박은정,『여성주의와 비판적 법이론』, 한국법철학회, 법문사, 1997.
박호성,『평등론』, 창작과 비평사, 2002.
이임하,『여성, 전쟁을 넘어 일어서다, 서해문고, 2004.
조성숙,『군대문화와 남성』, 여성한국사회연구회, 나남출판, 1997.
허 영,『한국헌법론』, 박영사, 2007.
_____,『헌법이론과 헌법』, 박영사, 2006.
홍성방,『헌법학』, 현암사, 2007.

〈논문〉

김용화, "성인지적 관점에서 바라본 성평등 실현에 관한 연구", 숙명여자대학교대
          학원, 박사학위논문, 2006.
방혜영, "EU의 여성정책", 한국여성개발원,『여성연구 Vol.07』, 2004.
석인선, "헌법상 여성관련조항의 개정방향에 관한 소고",『헌법학연구』제12권 제
          4호, 2006.
이석범, "징병제,모병제로의 전환, 그리고 투쟁",『고대문화』55호, 2002.
이영자, "한국의 군대생활과 남성주체형성",『현상과 인식』29-3호, 2005.
이욱한, "차별금지원칙과 실질적 평등권－양성평등을 중심으로－",『공법학연구』
          제6권 제3호, 비교공법학회, 2005.
이종수, "사회적 차별과 평등실현",『연세법학연구』, 연세법학회, 2004.
정혜영, "여성의 병역의무",『토지공법연구』제37집 제2호, 2007.
한수웅, "엄격한 기준에 의한 평등원칙 위반여부의 심사", 홍익대학교 법학연구
          소, 2004.
황도수, "법규범으로서의 평등의 사적 전개",『헌법논총』제7집, 헌법재판소,
          1996.

〈번역도서〉

로널드 드워킨, 염수균 옮김,『자유주의적 평등』, 한길사, 2005.
우에노치즈코 지음, 이선이 역,『내셔널리즘과 젠더』, 박종철출판사, 1998.

캐럴페이트만외, 『페미니즘 정치사상사』, 이후, 2004.
Carol Tavis, 히스테리리아 역, 『The Mismeasure of Women (여성과 남성이 다르지
　도 똑같지도 않은 이유)』, 또 하나의 문화, 2001.

〈외국문헌〉

Ekardt, Wehrpflicht nur für Männer － vereinbar mit der Geschlechteregalität aus Art.
　79 III GG?, DVBl. 2001.

Fröhler, Grenzen legislativer Gestaltungsfreiheit in zentralen Fragen des Wehrverfassu-
　ngsrechts, 1995.

Günter Dürig, in: Maunz/Dürig, Grundgesetz Kommentar, Verlag C.H.Beck, 2003.

Heun, in : Dreier, GG, Bd. 1, Art. 12aGG.

Katharine T. Bartlett & Deborah L. Rhode, Gender and Law, ASPEN, N.Y, 2006.

Krämmerer, Bedeutung der Gleichbehandlungsrichtlinie bei generellem Ausschluß von
　Frauen vom Dienst an der Waffe, EuR 2000.

K. Schweizer, Der Gelichberechtigungssatz－ neue Form, alter Inhalt?, 1988.

Manfred Gubelt, in: Münch/Kunig(Hrsg.), GG. Bd. 1, 5. Aufl., 2000.

Michael Sachs, Verfassungsrecht II Grundrechte, Springer, 2000.

Pfarr, Heide M, Quoten und Grundgesetz, Motwendigkeit und Verfassungsmäßigkeit
　von Frauenförderung, Baden-Baden, 1988.

Sonja Rademacher, Diskriminierungsverbot und Gleichstellungsauftrag, Peter Lang,
　2004.

Ute Sackosofsky, Das Grundrecht auf Gleichberechtigung, Baden-Baden, 2. Aufl.
　1996.

Vera Slupik, Die Entscheidung des Grundgesetzes für Parität im Geschlechterverhältnis,
　1988.

Walter S. Glaeser, Öffentliche Sachverständigenanhörung der GVK vom 5. 11. 1992.

제**2**장
군가산점제도에 대한 헌법적 평가

김 하 열*

I. 서언

대한민국 사람은 '군대갔다 온 사람'과 '군대 안 갔다 온 사람'으로 – 단순한 이분법을 적용하자면 – 나눌 수 있다. 또한 대한민국 사람은 남자와 여자로도 나눌 수 있다.[1] 이 두 가지 구분은 많은 사회적 갈등과 차별(혹은 역차별)의 온상이 되고 있는데, 이 두 가지 구분이 동시에 작용함으로써 논의를 더욱 복잡하게 만드는 문제가 있다. 군가산점제도가 그것이다.

크리스마스를 앞둔 1999. 12. 23. 헌법재판소는 하나의 문제적 결정을 내놓았다. 1961년 이래 누구도 문제제기를 하지 않았던[2] 제대군인가산점

---

* 고려대 법대, 부교수

1) 트랜스젠더와 같은 성적 소수자의 문제상황은 남자와 여자라는 이분법적 성 고착을 지속하는 것에 대하여 근본적인 의문을 제기할 수 있게 하고 있다.

2) 물론 헌법재판소 창설 이전에는 법률의 위헌 여부를 다툰다는 관념 자체가 현실적으로 존재하기 어려웠다.

제도를 위헌이라고 선언함으로써 이를 폐기하였던 것이다.3)

이 결정은 사회적으로 큰 반향을 불러 일으켰다. - 대체적으로 말해서 - 여성 및 장애인단체는 이 결정을 적극 지지·환영한 반면, 많은 남성들은 군복무로 인한 불이익을 보상해 주지 않는 것은 형평에 어긋난다며 강력히 반발하는 가운데, 이 결정에 대한 찬반을 놓고 신문, 방송 등 제도권 언론을 비롯하여 사이버공간에서도 연일 격렬한 논쟁이 벌어졌다. 헌법재판소 홈페이지에서도 이 결정을 둘러싼 열띤 공방이 벌어져, 네티즌들의 접속폭주로 한때 홈페이지의 작동이 중단되기까지 하였다. 이 결정을 계기로 병무비리의 척결 등 병역제도에 대한 합리적 개선방안이 논의되었고,4) 일부에서는 징병제도 자체에 대한 근본적 문제제기를 하기도 하였다.

최종의 유권적 사법판단이 내려졌음에도 불구하고 군가산점에 대한 세간의 찬반논란은 완전히 종식되지 않았고, 마침내 군가산점을 부활하려는 공식적인 입법시도가 행하여졌다. 한나라당의 주성영 의원 등 21인은 2005. 4. 제대군인에게 3%의 가산점을 주는 내용의 제대군인지원법 개정법률안을 발의한 바 있고, 같은 당 고조홍 의원 외 16인은 같은 해 9. 2～3%의 가산점을 주는 내용의 개정법률안을 발의하였으며, 고조홍 의원 등 13인은 2007. 5. 28. 병역법 개정법률안을 발의하였는데, 이 법안은 소관 국방위원회를 통과하여5) 법사위에 상정된바 있었다. 이러한 일련의 군가산점 부활 추진 움직임에 따라 최근 다시 군가산점 찬반에 관한 사회적 논의가 재점화되는 기미가 보이기도 하였다. 위 개정법률안들은 제17대 국회의 입법기가 종료된 2008년 5월에 임기만료폐기되었다. 그러나 징병제도가

---

3) 위헌결정의 요지는 본서 제3부 제2장 1.에 수록되어 있다.
4) 위헌결정 이후 제대군인의 응시연령 상한이 3세의 범위내에서 연장되었고, 군복무경력을 임금이나 호봉획정시 근무경력에 포함할 수 있도록 하였다('제대군인 지원에 관한 법률' 제16조).
5) 재석 11인 중 찬성 7인, 반대 2인, 기권 2인

존재하는 한, 그리고 병역의무의 이행으로 사실상의 불이익을 입었고 이에 대한 응분의 보상이 필요하다는 인식과 사회심리가 존재하는 한 이 논란은 쉽사리 종식되지 않을 것이어서 국회에서 입법이 재추진될 가능성도 없지 않을 것으로 예상되었는데, 제18대 국회가 개시되자 마자 김성회 의원 등 16인은 2008. 6. 30.에, 주성영 의원 등 16인은 같은 해 7. 14.에 위 폐기되었던 법률안들과 대동소이한 내용의 병역법일부개정법률안을 각각 발의하였고, 위헌의 소지가 크다는 국가인권위원회의 결정, 여성위원회의 반대의견 제시에도 불구하고 같은 해 12. 2. 국방위원회 대안으로 가결되었다.[6]

이 글은 2008. 12. 2. 국방위원회 대안으로 가결된 병역법 개정법률안 (이하 '개정안'이라 약칭)의 내용을 살펴보고, 여기에 헌법위반의 문제는 없는지를, 특히 헌법해석론의 관점에서 검토하는 것을 목적으로 한다. 개정안에 대한 정책적 찬반에 관한 검토는 논외로 한다.

II. 개정안의 내용

1. 제안이유

개정안의 공식 제안이유를 그대로 옮기면 다음과 같다.

「1999년 헌법재판소의 '제대군인 가산점제도'의 위헌결정 이후 우리나라의 많은 젊은이들은 신성한 국방의무를 이행했다는 자긍심보다는 복무기간 동안 희생한 시간과 기회 상실로 인한 피해의식을 크게 느끼고 있음.

국가는 젊은이들의 희생에 보답해야 할 의무가 있고, 그 중 제대군인 가산점제도는 군 복무기간 동안의 희생에 대하여 보상하고 제대 후 사회생활로의 원활한 복귀를 지원하기 위한 제도로서 미국 등 다른 국가에서도 운영되고 있는 제

---

6) 재석 12인 중 찬성 7인, 반대 5인

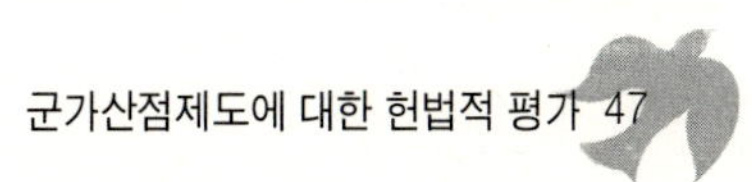

도임.

　따라서 헌법재판소 위헌결정의 원인이 된 평등권 침해 및 비례원칙 위반을 해소하기 위하여 가산점 비율을 최소화하고, 가산점 사용의 횟수와 기간을 제한하는 등의 내용으로 제대군인 가산점제도를 도입하려는 것임.」

2. 주요내용

1) 취업지원실시기관

　가산점을 적용하여야 할 채용시험 실시기관(취업지원실시기관)은 ① 국가기관·지방자치단체·군부대 및 국·공립학교, ② 일상적으로 1일 20인 이상을 고용하는 공·사기업체 또는 공·사단체(다만, 대통령령이 정하는 제조기업체로서 200인미만을 고용하는 기업체 제외), ③ 사립학교[7]이다.

　위헌결정된 제대군인지원법상의 구 제도와 큰 차이는 없으나 군부대가 추가되어 있다.

　한편, 사기업체가 개정안에 따라 가산점을 부여할 경우 '남녀고용평등과 일·가정 양립 지원에 관한 법률'과의 관계가 문제될 수 있다. 동법 제2조 제1호는 "사업주가 채용조건이나 근로조건은 동일하게 적용하더라도 그 조건을 충족할 수 있는 남성 또는 여성이 다른 한 성에 비하여 현저히 적고 그에 따라 특정 성에게 불리한 결과를 초래하며 그 조건이 정당한 것임을 증명할 수 없는 경우"를 차별로 보고 있으며, 동법 제3조는 "① 이 법은

---

7) '국가유공자등 예우 및 지원에 관한 법률' 제30조 (취업지원 실시기관) 취업지원을 실시할 취업지원 실시기관은 다음과 같다.
　1. 국가기관, 지방자치단체, 군부대, 국립학교와 공립학교
　2. 일상적으로 하루에 20명 이상을 고용하는 공·사기업체(공·사기업체) 또는 공·사단체(공·사단체). 다만, 대통령령으로 정하는 제조업체로서 200명 미만을 고용하는 기업체는 제외한다.
　3. 사립학교

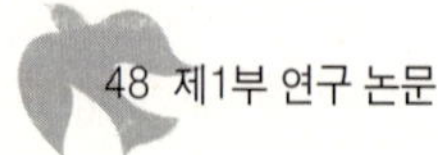

근로자를 사용하는 모든 사업 또는 사업장(이하 "사업"이라 한다)에 적용
한다. 다만, 대통령령으로 정하는 사업에 대하여는 이 법의 전부 또는 일부
를 적용하지 아니할 수 있다. ② 남녀고용평등의 실현과 일·가정의 양립에
관하여 다른 법률에 특별한 규정이 있는 경우 외에는 이 법에 따른다."고
규정하고 있고, 동법 제7조 제1항은 "사업주는 근로자를 모집하거나 채용
할 때 남녀를 차별하여서는 아니 된다."고 규정하고 있으며, 제37조 제4항
은 제7조를 위반한 사업주에 대하여 벌금형에 처하도록 하고 있다. 개정안
의 가산점제도는 동법에서 규제하는 차별에 해당하는 것으로 보이는데, 이
법률과의 상충을 어떻게 해소할 것인지 문제될 수 있다.

2) 가산점 대상자

가산점 대상자를 '현역 또는 보충역 복무를 마친 사람'으로 규정하고
있다.

그간의 입법과정에서 나타난 국회 국방위원회 및 법제사법위원회 전문
위원들의 검토보고서에 의하면 가산점 대상자를 이와 같이 규정한 것은
'위헌 판결에서 현역만을 적용한 데 대한 차별을 지적, 이를 보완한 것임'
이라 설명되고 있다.

제대군인지원법상의 구 제도와 마찬가지로, 여자도 지원에 의하여 현역
에 복무할 수 있으므로 제대군인이 될 가능성은 있다.

3) 가산점 부여의 방법과 정도

가산점이 부여되는 대상은 '필기시험의 각 과목'이고, 가산점은 위 '각
과목별 득점의 2.5퍼센트의 범위 안에서 대통령령이 정하는 바에 따라 가
산'하도록 하였다(필기시험을 실시하지 않을 때에는 그에 갈음하는 실기시
험·서류전형 또는 면접시험의 득점에 이를 가산한다).

가산점을 받아 합격하는 사람을 채용시험 선발예정인원의 20퍼센트까지로 제한하였고, 가산점 부여는 대통령령이 정하는 횟수 또는 기간을 초과할 수 없도록 하였다.

그 밖에 가산점 부여 대상 계급·직급 및 직위 등 가산점에 관하여 필요한 사항은 대통령령에서 정하도록 위임하였다.

그런데 하위법령인 대통령령이 제정된 바 없으므로 2.5퍼센트의 범위 안에서 어떤 기준에 따라 얼마나 가산점을 부여할 것인지, 가산점 부여의 횟수 또는 기간, 가산점 부여 대상 직급 등은 객관적으로 확정되지 않았다(신문에 보도된 바에 의하면 가산점 부여의 횟수는 3회, 대상 직급은 7급이하 정도로 논의되었던 것으로 짐작된다[8]).

제대군인지원법상의 구 제도는 각 과목별 '득점'이 아니라 '만점'을 기준으로 2년이상의 복무기간을 마치고 전역한 제대군인의 경우 5%, 2년미만의 복무기간을 마치고 전역한 제대군인의 경우 3%의 가산점을 부여하고 있었고, 대상직급을 6급이하 공무원 및 기능직공무원의 모든 직급으로 규정하고 있었으며, 가산점 부여 횟수나 가산점 합격자 인원의 제한은 두고 있지 않았다.[9]

4) 가산점제도의 예상 효과

가산점혜택을 받게 되는 잠재적 대상자는 2007년 징병검사를 기준으로 할 때 301,930명[현역 282,260명(징병검사자의 90.2%) + 보충역 19,670명(징병검사자의 6.3%)]이고, 이 중 상당수가 공무원이나 교원, 일반기업체 등 취업보호실시기관의 채용시험에 응시할 것이다.

반면, 가산점혜택을 받지 못하는 일반 응시자도 대단히 많을 것이다.[10]

---

8) 세계일보 2008년 2월 14일자 보도, 경향신문 동일자 보도 참조

9) 제대군인지원법상의 구 가산점제도와의 비교표는 본서 제3부 제2장 3.에 수록되어 있다.

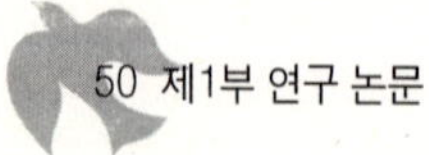

2006년도 7급공무원 일반행정직 공채시험의 경우 필기시험 합격선이 85.14점이므로, 2.5% 가산을 받는 사람은 과목별로 평균 84점을 득점하였다 하더라도 가산점으로 인해 과목별로 2.1점이 가산, 평균이 86.1점으로 상승하여 합격자로 결정된다(이 시험의 필기시험 합격자는 431명이고, 경쟁률은 45.6 대 1이었다). 2006년도 9급공무원 일반행정직 공채시험의 경우 필기시험 합격선은 84.00점이었다(이 시험의 필기시험 합격자는 859명이고, 경쟁률은 약 61 대 1이었다).

현실적으로 7급 및 9급 공무원 채용시험의 경우 불과 영점 몇 점 차이로 당락이 좌우되고 있다고 한다. 이런 상황에서 80점 중반대의 합격선 언저리에서 치열한 경쟁을 벌이는 사람들 사이에서 각 과목별로 2.5점까지의 가산점을 부여받는지의 여부는 당락에 결정적으로 영향을 미치게 될 것이다.11)

다만, 이러한 영향력은 가산점을 받아 합격하는 사람을 채용시험 선발예정인원의 20퍼센트까지로 제한함으로써 상당히 완화된다(위 2006년도 7급공무원 일반행정직 공채시험의 최종 선발예정인원을 400명으로 가상하면 그 20%인 80명을 초과하여 합격시킬 수 없다).

---

10) 2006년도 9급공채시험에 응시한 사람은 135,487명이고, 2005년도 7급공채시험에 응시한 사람은 32,216명(이 중 여성은 11,788)이며, 그 밖에 교원, 일반기업체 등 각종 취업지원실시기관의 채용시험에 응시할 사람의 수는 이보다 더 많을 것이고, 이들 중 상당수는 가산점혜택을 받지 못한다.

11) "국방부가 제출한 자료에 의하더라도 2006년에 일반 행정직을 대상으로 해서 시뮬레이션을 했습니다. 그런데 약 10%가량이 여성의 취업에는 큰 영향을 미치고 있습니다." 제268회 국회 국방위원회 제4차 회의록에 기재된 당시 여성가족부장관의 발언. 한편, 김성회 의원 발의 개정안에 의할 때 7급공채의 여성합격률 10% 감소, 9급공채의 동 합격률 15% 감소라는 연구결과를 보이고 있는 것으로는 박선영·안상수·김영택·곽용수·장명선, "군복무에 대한 사회통합적 보상체계 마련을 위한 정책방안 연구", 『한국여성정책연구원 연구보고서』, 한국여성정책연구원, 2007, 30쪽.

III. 병역의무의 이행과 그에 대한 보상

　군가산점제도를 둘러싸고 벌어지는 헌법적 논쟁은 대체로 다음과 같은
부분 쟁점들을 둘러싸고 전개된다. ① 군복무를 마친 사람은 불이익을 받
았거나 받고 있는가, ② 그러한 불이익은 보상(또는 지원)하여야 하는가,
③ 그러한 보상은 헌법에서 명령하고 있는가 아니면 입법정책상 바람직한
것으로 요구되고 있는 것에 불과한가, ④ 문제된 가산점의 효과와 영향력
은 어느 정도인가?

　그리고 이러한 각 쟁점들에 대한 판단들이 모아져 ① 가산점제도 자체
의 위헌 여부, ② 구체적 가산점 제도의 위헌 여부에 대한 판단으로 귀결되
고 있다.

1. 군복무로 인한 불이익의 존재

　대한민국 남자는 18세가 되어 제1국민역에 편입되는 순간부터 군복무
문제로 씨름하게 된다. 신체검사 결과 병역면제나 제2국민역 판정을 받는
소수의 사람을 제외하고는 일정한 기간(육군 현역의 경우 2년) 삶의 모두
나 대부분을 국가에 바치게 된다. 본인의 의사가 아님에도 불구하고 학업,
취업 등 스스로의 삶과 단절된 가운데 대부분의 기본권 행사를 제약당한
채 합법적인 강제복무에 임하여야 한다. 군복무 기간 중에 이러한 불이익
을 당한다는 데 대해 이의를 제기하는 사람은 없을 것이다.

　다음으로, 군복무를 마친 후에도 군복무의 여파로 여러 가지 불이익을
입을 수 있는데, 군가산점제도와 관련하여서는 공무원채용시험 응시 등 취
업에 있어서 어떤 불이익을 받고 있는지가 문제된다. 제대군인 위헌결정
전에는 공무원채용시험 응시연령상한을 정하면서 제대군인에 대해 그 상

한을 달리 더 높게 정하지 않았으므로 일종의 법적 불이익을 당하고 있었다고도 볼 수 있었는데, 위헌결정 후 1세에서 3세까지 응시 상한연령이 연장되었다. 그 밖에는 다른 법적 불이익을 받고 있는 것 같지는 않다.

문제가 되는 것은 사실상의 불이익이다. 군복무로 인하여 학업과 취업준비의 연속성이 단절되고, 제대로 취업에 대비할 수 없었으므로 군복무를 하지 않은 사람에 비하면 — 적어도 제대 후 일정기간 동안 취업준비가 성숙될 때까지는 — 채용시험에서 경쟁력이 떨어지게 된다. 이러한 사실상의 불이익이 존재하며 그것이 군복무와 상관있는 불이익이라는 점 또한 부인하기 어려울 것이다. 헌법재판소는 제대군인 위헌결정에서 다음과 같이 이를 인정하고 있다. "인생의 황금기에 해당하는 20대 초·중반의 소중한 시간을 사회와 격리된 채 통제된 환경에서 자기개발의 여지없이 군복무 수행에 바침으로써 국가·사회에 기여하였고, 그 결과 공무원채용시험 응시 등 취업준비에 있어 제대군인이 아닌 사람에 비하여 상대적으로 불리한 처지에 놓이게 된 제대군인..."(헌재 1999. 12. 23. 98헌마363)

그러므로 위 ①의 문제는 이렇게 정리된다. 군복무기간 중에는 법적, 사실적 불이익을 총체적으로 입게 되고, 군복무를 마친 후 채용시험 응시에 있어서도 사실상의 불이익을 당하게 된다.

2. 군복무로 인한 불이익 보상(또는 지원)의 근거와 의미

위와 같은 군복무로 인한 불이익을 어떻게 처리하여야 할 것인가? 국가가 보상하여야 하는가? 보상하여야 하는 것은 아니나 지원책을 강구하는 것이 바람직한 것인가? 이에 대한 판단에 따라 군가산점제도를 헌법적으로 평가함에 있어 결론이나 논증의 경로가 달라질 수 있다.

1) 병역의무 이행으로 인한 불이익 보상은 헌법적 근거를 가진다는 입장

여기에는 다시 두 가지 입장이 있을 수 있다.

(1) 헌법상의 평등원칙에서 그 근거를 찾는 입장

헌법 제11조에 규정된 평등원칙은 법적 평등뿐만 아니라, 사실적 평등 상태의 실현까지 요구하는 것이므로 군필자가 병역의무 이행을 원인으로 어떤 사실적 차별이나 불이익을 받고 있다면 그 시정을 요구할 수 있다는 입장이 될 것이다.

(2) 헌법 제39조 제2항에서 그 근거를 찾는 입장

헌법 제39조 제2항을 특별히 두고 있는 것은 단순히 "불이익한 처우"를 하여서는 아니된다는 소극적 금지명령만을 의미하는 것이 아니라, 병역의무 이행으로 불이익을 입고 있다면 이를 해소할 적극적 조치의무를 국가에 부과하고 있다고 본다거나(남복현, 2001:116; 유사한 취지로 정종섭, 2008:762), 징병제를 채택하고 있으므로 병역의무 이행 자체에 따른 희생은 보상할 필요가 없으나 병역의무 이행으로 인하여 취업에 있어 비병역의무자에 비하여 입는 불이익은 보전해 주어야 한다는 입장이다(김문현, 2000:126-137).

2) 그러한 불이익을 완화하는 지원책은 헌법적 근거는 없고, 입법정책적 차원에서 이루어질 수 있다는 입장

제대군인가산점 사건에서 헌법재판소가 취한 입장이다.

"헌법 제39조 제2항은 병역의무를 이행한 사람에게 보상조치를 취하거나 특혜를 부여할 의무를 국가에게 지우는 것이 아니라, 법문 그대로 병역의무의 이행을 이유로 불이익한 처우를 하는 것을 금지하고 있을 뿐이다.

그리고 이 조항에서 금지하는 "불이익한 처우"라 함은 단순한 사실상, 경제상의 불이익을 모두 포함하는 것이 아니라 법적인 불이익을 의미하는 것으로 보아야 한다. 그렇지 않으면 병역의무의 이행과 자연적 인과관계를 가지는 모든 불이익 — 그 범위는 헤아릴 수도 예측할 수도 없을 만큼 넓다고 할 것인데 — 으로부터 보호하여야 할 의무를 국가에 부과하는 것이 되어 이 또한 국민에게 국방의 의무를 부과하고 있는 헌법 제39조 제1항과 조화될 수 없기 때문이다. 그런데 가산점제도는 이러한 헌법 제39조 제2항의 범위를 넘어 제대군인에게 일종의 적극적 보상조치를 취하는 제도라고 할 것이므로 이를 헌법 제39조 제2항에 근거한 제도라고 할 수 없다."

3. 평가

1) 위 1)의 (1)에 대하여

일반적으로 우리 헌법의 평등원칙을 곧바로 사실적 평등까지 보장하는 원칙으로 이해하지는 않고 있다. 전면적인 사실적 평등의 달성은 유토피아적 목표가 될 수 있을지언정 실정헌법의 목표가 될 수 없을 뿐 아니라, 사실적 평등을 달성하려는 조치는 관련자의 법적 자유를 훼손하지 않을 수 없기 때문에 사실적 평등은 기본권을 통하여 법적 자유를 보장하고 있는 헌법체계와 조화되기 어렵다고 한다. 사실적 평등은 평등원칙에서 곧바로 추구·실현되는 것이 아니라 다른 법원리나 법규범의 도움을 받아 추구·실현된다. 그러한 것으로는 사회국가원리나 사회적 기본권을 들 수 있으며,[12] 또한 일반적인 차별금지명령을 넘어 그에 우선하는 차별요구명령을 하는 헌법의

---

12) 사실적 평등과 평등원칙에 관하여는 Starck(2005), in: Mangoldt, Klein, Starck (Hrsg.), *Kommentar zum Grundgesetz, 5.Aufl*, Art. 3, Rn.3-6. 또한 사실적 평등이 사회적 기본권을 통하여 실현됨을 지적하고 있는 것으로는 전광석, 『한국헌법론』, 법문사, 2006, 234-235쪽.

특별평등규범들도 여기에 해당할 수 있다. 그러한 차별요구명령의 대표적인 것으로는 헌법 제32조 제4항13), 제5항, 제6항을 들 수 있을 것이다.

물론 헌법규범의 개방성, 평등 개념의 복합성과 이념성은 평등규범에 대한 열린 논의를 가능하게 하며, 법적 평등만 보장하여서는 기존의 격차를 고착·확대시키는 반평등적 결과가 초래된다는 점이 인식될 때 사실적(실질적) 평등을 평등규범의 내용으로 일정하게 받아들이거나 양자간의 갈등 또는 보완관계를 어떻게 교직(交織)할 것인지를 두고 입법론적, 법해석론적 궁구와 모색이 이루어지게 된다. 사실적 평등의 한 범주에 속하는 것으로서 평등규범을 통한 포섭이 논의되거나 실현되고 있는 것으로는 적극적 평등실현조치(잠정적 우대조치)가 있다. 적극적 평등실현조치라 함은, 종래 사회로부터 차별을 받아 온 일정집단에 대해 그동안의 불이익을 보상해 주기 위하여 그 집단의 구성원이라는 이유로 취업이나 입학 등의 영역에서 직·간접적으로 이익을 부여하는 조치를 말한다(김문현, 1996:134).14) 적극적 평등실현조치의 특징으로는 이러한 정책이 개인의 자격이나 실적보다는 집단의 일원이라는 것을 근거로 하여 혜택을 준다는 점, 기회의 평등보다는 결과의 평등을 추구한다는 점, 항구적 정책이 아니라 구제목적이 실현되면 종료되는 임시적 조치라는 점들을 들 수 있다. 그런데 군가산점제도는 적극적 평등실현조치에 해당하지 않는다. 제대군인이나 병역의무를 마친 남자들은 역사적, 사회구조적으로 억압과 차별을 받아온 집단이라 할 수 없으며15), 또 병역의무는 헌법과 병역법에 의하여 지금까지와 마찬

---

13) '여자의 근로에 대한 특별보호'는 우리 헌법이 확고히 인정하고 있는 헌법적 가치이다. 이는 '연소자의 근로에 대한 특별보호'와 더불어 제헌헌법부터 보장되어 왔으며, 범국민적 민주화 요구의 산물인 현행헌법의 개정 시에 "고용·임금 및 근로조건에 있어서 부당한 차별을 받지 아니한다."는 후단규정이 추가되었다.

14) 또한 헌재 1999. 12. 23. 98헌마363

15) 오히려 '신성한' 병역의무를 이행하였다는 자부심과 사회적 인정을 근거로 주류적 헤게모니를 행사하여 온 집단이라 할 수 있지 않을까? 군가산점에서 늘 소

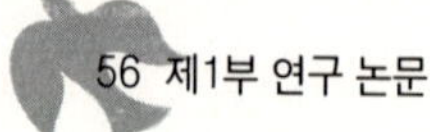

가지로 장래에도 지속적으로 부과될 것인데, 그로 인한 불이익을 상쇄코자 하는 것이 가산점제도라면 이 또한 임시적 조치의 성격을 가질 수 없기 때문이다.

군가산점과 관련하여 평등원칙을 근거로 헌법재판소의 위헌결정을 비판하는 논지는 오히려, 헌법재판소가 사실적 평등의 개념을 일관성 있게 적용하지 않았다는 데에 그 초점이 있다. 즉 제대군인 대 비(非)제대군인이라는 남녀중립적 법형식에도 불구하고 헌법재판소가 그 사실상의 효과에 주목하여 가산점제도를 남녀차별의 문제로 보았다면, 제대군인이 채용시험 응시에서 입는 사실상의 불이익에 대하여도 평등의 문제로 인식하고 검토하였어야 한다는 것이다. 다시 말해, 사실적 평등 개념의 적용상의 비일관성을 비판하고 있는 것이다. 그러나 뒤에서 보는 바와 같이 헌법재판소는 제대군인가산점제도를 여성에 대한 사실상의 차별이 아니라 법적인 차별로 평가하였다고 보는 것이 올바른 이해라고 할 것이므로 이러한 비판은 정확하지 않은 전제에 터잡은 것이라 할 것이다.

2) 위 1)의 (2)에 대하여

헌법 제39조 제2항은 1980년의 헌법개정 때 신설된 조항이지만, 그 개정의 이유를 알 수 있는 객관적 자료를 확인하지 못하였다. 그러므로 객관적 법문언, 그리고 관련조항과의 체계적 관련성이 이 조항을 해석함에 있어 일차적 지침이 되어야 한다.

납세의무를 규정한 헌법 제38조에는 이러한 규정을 두고 있지 않은 점과 대비하여 보면, 제39조 제1항에서 병역의무 이행을 국민의 기본의무로 규정하면서도 제2항에서는 그로 인한 국민부담의 완화를 규정함으로써 국

외되어 온 또 다른 집단인, 제2국민역이나 병역면제 판정을 받은 남자들이 가산점제도에 대하여 뚜렷한 목소리를 내지 못하고 있는 현상은 이를 방증하는 것이 아닐까?

가와 국민 간의 조화로운 관계를 꾀하고 있는 것이라고 새길 여지가 있고, 또 국가가 병역의무 이행을 이유로 법적인 불이익을 가하는 일은 대체로 상정하기 어렵다는 점에서 이 규정의 불이익을 법적인 것으로 좁힌다면 이 규정의 실제적 의의는 거의 상실된다는 점에서 이 규정의 적극적 의미를 모색하는 것도 의미가 있다고 할 수 있다. 또 헌법재판소 결정 중에는 "이 조항의 의미에 관하여는 논란이 있을 수 있겠으나, 병역의무 이행을 직접적 이유로 차별적 불이익을 가하거나, 또는 병역의무를 이행한 것이 결과적, 간접적으로 그렇지 아니한 경우보다 오히려 불이익을 받는 결과를 초래하여서는 아니된다는 것이 그 일차적이고도 기본적인 의미이다."라고 판시한 것도 있다(헌재 1999. 2. 25. 97헌바3).

그러나 먼저, 헌법 제39조 제2항은 "불이익한 처우를 받지 아니한다"고 규정하고 있어 객관적 법문언의 내용 그대로 평이하게 이해하면, 국가나 일반 사인이 병역의무자에게 병역의무의 이행을 이유로 어떤 불이익한 처우를 하는 것을 금지하는 것이다. 군복무를 마친 응시자가 채용시험에 있어서 입는 불이익은 군복무를 하느라 취업준비에 미흡함으로 인한 사실상의 여건에 기인하는 것이지, 국가나 고용주가 어떤 불이익한 '처우'를 하기 때문은 아니다. 불이익한 처우 금지에서 더 나아가 적극적으로 불이익 해소조치를 국가에 의무지우려 하였다면 다른 헌법조항에서 볼 수 있는 바와 같은 다른 표현이 사용되었을 것이다"(예를 들자면 헌법 제32조, 제34조, 제35조에서 사용하고 있는 "…노력하여야 한다" 또는 "…국가의 보호를 받는다"). 아니면 병역의무를 마친 사람들에 대한 우선적 근로기회의 보장을 명시함으로써 보다 근원적으로 해결하였을 것이다. 국가유공자·상이군경 및 전몰군경의 유가족과 나란히 헌법 제32조 제6항에 의한 우선적 근로기회 보장을 받는 대상자로 명시하는 방법이 그것이다. 그런데 우리 헌법은 제32조 제6항에서는 국가유공자 등만 규정하고, 병역의무 이행자에 대해서는 헌법 제39조 제2항을 따로 두고 있다. 이는 두 인적 집단 간의 헌법적 규율의 태도가 판이함을 보여주는 것이다.

다음으로, 근본적으로 이 문제에 대한 고찰은 국민의 기본의무의 의미와 성격에 대한 이해에서 출발하여야 한다. 헌법에 명시된 국민의 기본의무는 단순히 관련 기본권의 한계원리라는 소극적 기능 이상의 의미로서, 국가공동체에 대한 적극적인 의무적 "제공"을 헌법이 스스로 요청하는 것이다(Götz, 1982:861-872). 병역의무는 병역의무자의 시간과 노동력, 기회비용 등에 대한 거의 전면적인 제공을 요구한다. 병역의무는 신체의 자유, 양심의 자유, 직업의 자유, 거주·이전의 자유, 언론의 자유, 일반적 행동의 자유와 같은 병역의무자의 많은 기본권을 총체적으로 제약한다. 이와 같이 병역의무는 의무자의 큰 법적·사실적 불이익을 통하여 실현되는 구조를 가지고 있다. 그런데 의무자가 부담하는 이러한 "제공" 또는 부담(불이익)은 반대급부 없는 것이다. 반대급부 없이 큰 부담과 불이익을 일방적으로 부과하고 관철시킨다는 데에 헌법상 기본의무의 본질이 있다.[16] 이러한 큰 부담을 국민에게 지우는 것이기 때문에 기본의무는 헌법에서 명문으로 인정하는 것에 한하여 인정되는 것이다. 그리고 어떤 한 국가가 징병제를 채택하는 한 국가 또는 공동체의 존립을 위하여 국가의 구성원인 국민이 병역의무를 이행하는 과정에서 입는 여러 가지 불이익은 그 자체로 감수되지 않을 수 없다. 그러한 기본의무의 이행으로 입는 불이익을 고스란히 되갚아줄 보상의무를 국가에게 인정하는 것은 국민의 헌법상 기본의무를 인정

---

16) 정종섭(『헌법학원론』, 박영사, 2008, 762쪽)은 "본래 국방의무는 국가가 강제로 병역에 동원하기 때문에 그 자체로서 취업, 공직취임의 기회, 학업, 사회진출, 영업 등에서 불이익을 가져온다. 이러한 불이익은 의무에 따른 것이기 때문에 반대급부 없이 당연히 수인하여야 하는 것"이라 설명하고 있다. 또한 전광석(『한국헌법론』, 법문사, 2006, 423쪽)은 "국방의 의무 중 특히 병역의 의무는 폐쇄된 공간에서 장기간 역무를 수행하는 내용을 갖지만, 이를 특별한 희생이라고 할 수는 없다. 따라서 국가가 이에 대해서 보상을 하거나 적극적으로 특혜를 부여할 의무가 있는 것은 아니다."고 하고 있다.

하는 것과 양립할 수 없는 모순이라고 보아야 할 것이다.[17)]

그리고 이러한 모순관계는 병역의무 이행 후 취업 등 사회적 관계에서 입는 사실적 격차나 불이익을 보상하여야 한다고 할 때에도 마찬가지로 발생한다. 2년간(육군 현역 복무의 경우) 사회와 격리된 생활을 하다가 사회에 복귀하게 되면 시간과 변화로 인하여 채용시험에서의 경쟁 뿐만 아니라 ― 경제적인 사항에 관하여만 보더라도 ― 투자기회의 상실, 거래관계의 소멸, 시장의 변화로 인한 적응력의 감소 등 예상할 수 없었던 다양한 불이익한 상황에 처하게 된다. 이러한 사실상의 불이익 ― 헌법재판소의 표현에 의하면 '그 범위는 헤아릴 수도 예측할 수도 없을 만큼 넓다고 할 것인데' ― 에 대한 상당한 보상책을 일일이 마련하여야만 한다면 국가로서는 애초 국민에게 병역의무를 부과할 수 없을 것이다. 병역의무 이행 자체에 대한 보상이든, 의무 이행 후 사회적 관계에서 입는 불이익에 대한 보상이든 결국은 병역의무 이행에 대한 반대급부라는 점에서는 동일하다. 따라서 여전히 헌법 제39조 제1항과 모순에 빠지게 된다.

헌법 제39조 제2항에 사실상의 불이익을 포함하려는 해석론의 시도가 겪는 어려움은 궁극적으로는 그것이 군복무자의 취업문제에 관한 한 사실상의 평등을 실현하여 보고자 하는 데에서 오는 것이라 생각한다. 사실 헌법 제39조 제2항은 일반 평등원칙이 병역분야에서 발현된 특별평등원칙의 일종이라고도 할 수 있는데, '병역의무 이행으로 인한 특별한 고충과 희생'→비(非)병역의무자와의 사실상의 격차→보상 필요라는 논리적 단계를 따르다 보면 어느새 이 조항을 매개로 사실상의 평등 개념을 부분적으로 받아들이는 셈이 되어 버린다.

---

17) 이러한 원리는 비단 병역의무 뿐만 아니라 다른 기본의무의 경우에도 마찬가지이다. 납세자나 의무교육을 이행한 학부모에게 보상을 하여야 한다면 국가나 공동체가 존립할 수 없겠거니와 애초에 그러한 의무를 인정하는 의미가 없을 것이다.

마지막으로, 사실상의 불이익 처우를 헌법 제39조 제2항의 보호범위에서 제외할 경우 이 조항의 의미와 기능이 대폭 축소되는 것은 어쩔 수 없지만, 그렇다고 하여 이 조항이 완전히 무용지물로 전락하는 것은 아니다. 군법무관 근무지에서의 3년간 개업 제한 사건(헌재 1989. 11. 20. 89헌가102 참조)에서 보는 바와 같이 법적 불이익이 가해질 가능성은 언제나 열려 있다.

그런데 여기서 간과하여서 안 될 것은, 설사 사실상의 불이익에 대한 보상조치가 헌법적 근거를 가진 것이라 본다 하더라도 그로써 특정의 구체적 가산점제도가 곧바로 합헌이 되는 것은 아니라는 점이다. 헌법에는 다른 헌법적 가치들을 보호하는 헌법원리나 헌법규정들이 존재하고 이들은 때로 가산점을 근거지우는 헌법적 가치와 상충할 수 있으므로 규범조화적으로 가산점제도를 마련하지 않는다면, 즉 상충하는 헌법가치들 간의 적절한 형량이 행해지지 않는다면 그 다른 헌법적 가치(군가산점제도와 관련하여서는 공무담임권, 직업선택의 자유, 평등원칙 등)의 침해를 이유로 위헌이라는 판정이 내려질 수 있다.[18]

IV. 가산점제도와 남녀차별

1. 법적 차별인가, 사실상의 차별인가?

헌법재판소의 제대군인가산점 결정에 대해서는 그것이 '제대군인 대 비제대군인' 간의 차별 문제인데도 헌법재판소가 남녀간의 차별 문제로 잘못 분석하였다는 비판이 있고, 그러한 비판의 논거는 두 가지이다. 첫째, 여자도 지원병으로 현역복무를 마치면 제대군인이 되어 가산점을 받을 수 있

---

18) 이런 이유에서 군가산점제도가 헌법적 근거를 가질 수 있다는 입장을 취한 학자들도 제대군인가산점제도를 위헌이라고 보았다.

기 때문이라는 것이고, 둘째, 문제된 법률조항의 법문은 문면상 남녀중립적이라는 것이다. 문면상 중립적인 법률조항을 그 사실상의 효과를 중시하여 남녀차별적인 것으로 평가하였는데, 그렇다면 제대군인이 채용시험 응시에서 입는 사실상의 불이익에 대하여도 평등의 문제로 인식하고 검토하였어야 한다는 것이다.(이준일, 2001; 박경신, 2001)

지원에 의해 현역복무를 마치고 퇴역한 여자도 제대군인이 될 수 있었던 것은 사실이다. 그러나 여기에는 전체 여성 중의 극히 일부분만이 해당될 수 있으므로 실제 거의 모든 여자들은 비(非)제대군인에 해당하였다. 반면 제대군인에 해당하는 남자는 병역의무를 지는 남자들의 대부분을 점하였다. 헌법재판소가 인정한 당시의 통계자료로는 남자 중의 80%이상이 제대군인이라고 하였다. 이와 같이 어떤 제도가 전체 남자 중의 거의 대부분에 대하여 적용되는 반면, 전체 여자의 거의 대부분에게 적용되지 않는다면 이러한 상태는 중립적인 법적 규율의 외양에도 불구하고 '법적으로'(사실적으로가 아니라) 성별에 의한 구분을 행하고 있는 것이라고 볼 수 있고, 또 그렇게 보는 것이 합당하다. 더욱이 남자에게만 병역의무를 부과하면서 비의무자인 여자에게 군복무를 하지 않았다는 이유로 큰 불이익을 가하는 제도를 두고 법적으로 남녀차별을 하는 제도가 아니라고 한다면 이는 법제도의 규범적 작용과 현실관련성을 외면한 공허한 법인식이라 하지 않을 수 없다. 이런 의미에서 헌법재판소의 결정은 제대군인가산점제도를 여성에 대한 사실상의 차별이 아니라 법적인 차별로 평가하였다고 보는 것이 올바른 이해라고 보며,[19] 이러한 헌법재판소의 태도는 타당하다.

---

[19] 물론 헌법재판소 결정문에는 "가산점제도는 실질적으로 남성에 비하여 여성을 차별하는 제도이다."와 같은 표현이 있어 다른 이해도 불가능한 것은 아니지만, "가산점제도는 제대군인과 제대군인이 아닌 사람을 차별하는 형식을 취하고 있다. 그러나 제대군인, 비제대군인이라는 형식적 개념으로는 가산점제도의 실체를 분명히 파악할 수 없다." "이와 같이 전체 남자 중의 대부분에 비하여 전체 여성의 거의 대부분을 차별취급하고 있으므로 이러한 법적 상태는 성별에 의한

제대군인가산점제도에 대한 위와 같은 헌법재판소의 판단은 개정안에 대해서도 그대로 적용되므로 개정안은 여성에 대한 법적인 차별을 하는 제도라고 보아야 할 것이다. 제2국민역 처분을 받거나 병역면제된 남자도 가산점을 받을 수 없는 인적 집단에 속한다는 이유만으로 남녀차별이 아니라 볼 수 없다. 남녀차별 및 남남차별이 함께 이루어지고 있는 상태라고 보아야 할 것이다.

2. Feeney 판결의 이해

헌법재판소의 제대군인가산점 결정과 대비되는 것이 미국 연방대법원의 Personnel Administrator of Massachusettes v. Feeney, 442 U.S. 256 판결이다. 이 판결에서 미국 연방대법원은 제대군인가산점제도와 유사한 미국의 퇴역군인(veteran) 가산점제도를 남녀차별이 아니라고 보아 합헌이라고 하였는데, 군가산점제도를 합헌이라고 주장하는 비교법적 논거가 되어 왔다.

미국의 퇴역군인 가산점제도에 관하여 간단히 살펴보면, 미국의 연방법이나 주법에서 공직채용 시에 퇴역군인에게 혜택을 주는 통상적 방식은, 자격인정시험에 합격함으로써 후보자명단에 오른 퇴역군인에게 가산점을 주거나 같은 평점을 받은 다른 일반후보자에 우선하여 채용하는 방법이다.[20)21)] 연방법률에 의하면, 일정요건을 갖춘 퇴역군인은 연방공무원 자격

차별이라고 보아야 한다." 등 해당 부분 설시의 전체적 취지를 살피면 위와 같이 이해함이 타당하다고 본다.

20) 미국 연방공무원의 채용방식을 보면, 직무수행능력의 최소한을 갖추었는지를 테스트하는 자격인정시험(examination)에 합격하면 후보자명단(eligible list)에 오르게 된다. 명단은 순위를 매겨 작성된다. 충원될 매 공직별로 3배수 이상의 후보자명단을 작성하고, 임용권자는 상위순위에 있는 3인중에서 최종임용자를

인정시험에 있어 합격점을 받았다면 5점 또는 10점의 가산점을 부여받게 된다(5 USCA §3309). 후보자명단의 순위매김에 있어 퇴역군인은 같은 평점을 받은 다른 지원자보다 앞서 등재된다(5 USCA §3313). 또 보훈처장관(Secretary of Veterans Affairs)은 일정요건을 갖춘 퇴역군인에게 보훈처의 퇴역군인복지상담직 또는 퇴역군인소청심사직에 우선 채용할 수 있다(38 USCA §4214(g)).

그런데 매사추세츠州는 특이하게도 자격인정시험에 합격한 퇴역군인에게 가산점 정도가 아니라 절대적 우선권(absolute preference)을 부여하고 있었는데, 이를 위헌이 아니라고 한 것이 Feeney 판결이다. 이 판결은 이러한 방식의 혜택을 부여하는 것이 unwise policy임을 인정하면서도, 非퇴역군인 중 남자가 차지하는 비율이 상당히 크므로(위 사건의 경우 문제의 제도로 인한 여성피해자수는 2,954,000명이고, 남성피해자수는 1,867,000명이라고 한다), 퇴역군인을 非퇴역군인에 비하여 우대하는 것일 뿐 남녀차별의 목적에 대한 입증이 없다는 이유로 합헌의 결론을 내렸다. 이에 대하여 Marshall 대법관과 Brennan 대법관은 매사추세츠주 veteran의 98% 이상이 남자이고 여자는 불과 1.8%에 불과한 점에 초점을 맞추어 성차별의 의도를 인정하였고, 입법목적과 수단 간에 실질적 관련성이 없으며, 차별로 인한 피해의 정도가 지나치게 크므로 헌법상의 평등보호조항에 위반된다는 반대의견을 개진하였다.

한편, 자격인정시험에 합격할 수 있도록 퇴역군인에게 일정한 가산점을 주는 것은 특혜적 입법을 금지하는 헌법조항에 위반된다는 주판례가 있다(Cook v. Mason, 103 Cal App 6, 283P891 등).

이러한 미국의 입법례와 Feeney 판결은 몇 가지 점에서 우리의 군가산

결정한다. 15A Am Jur 2d, Civil Service, §30
21) 77 Am Jur 2d, Veterans and Veteran's Laws, §95-§97

점제도와는 배경과 의미가 다르므로 이를 평면적으로 비교할 수 없다고 생각한다.

첫째, 미국법상의 퇴역군인(veteran)개념은 우리 제대군인이나 군복무자의 개념과 다르다. veteran개념은 각 법률마다 상이하게 정의되지만 통상 전상군경, 공상군경, 베트남전과 같은 특정전투의 참가자를 중심으로 하면서 여기에 일정기간 이상 군복무를 마친 자를 포함하는 개념으로 사용된다. 따라서 veteran 개념은 우리의 국가유공자, 장기복무제대군인, 제대군인을 모두 포괄하는 것이라 할 수 있고, 그 만큼 혜택의 폭이 넓고 다양해질 수 있는 것이며, veteran이라 하더라도 그 종류에 따라 혜택의 정도를 달리하고 있다. Feeney 판결에서 문제된 veteran은 '90일 이상 현역복무, 그 중에서 하루이상 전시에 복무한 자'(who was honorably discharged from the United States Armed Forces after at least 90 days of active service, at least one day of which was during "wartime,")이다. 전시복무자와 평화시에 병역의무를 마친 자 사이에는 그 지원책에도 차이가 있을 수 있다.

둘째, 미국과 같이 기본적으로 지원병제를 채택하는 경우 정책적으로 여러 가지 특혜를 부여하여 군복무를 유도할 필요가 있을 것이다. 지원병제하의 군복무라는 것은 의무 없음에도 국방이라는 공공재를 직업으로 택한 것인데, 직업적 약점(사회와의 단절, 전투와 훈련이라는 위험 동반, 기율과 구속 등등)을 극복하고 병력을 충원하거나 우수한 자원을 확보하기 위해서는 여러 가지 복지혜택을 마련, 지원하는 입법정책의 필요성이 더 클 것이다. 특히 미국은 세계의 경찰을 자임하면서 여러 나라들과 다수의 전쟁을 치러왔고 그로 인하여 전시근무나 전사상자의 배출이 상시적으로 일어나는 국가인 점도 무관하지 않을 것 같다.

셋째, 지원병제하에서는 위 연방대법원의 판결이유에서 보는 바와 같이, 비(非)퇴역군인 중 남자가 차지하는 비율이 상당히 크므로(매사추세츠 주민의 4분의 1만이 퇴역군인이었다), 퇴역군인을 비(非)퇴역군인에 비하여 우대하는 것은 성별을 근거로 한 차별이 아니라고 할 수도 있을 것이다. 그러나 80% 이상의 남자가 제대군인이 되던 우리 법제에서 제대군인과 비(非)제대군인간의 차별취급을 그와 같이 볼 수 있을 것인가?

넷째, 헌법규범의 차이가 있다. 미국 헌법은 우리 헌법 제32조 제4항과 같이 여성을 고용 등에서 특별히 보호하라는 헌법조항이 없고, 또 우리 헌법 제25조와 같은 공무담임권조항도 없다.22) 따라서 입법자는 공직채용에 관하여 광범위한 입법형성권을 가지게 되며, veteran에게 어떤 방식으로 어느 정도의 특혜를 부여할 것인지 상대적으로 자유롭게 정할 수 있다. 그러나 우리 헌법 하에서는 위 헌법조항들에 저촉되지 않는 범위 내에서만, 즉 여성에 대한 특별보호에 어긋나지 않고, 또한 비가산점 응시자들의 공직취임의 기회를 박탈하지 않는 범위 내에서만 제대군인에 대한 혜택부여를 생각할 수 있다는 제약이 따른다.

다섯째, Feeney 판결에서 흥미로운 점은, 법이 문면상 성별에 중립적인 경우 성별에 의한 차별이 있다고 하려면 그 법에 차별의 효과가 있다는 것뿐만 아니라 차별의 목적이 있다는 것까지 입증하여야 한다고 한 점이다. 심지어 차별적 목적은 입법자가 구별되는 집단에 대한 '불리한 효과에도 불구하고' 정도가 아니라 적어도 부분적으로는 '그 때문에' 일련의 조치를 선택하거나 추인한 경우에만 인정된다고 하였다.23) 이렇게 되면 어떤 법률이 성중립적 외형을 취하기만 하면 그에 대해 양성평등에 기한 헌법심사를

---

22) Feeney 판결에서도 "…public employment is not a constitutional right…" 라고 하고 있다.

23) "Discriminatory purpose," however, implies more than intent as volition or intent as awareness of consequences. See United Jewish Organizations v. Carey, 430 U.S. 144, 179, 97 S.Ct. 996, 1016, 51 L.Ed.2d 229 (concurring opinion).FN24 It implies that the decisionmaker, in this case a state legislature, selected or reaffirmed a particular course of action at least in part "because of," not merely "in spite of," its adverse effects upon an identifiable group.

하는 것은 상당히 어렵게 될 것이다. 그러나 이러한 미국 연방대법원의 태도는 과연 타당하며, 우리 헌법의 해석상 이러한 입장을 받아들이는 것이 가능할까? 우리 헌법 제11조 제1항 단서는 '성별'에 의하여 차별을 받지 아니함을, 제32조 제4항은 고용·임금 및 근로조건에 있어서 '부당한' 차별을 받지 아니함을 명시하고 있다. 입법자의 손쉬운 입법기술의 조작만으로 위와 같은 명시적 헌법규범의 명령을 회피할 수 있다고 보는 것은 헌법의 규범력을 살리는 태도라 할 수 없을 것이다. 우리 헌법 하에서 저러한 미국 연방대법원 판례의 입장은 취하기 어렵다고 생각한다.

V. 위헌 여부의 판단

개정안의 가산점제도는 비가산점 응시자들의 공무담임권, 직업선택의 자유를 침해하는지, 그리고 평등원칙에 위반되는지 문제된다. 그 위반 여부를 판단함에 있어서는 이 가산점제도가 헌법적 근거를 가지고 있다고 볼 것인지, 성별에 따른 법적 차별을 가하는 것으로 볼 것인지가 중요한 변수로 작용한다.

1. 입장 1: 헌법적 근거를 부정하고, 남녀차별을 긍정하는 입장

이 입장에서는 개정안의 가산점제도는 그 자체로 위헌이다. 가산점의 정도, 가산점 혜택을 받는 인원의 제한 등 세부적인 내용이나 효과를 따져 볼 것 없이 위헌이라는 것이다. 이것은 제대군인가산점 결정에서 보여준 헌법재판소의 태도이기도 하다(따라서 이 입장의 논리는 제대군인가산점 사건의 위헌결정의 논리와 마찬가지로 다음과 같이 정리된다).

먼저, 공무담임권 침해가 인정된다.

비(非)선거직 공직의 경우에는 그 공직자 선발에서 공직이 요구하는 전문성·능력·적성·품성 등 능력주의가 그 바탕이 되어야 한다(허영, 2008: 773면). 헌법 제7조에서 보장하는 직업공무원제도의 기본적 요소에 능력주의가 포함되며(헌재 1989. 12. 18. 89헌마32등), 헌법 제25조의 공무담임권 중 비(非)선거직공직에 대한 공직취임권은 모든 국민이 누구나 그 능력과 적성에 따라 공직에 취임할 수 있는 균등한 기회를 보장함을 내용으로 한다는 것, 즉 능력주의와 기회균등이 공무담임권의 요체라는 것은 확립된 판례이다(헌재 1999. 12. 23. 98헌바33; 헌재 2004. 3. 25. 2001헌마882; 헌재 2007. 12. 27. 2005헌가11). 독일기본법 제33조 제2항은 "모든 독일국민은 적성, 능력 그리고 전문적인 성과에 따라 동등하게 모든 공직에 진출할 수 있는 권리를 가진다"고 명문으로 규정하고 있으며, 미국도 공직의 임용·승진제도가 능력과 적격성(merit and fitness)에 기초하여야 함은 헌법적 명령(constitutional mandate)으로서 입법자는 이 명령을 위반·회피·잠식하여서는 아니된다고 한다(Palmer v. Board of Education, 276NY222, 11 NE2d887).[24] 따라서 공직자선발에 관하여 능력주의에 바탕한 선발기준을 마련하지 아니하고 해당 공직이 요구하는 직무수행능력과 무관한 요소, 예컨대 성별·종교·사회적 신분·출신지역 등을 기준으로 삼는 것은 국민의 공직취임권을 침해하는 것이 된다.

이러한 기준을 적용할 때 개정안의 가산점제도는 그 자체로 위헌이라는 평가를 면하기 어려울 것이다. 현역 또는 보충역 복무를 마친 사람인지 여부, 즉 군복무 여부는 공무담임권의 요체인 능력주의와는 아무런 관련성 없는 기준이고, 군복무자의 사회복귀 지원이라는 입법목적은 예외적으로 능력주의를 제한할 수 있는 헌법적 근거가 아니기 때문이다. 즉 공직자선발에 관하여 능력주의에 바탕한 선발기준을 마련하지 아니하고 해당 공직

---

24) 15A Am Jur 2d Civil Service §27

이 요구하는 직무수행능력과 무관한 요소인 군복무 여부를 기준으로 삼는
것으로서 국민의 공직취임권을 침해하는 것이 된다.

군복무 여부는 두 가지 기준에 의하여 판가름된다. 그 하나는 성별이고,
다른 하나는 신체적·심리적 건강상태이다. 병역법 제3조가 남자에게만 병
역의무를 부과하고 있으므로 여자들은 군복무의 가능성으로부터 거의 완
전히 배제되어 있다. 그러므로 성별을 기준으로 한 공무담임 기회의 제한
이 아닐 수 없는데, 남녀라는 성별의 차이가 곧바로 공무담당 능력의 차이
로 이어지지 않는다는 것은 자명하다. 또한 병역법 제12조[25])에 따르면 현
역 또는 보충역복무자로 판정되는지, 제2국민역 또는 병역면제자로 판정
되는지는 오로지 신체 및 심리상태의 건강 정도에 달려 있다. 공직을 수행
함에 있어서도 상당한 정도의 건강을 필요로 함은 물론이지만, 공직수행에
필요한 건강의 내용·정도와 현역 또는 보충역 복무를 감당할 수 있는 그것
과는 일치하지 않을 것이다. 또한 징병검사 시점과 공무원채용 응시 시점
간에는 시간적 격차가 있는데, 전자를 기준으로 할 아무런 이유가 없다. 무
엇보다도 공무수행에 필요한 건강을 보유하고 있는지는 발달된 의학이 제
공하는 건강진단의 결과로 정확하고 효율적으로 확인할 수 있으며, 실제
공무원채용시험에 합격한 사람들에게 건강진단의 결과를 요구하고 있기도
하다. 따라서 공무원채용시험에 있어서 징병검사 결과를 기준으로 할 합리

---

25) 병역법 제12조(신체등위의 판정) ①신체검사(현역병지원 신체검사를 포함한
   다)를 한 징병전담의사·징병검사전문의사 또는 제12조의2의 규정에 의한 군의
   관(군의관)은 다음 각호와 같이 신체등위를 판정한다.
   1. 신체 및 심리상태가 건강하여 현역 또는 보충역복무를 할 수 있는 사람은 그
      신체 및 심리상태의 정도에 따라 1급·2급·3급 또는 4급
   2. 현역 또는 보충역복무는 할 수 없으나 제2국민역복무는 할 수 있는 사람은 5
      급
   3. 질병 또는 심신장애로 병역을 감당할 수 없는 사람은 6급
   4. 질병 또는 심신장애로 제1호 내지 제3호의 판정이 어려운 사람은 7급

적인 이유가 없다. 요컨대 군복무 여부를 기준으로 가산점을 부여함으로써 군복무를 하지 않은 사람들의 공직진출을 어렵게 하는 한 가산점제도 그 자체로 능력주의를 요체로 하는 공무담임권에 저촉된다.

다음으로, 평등원칙(헌법 제11조, 제34조 제2항)에 위배된다.

개정안의 가산점제도는 헌법 제32조 제4항에서 남녀차별을 특별히 금지하고 있는 영역인 "고용"에 있어서 여성을 대부분의 남자에 비하여 차별을 가하고 있기 때문에 엄격심사(비례성원칙에 의한 심사)가 적용된다. 이에 따라 심사하여 보면, 군복무자에 대한 사회정책적 지원은 합리적이고 적절한 방법을 통하여 이루어져야 하는데 사회공동체의 다른 집단에게 동등하게 보장되어야 할 균등한 기회 자체를 박탈하는 것이라면 적절한 방법이라 할 수 없다. 이들에 대한 지원책은 조세 등의 수단을 통해 전체국민의 부담으로 이루어져야 하는데도, 가산점제도는 고용점유율에 있어 아직도 남자에 비해 열위에 있을 뿐만 아니라 법적으로 병역의무가 봉쇄되어 있어 가산점을 획득할 수 있는 가능성이 거의 없는 여성 응시자들의 희생 하에 군복무자들의 취업기회를 특혜적으로 보장함으로써 문제를 해결하려는 것으로서 정책수단으로서의 적정성, 심지어 윤리성마저 획득할 수 없다. 제2국민역이나 병역면제 판정을 받은 남자 응시자들에 대한 차별 또한 마찬가지로 평가된다. 따라서 더 나아가 차별취급의 정도가 어떠한 지를 살펴볼 것 없이 이미 위헌이다.

다음으로, 개정안의 가산점제도가 일반 사기업체의 채용시험에도 적용되므로 비(非)가산점 응시자들의 직업선택의 자유를 침해하는 지 문제된다.[26] 일반 사기업체에서는 아직 군가산점제도를 실시한바 없다. 동일한

---

26) 다만, 개정안은 일반 사기업체가 가산점제도를 이행하지 않을 경우에 대비한 아무런 이행확보수단을 규정하고 있지 않다. 따라서 제대군인 가산점제도와 마찬가지로 사기업체의 재량에 맡긴 것이라면, 직업선택의 자유 침해 문제는 자발적으로 가산점제도를 적용하는 사기업체가 있을 경우에 비로소 현실적으로

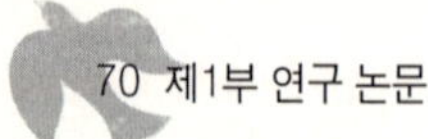

가산점제도라 하더라도 시험제도의 구체적 모습에 따라 그 영향력은 달라질 수 있다. 그러므로 일반 사기업체 취업시험의 시험과목, 합격선, 경쟁률, 남녀 응시인원과 비율 등에 대한 실증적 분석이 필요하다. 또한 공무원채용시험과는 달리 일반 사기업체 채용시험의 경우 기업체의 사정이 천차만별로 다를 수 있어 가산점제도의 영향을 통일적으로 평가하기 어려운 점도 있을 것이다. 다만, 공무원채용시험과 유사한 영향력을 가지는 경우를 상정한다면 직업선택의 자유에 대한 침해 역시 인정될 가능성이 높다. 직업선택의 자유에 대한 제한은 직업행사에 대한 제한 보다 엄격한 헌법적 제약을 받는다는 것이 헌법재판소의 확립된 판례인데, 개정안의 가산점제도는 직업선택의 자유에 대한 제한이고 더구나 당사자의 주관적 능력이나 의지로 극복하기 어려운 성별, 신체상태와 같은 객관적 사유를 기준으로 제한하는 것이어서 그 위헌여부에는 가장 엄격한 심사척도가 적용되기 때문이다.

2. 입장 2: 헌법적 근거를 긍정하고, 남녀차별성을 부정하는 입장

이 입장에 의하면 헌법의 평등규범은 더 이상 심사기준으로 들어오지 않게 된다. 공무담임권(경우에 따라서는 직업선택의 자유) 침해 여부만이 문제되는데, 헌법 제39조 제2항과 같은 헌법적 근거가 능력주의에 예외를 인정하는 근거가 될 수 있을 것이다. 보상의 방법으로 가산점제도라는 특정 제도를 실시할 것을 헌법이 직접 규정하고 있지는 않다 하더라도 입법자는 호봉이나 연금법상의 재직기간 산입을 비롯하여 복학·복직 보장, 취업 알선, 직업훈련이나 재교육, 교육비의 감면·대부, 의료지원, 공공시설 이용의 혜택 등 여러 가지 보상적 조치들을 취할 수 있는 것과 마찬가지로

된다.

가산점제도를 실시할 수 있고, 이러한 조치들은 모두 헌법적 근거를 갖는 것이 된다. 가산점제도는 사실상의 불이익을 강력하고도 효과적으로 상쇄할 수 있는 제도라고 할 것이어서 유독 이 조치만 제외될 이유는 없을 것이다. 따라서 이 경우 가산점제도 자체가 곧바로 위헌이 된다고 할 수는 없게 된다.

그렇다고 하여 곧바로 합헌이라는 최종 결론이 내려지는 것은 아니다. 개정안에 의한 가산점제도의 구체적 내용과 효과에 대한 헌법적 평가가 이어지게 된다. 이 작업은 한편으로 군복무자에 대한 보상이라는 입법목적을 얼마나 중요하게 평가할 것인지, 다른 한편으로 비(非)가산점 응시자에 대해 미치는 공직취임 기회의 박탈이 어느 정도인지, 그것을 얼마나 중요하게 평가할 것인지에 달려 있다. 이 작업에는 변론과 심리를 통하여 드러나는 증거와 자료에 대한 실증적 분석이 토대가 되겠지만, 사회적 소수자의 보호자라고 기대되는 헌법재판소가 사회적 알력 조정자로서 어떤 인식과 태도를 보일 것인지가 하나의 관건이 될 수 있다. 대강으로 예측하자면, 개정안이 제대군인가산점제도를 반면으로 삼아 장치하여 둔 여러 가지 완화된 조치들을 근거로 합헌으로 판단하거나, 공무원채용시험의 경쟁률이 매우 치열하고 합격선도 평균 80점을 훨씬 상회하고 있으며 그 결과 불과 영점 몇 점 차이로 당락이 좌우되고 있는 현실에서 각 과목별 득점에 2.5퍼센트까지를 가산하는 것은 입법목적의 비중에 비하여 공직취임 기회의 박탈의 효과가 여전히 심대하므로 위헌이라고 판단하는 양 갈래 길이 있을 것이다.

그리고 선택된 결론을 이끌어내는 주요 논증으로서 어떤 심사기준을 택할지도 주목된다. 헌법 제25조는 "법률이 정하는 바에 의하여"라고 규정하고 있고, 또 공직의 설계와 구성에 대해서는 국가의 넓은 형성권이 인정될 필요가 있으므로 공무담임권에 대해 자유권에 대해서와 같은 엄격한 위헌심사기준을 늘 적용하는 것은 타당하지 않다. 그렇다고 하여 공무담임권이

문제되는 모든 경우에 입법형성권을 언제나 넓게 인정하여 명백히 합리성
이 결여되었는지 만을 심사하는 의미의 완화된 심사를 하는 것 또한 타당
하지 않다. 일반적으로 입법형성권이 존중되어야 하겠지만, 비선출직 공무
원, 즉 직업공무원 진입에의 균등한 기회를 가로막는 장벽에 대해서는 기
회 박탈의 구체적 성격과 내용에 따라 비례성원칙에 의한 엄격한 심사를
하여야 할 때도 있다.

3. 입장 3: 헌법적 근거와 남녀차별성을 모두 긍정하는 입장

가산점제도 자체가 곧바로 위헌이 된다고 할 수는 없는 점은 위 입장 2
와 같다. 그러나 여성의 근로에 대한 특별보호 및 부당한 차별금지를 명하
는 헌법 제32조 제4항, 성별을 사유로 한 공무담임 기회균등의 박탈을 금지
하는 헌법 제25조(공무담임권)로 말미암아 가산점제도에 대한 입법형성의
여지는 좁게 되고, 위헌심사의 기준은 상당히 엄격히 설정된다. 이를 기초
로 개정안의 구체적 내용과 효과에 대한 헌법적 평가를 하면 위헌이라는
결론에 귀착될 가능성이 높을 것이다.

VI. 결어

사건을 정리하자면, 개정안의 가산점제도는 헌법적 근거가 없으며 입법
정책적 차원의 제도이다. 이 가산점제도는 몇 가지 제대군인가산점제도에
비하여 완화된 내용과 방법을 채택하였지만, 근본적인 헌법적 문제점은 그
대로 유지하고 있다. 이 가산점제도는 제도 그 자체로 능력주의와 기회균
등을 요체로 하는 공무담임권을 침해하며, 헌법 제32조 제4항 등 양성평등
을 보장하는 헌법규범에 위반된다.

헌법재판소의 제대군인가산점제도의 메시지는 명료하다. 군복무를 이유로 공직채용시험에서 가산점을 부여하는 제도는 그 자체로 위헌이라는 것이다. 이런 입장을 바꾸지 않는 한 개정안의 가산점제도 역시 위헌 판정을 면할 수 없을 것이다.

우리 헌법규정과 현실을 돌아보면 과연 군가산점제도가 진정한 헌법문제가 될 수 있을지 의문이 든다. 헌법과 병역법은 남자에게만 병역의무를 지우고 있다. 우리 헌법은 능력주의와 기회균등을 요체로 하는 공무담임권 조항을 두고 있으며, 여성 근로에 대한 특별한 보호, 부당한 차별금지를 명시하는 규정을 특별히 두고 있다.

한편 우리의 현실은 어떠한가? 행정부의 정무직 공무원 중 남성은 125명, 여성은 8명, 일반직 공무원 중 남성은 74,334명, 여성은 21,504명, 기능직 공무원 중 남성은 26,426명, 여성은 16,932명이다(2006. 12. 31. 현재). 일반직 공무원을 직급별로 보면 고위공무원의 경우 총원 883명 중 여성 9명(1%), 5급공무원의 경우 총원 10,950명 중 여성 1,029명(9.4%), 7급공무원의 경우 총원 25,711명 중 여성 6,236명(24.3%), 9급공무원의 경우 총원 9,321명 중 여성 3,696명(39.7%)이다(2006. 9. 25. 현재). 제대군인가산점제도 폐지를 전후로 공무원시험의 여성합격자 비율의 변화를 보면 7급공채의 경우 1999년까지는 10%이하였으나(98년 10.4%, 99년 6.1%), 2000년에 16.6%로 증가하였고, 2002년 20%대를 넘어선 이래 2006년까지 대체로 20% 중반대의 점유율을 보이고 있다. 9급공채의 경우 90년부터 99년까지 20%에서 40%대까지 변화의 폭이 넓은 양상을 보였고, 위헌결정으로 큰 상승의 영향을 받지 않았다. 2000년 36.9%, 2001년 38.2%였고, 2002년 이후에는 2006년까지 대체로 40% 중후반대의 점유율을 보이고 있다. 교육공무원의 전체 여성비율은 63.29%이다(유치원 99.9%, 초등학교 70.81%, 중학교 67.22%, 고등학교 47.03%, 대학교 18.77%). OECD국가 중 여성의 경제활동 참여율이 10%정도로서 우리나라가 최저이고, 남녀간의 노동시장에서의 격차가 115개국 중에서 우리나라가 92위이며, 관리직은 우리나라가 7.8%인데 미국은 42.5%라고 한다.[27]

그런데 여론조사는 군가산점제 부활에 찬성하는 쪽이 더 많다고 한다(조사기관에 따라 60%대에서 80%대까지 다양). 군가산점제 부활에 대한 이런 여론의 향배는 군복무 경험자가 우리 사회의 주류를 형성하고 있는데, 이들의 직접적인 군복무 경험의 공유가 강한 공감과 연대의식을 발휘하기 때문일 것이다. 이들의 주장이 아니더라도 군복무는 총체적 희생이고, 그 희생 덕분에 비복무자를 비롯하여 일반국민들은 국가의 안녕이라는 공공재와 기본권을 향유할 수 있다. 이들의 사회정착과 복귀를 지원하는 정책이 필요함은 물론이다. 그러나 그것이 헌법이 보호하는 다른 사람들의 기회를 불공정하게 박탈하는 것이어서는 안 된다. 병역의무 이행으로 인한 불이익의 원인은 병역의무가 없거나, 병역의무를 면제받은 사람에게 있지 않다. 그 근본적이고도 근본적인 원인은 국가의 존재, 전쟁의 존재, 군사주의, 병역의무의 존재(남성만에 대한 병역의무 부과의 문제 포함), 징병제에 있다 할 것이고, 그 다음으로는 병역제도의 어떤 불합리성이나 병무행정의 불공정성에 있다 할 것이다. 국가는 전적으로 스스로가 야기한 문제를 놓고 두 선의의 피해집단 간에 벌어진 싸움을 더 이상 방임하거나 부추겨서는 안 될 것이다.

---

27) 제268회 국회 국방위원회 제4차 회의에서 한 여성가족부장관의 발언

참고문헌

〈단행본 및 학술논문〉

김문현, "여성공무원채용목표제와 남녀평등", 『고시연구』, 1996년 11월호, 131-140쪽.

김문현, "군필자 가산점제의 위헌 여부", 『고시연구』, 2000년 5월호, 126-137쪽 .

남복현, "제13회 발표회 토론요지", 『헌법실무연구』 제2권, 헌법실무연구회, 2001, 107-124쪽.

박경신, "평등의 원초적 해석과 실질적 평등의 논리적 건재 －제대군인 가산점 위헌결정 평석－", 『헌법실무연구』 제2권, 헌법실무연구회, 2001, 67-90쪽

박선영·안상수·김영택·곽용수·장명선, "군복무에 대한 사회통합적 보상체계 마련을 위한 정책방안 연구", 『한국여성정책연구원 연구보고서』, 한국여성정책연구원,, 2007, 1-113쪽

이준일, "법적 평등과 사실적 평등 －제대군인 가산점 제도에 관한 헌법재판소의 결정을 중심으로－", 『안암법학』, 제12호, 2001, 1-28쪽.

전광석, 『한국헌법론』, 법문사, 2006.

정종섭, 『헌법학원론』, 박영사, 2008.

허영, 『한국헌법론』, 박영사, 2008.

Götz, Grundpflichten als verfassungsrechtliche Dimension, DVBl, 1982, pp.861-872

Starck, in: Mangoldt, Klein, Starck(Hrsg.), Kommentar zum Grundgesetz, 5.Aufl, Art. 3, Rn.3-6, 2005.

신문기사

박성진, <경향신문> 2008. 2. 14일자 10면: '軍 가산점' 9년만에 부활.

제**3**장

병역법 제3조 제1항 등에 관한 헌법소원을 통해 본 남성만의 징병제도[*]

양 현 아**

I. 여는 말

병역법에 규정되어 있는 남성만의 징병제도가 헌법적 문제가 되고 있다. 대한민국 남자인 K씨가 병역법 제3조 제1항 등이 헌법상 보장된 자신의 기본권을 침해한다고 주장하면서 헌법소원심판을 청구하여, 2009년 4월 현재 헌법재판소에서 심의 중이다.[1] 대한민국 헌법은 모든 국민에게 국방의 의무를 부여하고 있지만,[2] 아래와 같이 병역법 제3조 제1항과 제8조

---

* 이 논문은 한국여성정책연구원에서 발행한 <젠더연구> 제75집 제2호에 수록된 논문을 일부 수정한 것임을 밝힙니다.

** 서울대학교 법과대학 부교수

1) 2006 헌마 328, 병역법 제3조 등 위헌확인.

2) 헌법 제39조 제1항 "모든 국민은 법률에 정하는 바에 의하여 국방의 의무를 진다".

제1항에서 성별에 따라 다른 병역 의무를 규정하고 있다.

> 병역법 제3조 제1항 [병역의무] "대한민국의 국민인 남자는 헌법과 이 법이 정하는 바에 따라 병역의무를 성실히 수행하여야 한다. 여자는 지원에 의하여 현역에 한하여 복무할 수 있다."
> 병역법 제8조 제1항 [제1국민역의 편입] "대한민국 국민인 남자는 18세부터 제1국민역에 편입된다."

위 조문에 따라 대한민국 국민인 남성에게는 일률적으로 병역 의무를 부과하고 있지만, 여성에게는 자원에 의해서만 병역 의무를 이행할 수 있다.3) 여기서, 헌법에 규정되어 있는 국방의 의무란 국토방위의 의무이며, 국방의 의무란 남녀노소 가릴 것 없이 '모든 국민'에서 부과되는 의무이다. 이에 따라 국가는 국민에게 병역의무를 과할 수 있을 뿐 아니라, 법률이 정하는 바에 의해 방공(防空)의무, 군 작전에 협력할 의무 등을 과할 수 있고, 모든 국민은 민방위기본법, 전시근로 동원법, 비상자원관리법 등에 의한 일부 간접적 병력 형성 의무를 지게 된다. 한편, 병역법상의 병역 의무란 국방의 의무에 비해서 좁은 개념으로서 국민이 '군인으로서' 복무할 의무를 의미하며, 실효성과 실질적 시행의 면에서 이 군인으로서 복무할 의무가 국방의 의무의 근간을 이루고 대부분의 비중을 차지한다.4)

---

3) 위 규정 등에 의하여 일반 사병으로 복무하는 대다수 남성과 달리 여성은 여성 장교와 부사관과 같은 군간부에 한정하여 지원할 수 있다. 이에 따라 여성이 군인이 되기 위해서는 학력 조건 등이 요청되고 필기시험과 같은 선발과정을 통과해야 한다. 그럼에도 여성 군인 지원자의 경쟁률은 남성보다 치열한 경쟁률을 보이고 있는데, 이것은 군대가 직업선택기회와 관련되어 있다는 것을 보여준다. 참고로 여성장교가 되기 위해서는 사관학교나 4년제 대학을 졸업해야 하고, 부사관의 경우도 임무에 따라 조건이 다르지만, 일반적 조건은 다음과 같다. ① 고졸 이상 또는 동등 이상의 학력 소지자; ②18세 이상 27세 이하자 (여군 미혼), 이외 신체, 체중, 체력.
4) 김주환, "병역의무와 성차별금지 – 병역법제 3조 제1항, 제8조 제1항의 위헌

이 글은 본 헌법소원 사건을 통해서 한국의 남성을 대상으로 한 징병제도가 과연 헌법에 합치하는 제도인가를 법학과 사회학 그리고 여성학의 관점에서 분석해 보고자 한다. 남성 징병제는 1948년 대한민국 건국 이래 병역제도의 근간이라 할 수 있기에 이에 대한 헌법적 고찰은 그 자체로 커다란 사회, 문화, 군사, 경제적 의미를 가질 것이다. 그 의미에 대해서는 다음 장의 청구인과 관계인의 의견을 살펴 본 후 생각해 본다.

II. 헌법소원 사건 내용

본 사건의 청구인 K는 1981년 8월 13일생으로서 대한민국 국민인 남자다. 청구인은 병역법에 의해 제1국민역에 편입되었고, 모집병에 합격해 병무청으로부터 입영영장을 받았다. 본 사건 청구인의 주장에 따르면, 헌법 제39조 제1항 및 제 11조 제1항 제2문에 따라 대한민국 여자와 남자는 원칙적으로 성별에 관계없이 누구나 국방의 의무를 이행하여야 하지만, 병역법 제 3조 제1항과 제8조 제1항에 의해 병역의무를 지거나 제1국민역에 편입될 수 있는 자는 오로지 '대한민국 국민인 남자'이다. 그리하여 위 병역법의 대상 조문들은 자신의 평등권, 직업의 자유, 신체의 자유, 거주 이전의 자유, 학문의 자유를 침해한다는 것이다.

청구인은 현대의 전쟁 개념이 무기의 현대화로 인해 건장한 신체를 기초로 무기를 들고 싸우는 전통적인 개념의 전쟁과 다름에도 불구하고, 남성의 신체적 조건이 여성보다 우월하다는 점만을 중요시하여 남성에게만 병역의무를 부과하던 전통적 병역법이 재고되어야 한다고 주장한다. 게다가 병역법 제5조는 병역의 종류와 관련하여 현역, 예비역, 보충역, 제1국민역, 제2국민역으로 나누어 규정하고 있는데, 여기서 현역 이외에 보충역,

─────────────

여부", 『헌법실무연구』 제8권, 373-374쪽.

제1국민역, 제2국민역의 복무 중 업무는 실질적으로 병역과는 무관하고 국가에서 부족하거나 필요한 인력을 보완하는 공익적 업무가 대부분이다. 특히 보충역에는 공익근무요원, 공중보건의사, 징병전담의사, 국제협력의사, 공익법무관, 공익수의사, 전문연구요원, 산업기능요원의 복무내용은 전통적 병역의무를 이해하는 것이 아니라 넓은 의미의 대체복무형태라 할 것이다. 이러한 대체복무형태를 통한 업무는 여성이라고 하여 못할 이유가 전혀 없다고 주장한다.

청구인은, "여성들도 남성과 똑같이 군대에 가야만 한다"고 주장하는 것은 아니지만, 이처럼 여성도 수행할 수 있는 병역의무의 방안이 분명히 여러 가지 있음에도 불구하고 입법자는 여성이 자원하여 현역을 수행하는 것 이외에 아무런 방법도 고려하지 않아 '여성을 남성과 차별하여 실질적인 국방의 의무(병역의 의무)를 면제한 것은 헌법상의 의무주체를 자의적으로 축소하여 법률로 규정한 것이라는 것이다[필자 강조]'. 요컨대 해당 심판대상조항은 남자에게만 병역 의무를 부과하고 있고 여자에 대해서는 병역의무를 면제하고 있어서, 상호 비교집단, 즉 '대한민국 국민인 남성'과 '대한민국 국민인 여성'을 구별 짓고, 차별하고 있다. 특히 이 경우, 남성이 여성에 비해 차별받고 있다는 것이다.5)

이러한 청구에 대해 국방부 장관은 그 의견서에서, 청구인의 헌법소원 심판청구는 적법요건이 결여되어 각하되어야 하고,6) 설령 적법요건이 구비되었다고 해도 청구인의 평등권, 직업선택의 자유 등이 침해되었다고 볼

---

5) 2006 헌마 328, '심판청구원인 보충서.'

6) 헌법소원심판은 공권력의 행사 또는 불행사로 인하여 헌법상 보장된 자신의 기본권이 직접 침해받은 자가 청구할 수 있고, 매개행위(행정처분 등)가 있는 경우에는 이를 직접 헌법소원을 통해 다툴 수 없다. 본 사건 청구인은 병역법에 의해 제1국민역에 편입되고 모집병에 합격되었고 입영영장을 받았으므로 이러한 처분에 대하여 행정소송으로 불복하여 권리구제절차를 밟는 것이 타당하다는 의견이었다.

수 없으므로 이 사건 헌법소원심판청구는 기각되어야 한다고 주장한다.

특히 평등권과 관련해서 국방부 장관은 "'남녀평등'은 획일적으로 동일 업무를 남녀가 동등하게 수행하는 것을 의미하는 것이 아니라, 사회적으로 인식되어 있는 남자와 여자의 일반적 차이를 인정하고, 그 차이에 합당한 기회를 제공해 줌으로써 달성될 수 있는 것"이라고 전제한 후, "국방의 의무를 부담하는 국민들 중에서 구체적으로 어떤 사람을 징집하여 군복무를 시킬 것인가(병역의 의무)는 입법자가 국가의 안보상황, 재정능력 등 여러 가지 사정을 고려하여 필요한 범위 내에서 결정할 사항"이라고 하고 있다.

징집대상자의 범위를 결정하는 측면에 대해서는 "그 목적이 국가안보와 직결되어 있고 급변하는 국내외 정세 등에 탄력적으로 대응하면서 '최적의 전투력'을 유지할 수 있도록 합목적적으로 정해야 하는 사항이기 때문에, 본질적으로 입법자의 입법형성권이 광범위하게 인정되는 영역"이라는 것이다. 또한 "우리나라의 병력수급상황이 여성에게까지 현역병 징집 입영에 의한 병역의무를 부과를 요구할 정도는 아니며, 만약 여성에게까지 이러한 의무를 부과한다면, 봉급지급에 의한 국가예산의 문제, 내무생활의 여건 문제 등 많은 어려움에 봉착하게"될 것이다. 이러한 근거에서 국방부 장관은 "병역법 제3조 제1항에서 남자만을 현역병 징집의 대상으로 규율하는 것은, 여성을 차별하거나 남성을 차별하는 것이 아니다"는 의견을 제출하였다.[7]

주지하다시피, 우리 헌법 제11조 제1항은 국민의 기본권으로서 평등권에 대해 규정하고 있다.[8] 해당 헌법 조문에 의해 금지되는 성차별이란 성별을 이유로 한 차별적 대우로서 합리적 근거에 따라 정당화되지 못하는

---

7) 2006 헌마 328, '의견서'.

8) 헌법 제11조 제1항 "모든 국민은 법 앞에서 평등하다. 누구든지 성별·종교 또는 사회적 신분에 의하여 정치적·경제적·사회적·문화적 생활의 모든 영역에 있어서 차별을 받지 아니한다."

행위로서, "법률 기타 공권력의 행위가 어느 한 성을 다른 성보다 더 열악하게 대우함으로써 불이익을 주는 것"이며 다른 성에 혜택을 주는 것도 마찬가지다. 이 경우 개인의 이익이 침해되면 그것이 경제적 이익이든, 정신적 이익이든, 정서적 이익이든 상관없이 기본권 침해 가능성이 인정되며, 불이익의 경중은 문제되지 않는다. 따라서 본 헌법 소원 사건은 남성에게만 병역 의무를 부과하는 병역법의 조항들이 평등권 보호에 관한 헌법 제11조 제1항문과 국방의 의무에 관한 헌법 제39조 제1항에 합치하는가 여부에 관한 것이라 할 수 있다.

본 사건을 검토한 바 있는 헌법학자들에 따르면, 병역법 제3조 제1항은 남자와 여자라는 표지에 따라 서로 다른 법적 효과를 미치고 있기 때문에, 이 때의 차별은 일견 '직접차별'의 유형에 해당한다고 한다.9) 그렇다면, 이러한 성별에 따른 차별적 대우를 정당화할 수 있을 정도의 충분한 근거를 해당 법의 조문들이 가지고 있는지 여부가 본 사건의 핵심일 것이다. 본 사건이 한국국민 전체를 남성과 여성으로 분류하여 다르게 대하여 왔음에도 '자연스럽게 받아들여져 온' 성별에 따라 상이한 병역 제도에 대한 도전이라고 할 때, 법학적 측면 뿐 아니라 사회, 경제, 문화적 차원에서 여러 측면에서 의미를 가지고 있다.

먼저, 남성만의 징병제도는 한국의 군사제도의 근간에 해당하기에 이러한 제도에 대한 헌법 심사는 군사제도 전반의 인적·물적 자원 뿐 아니라, 군대의 이념, 가치의 측면을 검토할 수 있는 계기가 될 것이다.

둘째, 남성만의 징병제도에 대한 도전은 남성과 여성의 성별 역할과 사

---

9) 김주환, "병역의무와 성차별금지 — 병역법제 3조 제1항, 제8조 제1항의 위헌 여부", 『헌법 실무연구』 제8권, 2007, 376쪽 ; 이종수, "병역법 사건 발제에 대한 토론문", 『헌법실무연구』 제8권, 2007, 408쪽. 제75회 '헌법실무연구회(2007. 5.11 개최)'에서는 본 헌법소원 사건을 다루었다. 이 글에서 살펴보는 김주환 교수, 윤진숙 교수, 이종수 교수의 글은 본 토론회에서 처음 발표되었다.

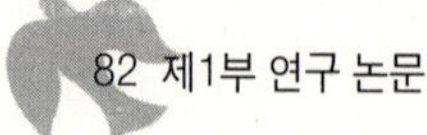

회화에도 큰 영향을 미칠 수 있다. 이는 결과적으로 '강건한 남자' 또는 '연약한 여자' 라는 성별 특성에 대한 통념에도 변화를 이끌어 내는데 일조할 것이다. 요컨대, 남성 징병제의 변화는 한국의 남성다움과 여성다움을 만들어 내는 중심 기제의 재구성을 뜻한다.

셋째, 만약 남성 징병제가 붕괴된다면, 이는 여성의 노동 권리와 직업 선택의 측면에서도 큰 영향을 미칠 것이다. 이 글에서 다룰 것처럼, 만약 여성도 징병 대상이 된다면 현재의 남성들에게 군대가 그러하듯이, 여성들도 기계, 화학 관련 분야 뿐 아니라 인사, 통솔 등에 있어서의 훈련받을 기회에 노출될 것이고, 이는 이후 직업선택과 관련성을 가질 것이다. 이상의 점 이외에도 남성 병역의무제도의 종식은 전체적인 젠더 구조의 변동이라 할 만한 많은 변화들을 이끌어낼 것이다.

실제로 남성에게만 병역의무를 부과하는 징병제도는 젠더 관계에서 정의(正義)를 추구하는 페미니즘 법학의 판단을 요청하는 사안이기도 하다. 그간 한국의 페미니즘 진영에서 군복무 문제가 다루어지기는 했지만 상대적으로 소극적으로만 다루어졌던 분야라고 할 때,[10] 페미니즘의 시각에서 남성만의 징병제도를 어떻게 볼 것인가에 대한 논의가 좀더 필요하다.[11]

---

10) 한국의 여성주의자간에 남성 징병제 자체가 대단히 중요한 의제가 되었다고 말하기 어렵다. 제대군인가산점제도의 위헌여부를 둘러싸고 군가산점제에 대한 열띤 공방이 있었고, 페미니스트에 대한 제대군인(남성)들의 반격이 있었으며, 군가산점제는 2008년 현재까지 논란이 되고 있다(한국여성연구소, "특집: 군가산점제", 『여성과사회』 11호, 2000 참고). 남성 징병제에 대한 페미니스트의 대표적 논쟁은 2003년 『IF』에서 이루어졌고, 이외에도 여성주의 평화운동의 맥락에서 논의되어왔다(페미니스트 저널, "특집: 여자, 군대를 말한다", 『IF』 봄호, 2003 참고).

11) 주지하다시피, '페미니즘'의 흐름이란 하나가 아니다. 페미니즘으로 지칭되는 사상체계에는 다양한 페미니즘의 이론적 흐름이 있고, 특히 1980년대 이후 페미니즘은 인종, 계급, 성성, 국가 등과 같은 성별과 다른 사회적 축 속에서 복합적 양상을 띠고 있다. 학문적으로도 페미니즘의 기반이 넓어지면서, 문학, 철학,

그런가 하면, 본 사건은 어떤 개인이 주장하는 권리 침해의 차원을 훨씬 넘어선 사회시스템 차원의 문제를 노정하는 징후적 사건이라 할 수 있다.12) 이 같은 시각아래 남성 징병제가 놓여 있는 사회적 맥락 속에서 본 사건을 독해하는 법사회학적(socio-legal) 방법으로 논리를 구성하고자 한다. 법사회학적 방법은 남성징병제의 합헌 여부의 근거들을 법학적인 논리에 국한하지 않고 사회적 맥락 속에서 해석하는 방법이라고 일견 말할 수 있다.13) 앞의 의견에서 제시되었던 '성별에 따라 적합한 역할이 있다' 라든가, '최적의 전투력이라는 입법 목적을 위해서 남성만의 징병제가 정당하다'는 등의 논거는 사회적 사실과 그 사실에 대한 이념적 평가를 요청하는 사안으로 보인다. 사회과학이란 사회적 사실을 수집하고 분석할 뿐 아니라 사회적으로 형성된 가치관과 이데올로기도 그 분석 대상으로 한다고 할 때, 법사회학 방법은 법과 제도를 정당화하는 사실 인식과 그 인식에 내재한 가치관도 연구의 대상으로 삼을 수 있다.

이상과 같은 기초 위에서 이제 한국과 미국의 관련사건에서 법원의 태도를 살펴보기로 한다.

역사, 사회학 등을 넘어서 다양한 영역에서 그 영향력을 깊숙이 미치고 있다. 하나의 진실을 전제하는 '큰 담론(mata-narrative)적' 태도야말로 페미니즘이 경계해야 할 것이라고 사료된다.

12) 참고로, 이 사건 이전에도 동조문 병역법 제3조 제1항에 규정된 남성만의 병역 의무에 대하여 헌법소원심판이 청구된 바 있었으나 모두 각하되었다(2000헌마30 병역법 제3조 제1항 위헌확인; 2002헌마79 병역법 제3조 제1항 위헌확인).

13) 여기서 '사회적 맥락 속에 법(적 사건)을 해석한다'는 방법의 특성이 언제나 명확한 것은 아니다. 그것은 이미 제정된 실정법의 틀 안에서 법을 해석한다는 태도를 넘어서서, 법률이 제정되고 집행되는 정치, 경제, 문화적 상황 속에서 법을 재해석한다는 것을 의미한다. 구체적으로는 특정한 법제도를 고안하고 정당화하는 정치경제적 이해관계와 조건들, 법제도를 둘러싼 담론적 지형 속에서 재해석하는 방법론과 시각을 의미한다(최대권 외, 『법사회학의 이론과 방법』, 일신사, 1995, 34-35쪽 ; 양건, 『법사회학』(제2판), 아르케, 2000, 24-26쪽 참고).

III. 본 사건 및 로스커 사건에 대한 지배적 태도

1. 본 사건의 심사 기준과 가치관

대한민국 헌법 제37조 제2항에 법률에 의하여 국민의 기본권이 제한될 수 있으나, 그 경우에도 국민의 자유와 권리의 본질적 내용을 침해할 수 없다는 기본권 제한의 과잉금지 원칙 규정을 두고 있다.[14] 그렇다면, 본 사건에 대해서는 어떠한 기준에 의해 심사해야 할 것인지 문제될 것이다. 2009년 4월 현재 헌법재판소의 결정이 내려지지 않았지만, 그간에 개진된 논거를 살펴보기로 한다.

앞서 언급한 김주환 교수는 본 사건이 엄격한 비례성 심사가 적용되어야 하는 직접적 성차별 사건에 해당한다고 전제한 후 해당 병역법 조문에 대하여 비례성 심사를 행하였다.[15] 먼저, 입법 목적의 정당성에 관해서는 국방부 장관의 의견에서 제시되었던 것처럼 그 목적은 '최적의 전투력'에 있기에 본 대상 조문의 성별 분류의 정당성이 인정된다고 한다. 김 교수는 또한 성별에 의한 차별 기준이 예외적으로 허용될 수 있는지 '신공식'에 의

---

14) 일반적으로 헌법 제37조 제2항에서 제시하는 기본권 제한의 한계로서 과잉금지 원칙은 다음과 같은 네 종류의 심사 요건을 가진 것으로 이해된다. (i) 입법목적의 정당성: 해당 법률이 헌법 및 법률의 체계상 그 목적이 정당한가. (ii) 수단의 적합성: (동원된) 수단이 그 입법목적을 달성하는데 효과적이고 적절한가. (iii) 피해의 최소성: 기본권의 제한을 최소화하는 보다 완화된 형태나 방법은 없는가. (iv)법익의 균형성: 해당 법에 의해 보호하려는 공익이 법에 의해 침해되는 사익에 비해 더 큰가. 그런데, 본 연구에서는 과잉금지 원칙과 비례(성)의 원칙을 엄밀히 구분하지 않고 같은 의미로 사용하고 있음을 밝힌다(이명웅, "비례의 원리의 2단계 심사론",『헌법논총』제15집, 2004, 509-544쪽 ; 김형성, "과잉금지의 원칙과 적용상의 문제점",『헌법실무연구』제2집, 2001, 53-76쪽.

15) 김주환, 상게논문, 380-384쪽.

해 심사할수 있다고 하면서 여성의 차이와 병역의무간의 관계에 대해서도 살펴본다. 아무리 현대 전쟁의 성격이 변화했다고 할지라도, "병역의무의 대부분은 여전히 전투병의 역할을 통해 이해되고 있"고, "독자적 생존에 필요한 개인물품은 물론 총검 외에 총탄, 수류탄 등 각종 무기를 등에 짊어지거나 소지하고 원거리와 험준한 산악지형 등을 불문하고 전투를 벌일 수 있는 체력을 보유해야 한다"는 것이다. 이외에도 여성은 "남성에게서는 찾아볼 수 없는(필자 강조)" 생리와 임신능력을 지니고 있고, 군사훈련이 여성에게 불임을 초래하는지는 과학적 의학적으로 증명되지 않았으나, 불임을 초래할 수 있는 가능성을 완전히 배제할 수 없다"고 한다. 그리고 이것은 "결국 국가의 출산율을 저하시킬 것이고, 국방력의 손실로 귀결될 것"이라고 한다. 따라서, 해당 조문이 남성과 여성을 분류한 것은 "양성간의 생물학적 차이와 또 생물학적 차이와 기능적 차이의 공동작용으로 인한 것으로서 그 차별이 허용된다"는 의견을 제시하였다.

둘째, 최소 침해성 측면의 심사는 '여성 중에 신체 조건이 적합한 자에게 병역 의무를 부과하는 방법이 과연 없는가'라는 질문으로 대체될 수 있는데, 이에 대한 답변은 명확하지 않으며, 이 질문은 '충분한 병력'이 없을 때에 제기할 수 있는 문제라는 것이다. 충분한 병력이 존재하는 현재 시점에서, 여성 징병제의 도입이 위에서 말한 최적의 전투력이라는 입법 목적을 효과적으로 달성할 수 있는 수단이라고 하기 어렵다고 할 때, 그 최소 침해성이 인정된다는 것이다.

셋째, 법익의 균형성의 측면에서는 여성의 복무가 사회국가적 경향에 대비할 수 있다는 점을 인정한다. 그러나, 여성의 생활조건에 맞게 병영시설, 무기, 전투 장비, 복무 조건 등 개선하는 것으로 인한 국가의 비용 상승 및 남성들의 병역의무가 가벼워진다는 공익이 그 비용에 비해 더 크지 않다고 할 수 있다. 따라서 대상조문이 공익과 사익간의 균형이라는 법익의 균형성에도 반하지 않는다는 의견을 제시하였다.

　이상과 같은 논증을 통해 김 교수는 대상 조문에 대한 합헌 의견에 도달하였다.[16] 하지만 필자는 이 같은 심사에 대해 여러 의문점을 가지게 된다. 먼저, 여성의 차이론, 최적의 전투력, 충분한 병력 등에 대한 김 교수의 사실의 제시가 충분하고 적절한 것인지 의문이다. 군대조직, 최적의 전투력, 여성과 남성의 차이 등에 관한 생각은 모두 기성의 제도에 기초한 것이며, 그 제도에 녹아 있는 문화적 관념이다. 예컨대, '남성에게 찾아볼 수 없는' 여성의 차이라는 논거 자체가 남성을 중심으로 설정한 여성의 차이론(혹은 여성의 출산론)이기에 남성적 입장으로 편향되어 있다. 또한, 여성의 징집으로 인한 비용 상승이 남성의 병역의무가 가벼워지는 것보다 더 무거운 부담이라고 어떻게 누가 판단할 수 있는 것인지도 불분명하다.

　이러한 견지에서, 위헌 여부를 심사하는 비례성 심사란 그 형식적 판단 기준을 제시할 뿐, 구체적 내용에 대한 사실 수집과 규범적 판단까지 정하지는 못한다는 지적에 공감한다.[17] 법적인 기준들을 금과옥조로 삼을 것이 아니라, 각 기준에 합당한 구체적인 사실들을 수집하고 이에 침윤한 가치관의 문제를 다룰 수 있어야 법적인 기준이 실체적 진실에 다가갈 수 있을 것이다. 법적 판단에 있어서 사회과학의 유용성은 계속 논의되어 왔지만, 그 간극이 넓다고 지적돼 왔다.[18]

　둘째, 본 사건은 남성 청구인에 의한 남성 차별을 주장하고 있는데, 앞

---

16) 본 사건을 검토했던 김종수 교수도 본 병역법의 성별 분류의 정당성을 인정하였지만, 김주환 교수와 달리 엄격한 비례 심사가 아니라 완화된 심사기준이 적용될 수 있다는 의견을 제시했다. 이하 논의 참고(이종수, "병역법 사건 발제에 대한 토론문", 『헌법실무연구』 제8권, 2007, 401-409쪽).

17) 이명웅, 전게논문, 514쪽.

18) 이에 관해서는 다음 연구를 참고할 수 있다(최대권, "법적 결정과 사회과학: 과외금지조치위헌결정을 중심으로", 『법학』 제41권 제3호, 서울대 법학연구소, 2000, 77-111쪽 ; 한상희, "헌법재판에서의 사회과학적 변론", 『법학』 제41권 제3호, 2000, 서울대 법학연구소, 77-106쪽).

서 본 심사의 논변은 한결같이 '여성이' 남성과 같이 병역의무를 지지 않음으로써 침해되는 기본권의 문제를 다루고 있다. 그러나 본 사안은 '남성만이 병역의무를 짊으로써 침해되는 기본권'에 관한 것이다. 필자가 보기에 두 문제의 구조는 같지 않은데, 후자가 전자로 치환되는 것에 대해 별반 성찰하지 않은 태도가 흥미롭다.[19]

이러한 관찰에서 볼 때, 본 사건을 다룸에 있어서 남성 징병제도를 정당화해 온 사실들과 이에 내재한 가치관을 다시 살펴보고 이를 다시 헌법적 문제로 포섭하여 판단하는 자세가 요청된다 하겠다. 아래에서는 본 사건과 그 성격이 유사하다고 보이는 미국 판례를 살펴본 후 미국과 한국에서 제시되고 있는 여성 징병 배제의 논거의 적합성을 검토하기로 한다. 이를 통해, 법적 논리와 사회적 담론 간을 교류하는 법과 사회의 논변을 구성해 보고자 한다.

2. 로스커 대 골버그[Rostker v. Goldberg (1981) 판결][20]

본 사건은 남성(18~26세)에게만 군인 징병 등록(registration)을 하도록 했던 베트남 전쟁시 발효되었던 Military Selective Service Act (MSSA)에 관한 것이다.[21] 1980년대 초 미국의 카터 대통령은 징병제의 부활이 필요하다고 판단하여, 여성도 징병 등록을 할 수 있도록 동법을 개정하도록 의회에 요구하였다. 그러나 의회는 동법의 개정을 거부하고 남자의 등록에 필요한 비용만을 책정하고 승인함으로써, 대통령은 이 법에 의거하여 18~26세 남자에게만 등록을 명하였고 이에 따른 군대 징병 등록이 시작되

---

19) 뒤에서 볼 것처럼, 이러한 치환은 특정 학자에만 국한하지 않고 본 사건의 논의 구조의 전반적 성격이다.

20) U.S. 453 U.S.57 (1981).

21) 윤후정·신인령. 『법여성학 — 평등권과 여성』, 이화여대출판부, 2001, 345-346 쪽.

었다. 그러나 남성만의 징집에 대한 소송이 제기되었고 연방 지방법원은
동 법이 수정헌법 제5조의 평등 원칙에 위반한다는 판결을 내리고 등록 집
행을 금지하였다. 이에 법무부가 즉각 항소하여 관할 항소법원은 지방법원
판결의 집행을 유예시켰다. 1981년 미연방 대법원은 남성만을 징집하는 본
MSSA가 헌법상 적법절차에 반하지 않는다고 판결하였다. 아래에서는 그
다수 의견과 두 종류의 소수 의견을 좀 더 자세히 살펴보기로 한다(6대 3
판결).22)

(1) 다수 의견

다수의견에서는 아래와 같은 논거로 본 법안의 목적과 의도를 받아들
였다.

MSSA는 "여성들에 대한 전통적 사고의 결과에 따른 우발적 (accidental) 판
단 결과가 아니다." 그것은 "적절한 국방력"을 유지하기 위해 그리고 국가의 안
보를 보장하기 위해 마련되었다. 따라서 의회의 목적이나 그 수단에 대한 어떠
한 평가도 [군인] 등록(registration)이란 국가 비상시에 징집(draft)을 하기 위한
전제라는 점을 고려해야 한다. 등록의 목적은 *전투병력 (combat troops)*을 징집
하기 위한 것이다.

집단으로서의 여성은, 집단으로서의 남성과 달리 전투에 적합하지 않다. 해
군과 공군 전투에서 여성 참여의 제한은 실정법에 기초해 있다. 전투 병력을 징
집하고자 하는 위 법률에서 여성을 배제한 것은 이미 확립된 전투 병력에서의
여성 배제의 법률적 근거와 동일한 것이다. 따라서 해당 법률에 있어 입법부가
마찬가지의 위치에 놓인(similarly situated) 집단을 자의적으로 선택한 것이 아
니다. 이는 흑인만, 혹은 백인만, 혹은 카톨릭 교인만 … 혹은 민주당 사람만 등

---

22) 이하 본 판결의 다수의견과 소수의견 요지는 아래 자료를 참고하였다, 판결문
상의 강조는 원문대로이며, 번역과 발췌는 필자에 의한 것이다(Herma Hill Kay
& Martha West eds, *Sex- Based Discrimination -Text, Cases and Materials*. St.
Paul, MN,: Thomson and West (6th ed.), 2006, pp.128-142).

으로 등록하는 것과는 다르다. 여성의 전투 제한 때문에, 남성과 여성은 군인 등록과 징집에 있어 마찬가지의 위치에 놓여 있지 않다. 또 다른 중요한 점은, 여성으로 비전투 병력이 채워지는 것은 병력의 탄력성 (military flexibility) 이라는 목적에 위배된다는 점이다. 전시나 평화 시에 인력의 순환이 필요하여, 비전투 병력 중 많은 인원들은 전투 병력이 회전될 때 사용가능해야 한다.

본 의견은 크게 다음과 같은 논리에 입각해 있다. 전시의 군인 징집은 궁극적으로 전투 병력을 위한 것이며, 전투임무에서 여성 배제는 이미 법률에 규정되어 있는 사항이다. 이렇게 여성은 징병에 있어서 남성과 마찬가지의 위치에 놓여 있지 않기에, MSSA는 성별에 따라 자의적으로 차별하는 법률이 아니다. 여성 징집은 병력 탄력성 추구라는 입법 목적에도 반한다.

(2) 소수의견 I : 화이트 (White) 대법관과 브래난 (Brennan) 대법관

한편, 아래 화이트 대법관과 브래나 대법관의 소수의견은 여성의 비전투 요원 배제의 헌법적합성 문제를 다루고 있다.

본 사건에서 도전받지 않은 점은 비전투 요원에서 여성을 배제하는 것의 헌법적합성이다. 만약 전시의 징집에서, 모든 비전투 요원이 전투 임무에도 적합한 군인들로 채워져야 한다는 것이 그렇게 자명한 것이라면, 징집에 의해서건 자원에 의해서건 군대는 여성 군인을 두어서는 아니 될 것이다. [우리는] 군대에서의 모든 지위가 그것이 전투에서 얼마나 멀리 떨어져 있는 임무와 관계없이, 전투 가능한 (combat-ready) 남성에 의해 채워져야 한다고 입법부가 결론내렸다는 어떠한 표시(indication)도 본 적이 없다. 여성들이 전투 임무에 복무하지 못한다고 할지라도, 평화시와 동원시에 이미 상당한 수의 임무들은 여성들에 의해 수행되어 왔다. 또한 동원시(전시)에 [여성을 징병하는 대신] 80,000명(전체 650,000명 중)으로 예측되는 비전투 요원이 여성 자원자들로 채워질 수 있다는 예측은 애매하고 근거가 명확하지 않다. 본 등록의 일차적 목적이 전투 요원을 징집하기 위한 것이라는 이유 때문에, 그리고 비전투 요원의 대다수가 전투를 하기 위해 훈련된 남성들로 채워져야 한다는 것을 본 법정이 인정했기 때문에, 여성에게 허락되는 임무는 *de minimis*와 같이 아주 미미하게 되는 결과를 초래하였다. 정부는 [군인] 동원의 필요성이 생겼을 때, 자원자에게만 의존할 수 없기에 징집을 해야 할 것이다. 이 때 반드시 전투 훈련을 받은 남성들로 채워져야만 할 전투 임무와 비전투 임무를 위한 징집 뿐 아니라, 전력 효율성을 감소시키지 않기 위해서는 전투에 적합치 않은 인력에 의해 수행될 직무를 위한 인력도 징집해야 하는데, 후자의 범주를 공급하기 위해서 이제 자유롭게 남성만을 징집할 수 있게 되었다. [우리는] 남자와 여자에 대한 이러한 종류의 차별에 대한 적절한 정당화를 발견하지 못했다.

이렇게 본 의견은 크게 두 가지 점에서 다수의견에 대해 이의를 제기하였다. 첫째 군대의 탄력성이라는 목적을 받아들임으로써, 전시 징집 인력은 전투와 비전투 요원을 막론하고 모두 전투 가능한 인력으로 징집한다는 전제가 잘못되었다는 것이다. 이 결과, 여성들에게 배당할 임무는 극히 미미한 숫자로 줄어들게 되었다. 둘째, 국가 비상시 반드시 확보되어야 하는 비전투 요원의 80,000여개의 임무는 여성 자원자들에 의해 채워질 것이라는 추정은 근거가 없다는 것이다. 남성만을 징집 대상으로 한 결과, 여성에 의해 채워질 역할까지 남성 징집에 의해 확보되게 되었다. 전투 능력을 요하지 않는 비전투 인력에 대해서도 여성을 배제하고 남성만을 징집하는 MSSA의 성별 분류에 대하여 헌법적 정당성을 찾기 어렵다는 것이다.

(3) 소수의견 II: 마샬 (Marshall) 대법관과 브래넌 (Brennan) 대법관

아래 의견은 마샬 대법관과 브래넌 대법관의 소수 의견의 일부이다.

오늘 [미연방대] 법원은 근본적인 시민 의무에서 여성들을 범주적으로 배제하는 법률을 지지했다. [우리는] 이 결정이 헌법의 법 앞의 평등보호에 반한다고 보기에, 이에 대해 반대한다.

우리 법원은 군인 징집에 관한 법률 전반의 헌법성에 대해 심사해 달라고 요청받지 않았다. 우리는 남성 또는 여성이 징집되어야 하는지, 그들이 동수(同數)

로 징집되어야 하는지, 또는 어떤 순서로, 또는 그들이 징집되었을 때 어떤 훈련을 어떻게 받아야 하는지에 대해 심사할 것을 요청받지 않았다. 또한 여성군인을 전투에 참가시키지 않는 법률 또는 정책에 관한 심사도 요청받지 않았다.

본 사건에서의 쟁점은 여성들의 전투 병력 제한에 관한 것이 아니다. 그런데 본 법정의 분석은 잘못된 질문에 초점을 맞추었다. [문제는] 젠더에 기반하여 차별하는 MSSA와 같은 법률이 크레이그 대 보렌(Craig v. Boren)에서 채택된 '강화된 심사 (hightened scrutiny)'를 통과할 수 있는지 여부이다.23) 즉 젠더에 기반한 분류가 "정부의 이익 [실현]과 긴밀하고도 본질적 관련성을 가지는가"의 문제이다.

의회 청문회 및 국방부의 대표 등은 한결같이 여성 군인들이 군대의 효율성을 상당히 증진시켰다고 증언하였다. 현재 150,000명의 여성들이 현재 군대를 지원하여 복무하고 있고 1985년에는 250,000명으로 증가할 것으로 예상되고 있다.24)

의회의 보고서에서 말한 "매우 많은 여성의" 징집은 군대의 유연성을 저해할 것이라는 결론을 적은 수의 여성도 그러할 것이라고 전혀 다르게 해석한 본 법정의 시도에 동의할 수 없다. 남성과 여성 징병의 숫자를 다르게 정한다면 헌법

---

23) 429 U.S. 130 (1976) [본 사건은 상고인 크레이그(재판 당시 18-21세)가 알코올성이 약한 맥주 판매를 (음주운전, 교통사고 방지 등의 행정적 목적으로) 남자에 대해서는 21세 이상자에게, 여자에 대해서는 18세 이상자에게 허가하는 오클라호마 주 법률이 성별을 이유로 한 차별로서 평등조항에 위반한다는 것을 확인하고 그 집행정지명령을 청구한 사건이었다. 미연방 대법원은 법원 부담의 경감, 행정상 편의 또는 사회경제 생활에 있어 남녀에 대한 통념(stereotype)을 촉진하는 목적으로 하는 성별을 이유로 하는 구별은 정당화될 수 없으며, 성별에 기반한 광범위한 분류가 그 입법목적과도 실질적인 관계가 존재하지 않기 때문에 이 입법은 평등권 조항에 위배한다는 판결을 내렸다. 본 사건의 다수의 견은 성별에 의한 법의 분류는 중요한 '정부 목적을 위한 것'이어야 하며, 그 목적 달성과 '실질적 관계'가 존재해야 한다는, 종래의 합리성 심사와 엄격심사 기준이라는 차별심사의 중간에 위치하는 '실질적 관계 기준 (substantial relations)'을 제시하였다].

24) 실제로 1980년 미군병력 전체에서 여성군인의 비율은 8% 정도를 차지했고, 1986년에 그것은 10%로 (전체 210만 중), 1994년에는 11.8%로 증가했다(Kay & West, 전게서, p.147).

적 심사에 취약할 것이라는 의회 보고서의 생각 역시 근거가 없다. ⋯ 결국 법원은 [본 판결에서] "입법부의 결정에 대한 존경"이라는 기이한 관습(shibboleths)으로 헌법적 분석을 대신하고야 말았다.

본 소수 의견은 다수 의견의 잘못을 다음과 같이 지적하고 있다. 앞서 소수의견과 마찬가지로, 본 사건의 중심 사안은 군인 징집에서의 여성의 완전 배제의 헌법 적합성이다. 특히 해당 법원은 MSSA가 채용하고 있는 비전투요원에서의 여성 배제라는 성별 분류에 관한 정책적이고 행정적인 고려가 아니라 헌법적 심사를 해야 한다는 점을 강조한다. 군의 효율성, 국가의 안위, 그리고 군대의 탄력성이라는 해당 법률의 입법 목적에 동의한다고 해도 그러한 목적과 남성만의 징집 간의 긴밀하고도 실질적인 관련성을 보여주지 못했다는 것이다.

3. 평가와 쟁점

위의 로스커 판결은 본 논문이 다루는 사건에 대해서 여러가지 시사점을 준다.

먼저, 로스커 판결의 다수의견에서 해당 법률의 합헌의 근거로서 제시된 최적의 병력, 국가의 안위, 여성과 남성의 차이, 병력의 탄력성과 같은 근거들은 한국의 국방부의 의견과 매우 유사하다. 한국과 미국의 다수 의견에서 남성 중심 그리고 현상 유지에 무게를 둔 군사 정책 담론의 헤게모니를 발견할 수 있다.

둘째, 미국 판결에서 소수의견은 실정법적 근거를 가진 여성의 '전투' 배제에 관해서가 아니라, 여성의 '징집' 배제의 헌법적 정당성에 초점을 맞춘 점이 주목된다. 이 문제는 여성과 징병간의 관련성 심사에 있어 매우 중요하다고 본다. 비전투 임무, 특히 전투 임무와 순환될 필요가 없는 업무에 대한 여성 징집의 배제가 헌법적으로 정당화할 수 있는가라는 문제를 정면으로 제기하기 때문이다. 한국의 병역법 헌법소원 사건에서도 이 질문은 회피할 수 없는 사안이다.

셋째, 여성의 군대 참가라는 문제는 단지 비전투 요원에 머물지 않고, 전투 임무에까지 확장된다는 것은 피할 수 없는 듯 하다. 많은 페미니스트 학자들은 전투 임무에서의 여성 배제에 대해 논쟁해 왔다.[25] 전투에서의 여성 배제는 참전 그 자체 뿐 아니라, 군대에서의 여성 군인들의 훈련과 직무 전반에 있어서 상당한 제한을 가해 왔다고 한다. 전투에서의 여성 배제는 전투관련 직무 뿐 아니라 그것을 지원하는(support) 직무에 대해서도 그러하다.[26] 전투에서 여성군인 배제는 여성 군인의 진급에서 '유리 천장'이 되거나 그것을 지연시키며, 중요한 의사결정 위원회에 여성을 배제시키거나 그들의 급료와 퇴역 후 연금 등을 낮추는데 역할을 하였다고 한다. 요컨대, '전투 역할'의 경계 설정이 언제나 분명한 것이 아니라는 점이다.[27] 이렇게, 여성의 전투임무 배제의 효과는 전투임무 자체를 넘어서서 군대에서의 여성의 임무를 광범위하게 제한해 왔다.

넷째, 비전투와 전투 임무에서 여성 배제에 대한 쟁점에서 볼 때, 군인의 역할에 대한 세부적인 분류와 심사가 필요하다고 생각한다. 그렇지 않고서는, '최적의 군사력', '군대의 효율성,' '군대의 탄력성' 같은 기준들이

---

25) Barbara Babcock, et al. eds.(1996). *Sex Discrimination and Law - History, Practice, and Theory*, Boston: Little, Brown Company(2nd edition), pp.315- 323.

26) 예컨대, 미국의 아래 판결들을 보라: Bledsoe v. Webb, 839 F.2d 1357 (9th Cir. 1988) [E2 항공기 전문인 여성 전기공이 E2를 나르는 해군함에서는 배제시킨 사건]; Hill v. Berkman, 635 F. supp. 1228 (E.D.N.Y. 1986) [핵 생화학 전문가의 직무에 발탁된 후, 같은 직무가 "전투 지원"자리로 분류되자 여성에게 그 업무가 폐쇄되었던 사건]; Owens v. Brown, 455 F. Supp. 291 (D.D.C. 1978) [Rostker 판결 이전에, 여성요원을 해상업부에 배치하는 것을 완전히 금지하는 해군 관련법을 폐기했던 사건](Babcock 등, 전게서, p.319)].

27) Kay & West, 전게서, p.149.

지나치게 포괄적이어서 이에 대한 선입견이나 기존의 통념을 배제하기 어렵다. 군인 직무의 세부 분류와 분석에 의해서 여성의 배제가 과연 정부의 '중요한 목적'에 봉사하는 것인지, 어떤 역할의 참여와 배제가 정당한 것인지 명확하게 논할 수 있을 것이다.

이 문제와 관련하여, 2000년 1월 11일 유럽사법재판소가 내린 판결이[28] 시사적이다.[29] 유럽사법재판소는 무기사용과 관련된 군대 임무에서 여성을 배제하고 여성군인은 오로지 의료 및 군악대 서어비스로 제한하는 독일 군인법(Soldatengegesetz) Article 1(2)과 군인경력규정 (Soldatenlaufbahn-verordnung) Article 3(a)은 유럽사법재판소 조약(EC Treaty) 제177조 (현재는 234조) 하의 고용, 직업훈련, 승진과 작업 조건에 있어서 남성과 여성의 평등대우 원칙의 실행에 관한 위원회 명령[Council Directive (76/207/EEC)]에 위배된다고 결정하였다. 이 사건에서 볼 때, 군대 업무 배치에서의 성별 구분은 일반적인 양성 평등 원칙을 벗어날 수 없고, 그것의 판단은 구체적인 군인 직무의 성격에 근거한 것이다. 우리 법원도 본 헌법소원을 심사함에 있어서 국토 방위라는 입법목적에 대하여 포괄적인 성별 분류를 '입법재량'이라는 개념 아래[30] 정당화할 것이 아니라 군인의 구체적 직무에 대

---

28) The Court of Justice of the European Communities, C-285/98
   (http://curia.europa.eu/en/content/juris/index.htm).
29) 본 사건은 독일연방군대에서 관리(maintenance; 전자 무기 정비 업무) 부서 배치를 희망했던 여성 군인 타냐(Tanja Kreil)가 해당 부서로부터 이러한 희망이 거부당하자 독일연방정부를 상대로 제기한 소송이다. 1998년 7월 13일, 하노버 행정법원은 유럽사법재판소에 본 사건을 회부하여 판단을 구하였다.
30) 헌법재판소는 징집대상자를 결정하는 법 규정(구병역법 제71조 1항)을 심사하면서 입법자에게 '광범위한 입법형성권'을 인정한 바 있다.
   일반적으로 국방의무를 부담하는 국민들 중에서 구체적으로 어떤 사람을 국군의 구성원으로 할 것인지 여부를 결정하는 문제는 이른바 '직접적인 병력형성의무'에 관련된 것으로서, ① 원칙적으로 국방의무의 내용을 법률로써 구체적으로 형성할 수 있는 입법자가 국가의 안보상황, 재정능력 등의 여러가지 사정

한 심사가 필요하다고 생각한다.

IV. 여성의 징집 면제는 수혜적 차별인가?

여성의 징집 면제는 여성에 대해 수혜적이기만 한가. 이종수 교수는 '최적의 전투력 확보'라는 병역법의 입법 목적을 위하여 입법자가 여성을 제외하였다는 점을 받아들이면서, 여성의 병역의무 면제는 '부담적 차별'이아니라 '수혜적 차별'이기에 입법형성권이 축소되는 부담적 차별과는 달리보다 광범위한 입법형성권이 인정되므로 병역법의 해당 조문에 대해서 보다 완화된 심사 기준이 적용될 수 있다는 의견을 제시하고 있다.[31] 필자가보기에 군징집에서 면제되는 것이 여성에 대한 '수혜적 차별'이라는 개념은 상당히 의심스러운 것이다. 이에 본 장에서는 수혜적 차별론을 포함하여 여성의 군징집 배제의 정당화 담론들을 차례로 논의해 보기로 한다.

1. 누구에 대한 차별인가

먼저, 심판대상 조문이 누구에 대하여 차별 소지를 가지고 있는지, 누가

을 고려하여 국가의 독립을 유지하고 영토를 보전함에 필요한 범위내에서 결정할 사항이고, ② 예외적으로 국가의 안위에 관계되는 중대한 교전상태 등의 경우에는 대통령이 헌법 제76조 제2항에 근거하여 법률의 효력을 가지는 긴급명령을 통하여 결정할 수도 있는 사항이라고 보아야 한다.

한편, 징집대상자의 범위를 결정하는 문제는 그 목적이 국가안보와 직결되어있고, 그 성질상 급변하는 국내외 정세 등에 탄력적으로 대응하면서 '최적의 전투력'을 유지할 수 있도록 합목적적으로 정해야 하는 사항이기 때문에, 본질적으로 입법자 등의 입법형성권이 매우 광범위하게 인정되어야 하는 영역이다 (헌재 2002.11.28, 2002헌바45, 판례집 14-2, 704-5).

31) 이종수, 전게논문, 405쪽.

본 사건에 있어 차별의 대상(target) 집단인지 살펴본다. 앞서 본대로, 본 헌법소원 사건 청구인은 군징집 대상자인 남성이고, 그는 자신의 평등권과 자유권 등이 침해되었다고 주장한다. 해당 법률은 여성이 아니라 남성을 차별한다는 이유로 헌법 소원이 제기되어 있다. 그런데도, 남성만의 병역의무를 여성에 대한 '수혜적 차별'이므로 완화된 심사기준이 적용될 수 있다는 견해는 그 초점이 잘못되어 있다. 구체적으로 이 초점은 아래와 같은 문제점이 있다고 생각한다.

먼저, 여성의 병역의무 면제의 효과가 과연 '수혜적'인 효과를 가지는지 살펴보아야 한다. 이는 보다 상세한 논의를 필요로 하므로, 다음 절에서 살펴보기로 한다.

둘째, 만약 남성만의 징병제도가 여성에게 수혜적 제도라고 한다면, 이는 결과적으로 남성들에게는 과도한 부담을 지우는 것임을 인정하는 것과 다르지 않다. 이렇게 해당 제도가 남성에 대한 차별 취급이라는 것을 인정한다면, 그 헌법적 정당성을 논해야 할 것이다.[32] 수혜적 차별이란 남성에 대한 부담적 차별을 인정하는 것에 다름 아니다.

셋째, 보다 근본적으로 수혜적 차별이라는 개념에 대해서 의문이다. 모든 권리는 의무와 양면적 관계에 서 있다고 하겠다. 그런데, 그 의무가 무겁다는 이유로 공권력이 이를 면제해 준다면 이는 권리의 포기를 야기할 수밖에 없을 것이다. 예컨대 세금의 부담은 누구도 기피하고자 하는 의무라는 것을 이유로 세금을 낼 수 있는 일정한 능력에 의하지 아니하고, 특정 부유 지역에만 과세하는 정책에 대하여 그 이외 지역에 대해서는 '수혜적 차별' 정책이라고 말할 수 있을 것인가. 부모 역할(양육권)은 엄청난 부담이 된다는 것을 이유로 이혼 후 아버지(혹은 어머니)에게는 양육권을 일률적

---

32) 본 사건은 한국의 성평등 관련 사건에서 유례가 드물게 남성에 대한 차별 대우에 관한 것이다. 이 점에서도 본 사건은 한국의 헌법 그리고 젠더 연구자들에게 각별한 의미를 가진다.

으로 부여하지 않는 법률에 대해서도 '수혜적 차별'이라는 개념이 적용될 수 있을까. 요청되는 능력(담세, 양육)에 대한 명확한 기준이 아니라 의무가 부담이 된다는 것을 이유로 특정 시민 집단을 포괄적으로 분류하여 그 의무를 면제하는 법률이 헌법적으로 정당화될 수 있을지 의문이다. 또한 수혜적 차별의 반대 집단은 엄청난 부담적 차별을 받는다는 것을 의미하기에, 그런 정책이 예외적으로 인정된다고 해도 그 위헌 여부는 엄격한 심사기준을 통과해야 할 것이다.

2. 여성과 남성 비제대군인의 입장에서 본 차별

남성만의 징병제도는 여성들에게 과연 수혜적인 것이었는지에 대해 좀더 살펴본다. 페미니스트 사회학자인 문승숙은 한국의 근대성을 '군사화된 근대성(militarized modernity)'으로 특징지으면서, 한국사회에 지배적인 군사화된 남성성과 가정화된 여성성이라는 이분법적 코드의 핵심에 남성 징병제가 있음을 논하였다.[33] 문승숙의 연구 중에서 남성 징병제도를 직업 훈련기회와 관련지은 분석이 흥미롭다.[34]

---

33) 문승숙, 이현정 역, 『군사주의에 갇힌 근대』, 또하나의 문화, 2007(Seungsook Moon(2005). Militarized Modernity and Gendered Citizenship in South Korea, Durham: Duke University Press, 2005). 한편, 권인숙은 현행 징병제도를 한국인 누구에게라도 영향 미치는 보편적 제도라고 분석하고, 군사주의를 대학, 사회, 문화에 편만해 있는 포괄적 문화논리로 해석한다(권인숙, 『대한민국은 군대다 — 여성학적 시각에서 본 평화, 군사주의, 남성성』, 청년사, 2005).

34) 문승숙은 한국의 방위 산업체는 1970년대 중화학 공업 발전의 맥락 속에서 육성되었다고 분석한다. 1982년 85개의 방위 산업체가 있었는데, 1990년에는 다수 줄어 82개가 되었다. 방위 산업체 노동자 수에 대해서는 믿을 만한 통계자료가 없다고 하지만, 국방연구원의 연구에 따르면, 1970년대 중반에서 1980년대 말까지 매년 입영 대상자의 10~20%가 대체 복무를 한다고 한다. 이러한 정책은 1980년대 전두환 정부에서부터 변화되었으나, 직업훈련, 기술 자격증 제도와

먼저, 군복무와 직업훈련 간의 연결은 1973년 제정된 병역특례법에 따라 병역 의무자를 중화학 공업에 배치했던 정책에서 잘 나타난다. 해당 법률에 따르면, 다음과 같은 병역 의무자는 지불 노동으로 병역을 대신할 수 있다. (i) 군수방위 산업체나 군사 연구소에서 일하는 기술자와 기능사, (ii) 중화학 공업, 광업, 건설, 에너지 산업 같은 전략 산업에서 일하는 자격증 소지 기술자와 기능사, (iii) 한국과학기술원 학생. 이상과 같은 병역 특례의 경우는 기본적 군사 훈련을 받은 뒤 군 복무 대신 국가가 지정한 업체에서 5년간 대체 복무를 해야 했다(단, 학생은 졸업 후 3년간). 본 정책은 기반산업건설, 국방산업, 중화학 공업 건설의 육성에 병역 의무 잉여 자원을 효율적으로 활용한다는 목적을 가졌던 것으로 말해진다.[35]

여성의 입장에서 이러한 정책은 중화학 공업과 관련된 직업과 기술 단련을 받을 기회의 체계적 배제를 의미한다. 중화학 공업과 방위 산업 기업체에서 일하는 남성 노동자들이 대체 복무를 신청하기 위해서는 먼저 각종 기술 분야에서 자격증을 취득해야 했기에 이 정책은 결과적으로 남성들로 하여금 국가 기술 자격증 시험을 준비에 대한 동기를 부여하였고, 공공 직업 훈련소나 사내 직업 훈련소는 국가 기술 자격증 시험을 준비시키는 기능을 했다. 여성은 이러한 동기를 가질 필요도 기회도 없었고, 이상의 직종들은 군복무 이행과 교차되면서 남성 직종으로 자리잡았다.

군사화된 국가에서 여성시민에 대한 관심은 주로 가족의 재생산과 출산 관련 분야이다.[36] 여성들의 직업 훈련은 여성적인 기술이라 여겨진 보수가 적고 노동집약적인 것, 예컨대, 봉재, 자수, 염색, 방적, 방사, 전화 교환, 미

결합된 대체복무제도는 계속되었다(문승숙, 전게서, 89·95쪽).

35) 병무청, 『병무행정사: 하』, 병무청, 1986, 177쪽 ; 문승숙, 전게서, 88쪽에서 재인용.

36) 문승숙, 전게서, 105-138쪽 ; 황정미, "발전국가와 모성: 1960-70년대 '부녀정책'을 중심으로", 심영희 등 공편, 『모성의 담론과 현실』, 나남출판, 1999.

용, 수공예 기술 등에 몰렸다. 한국 정부가 중화학 공업의 육성에 그토록 관심을 가졌던 시기에도 중화학 공업 관련 분야에서 여성 기능사들의 비율은 거의 증가하지 않았다는 사실은 관련 노동자의 육성이 군사정책과 엇물려 있었던 것이 그 구조적 원인이다.[37]

둘째, 1961년부터 시행되어 1999년까지 존속되었던 '제대군인 가산점제'는 여성과 군대에 갈 수 없는 남성(보충역, 제2국민역, 병역면제자)들과 여성들의 공무담임권을 제한하고 여성을 차별하는 제도였다.[38] 1999년 헌법재판소는 제대군인 가산점제에 대하여 위헌 결정을 내린 바 있지만, 여성들은 이 제도가 시행되던 지난 40년 간 제대군인들이 누린 공무담임권의 직·간접적 혜택의 수혜로부터 배제되었다. 현재에도 본 제도의 효과는 그동안 임용되었던 제대군인 출신 남성 공무원과 그들의 선임권(seniority)을 통해 살아남아 있다.

셋째, 군인 경력은 가산점제도 이외에도 공무원 호봉 산정이나 연금법 적용에 있어서 공무원 경력으로 100% 인정되고, 공무원 연금법에서도 현역병 또는 지원에 의하지 아니하고 임용된 하사관의 복무기간을 공무원의 재직기간에 산입하고 있다.

이렇게, 남성 징병제는 남성들에게 환영받지 못하면서도 제대군인 가산점제도 등을 통해 다시 여성과 비제대군인 남성들에 대해서도 일정한 차별적 효과를 발생해 왔다.[39] 그렇다면, 남성 징병제로 인한 차별 효과라는 것

---

37) 문승숙, 전게서, 108쪽.
38) 자세한 사항은 헌법재판소, 98헌마363 사건 결정문 참조.
39) 군가산점제는 대다수 남성 국민에 대한 병역 의무의 강요가 초래한 부산물이다. 이들은 군대에 다녀오지 않은 다른 남성이나 여성 등에 비해 희생을 하였다고 주장할 수 있다. 따라서, 여성을 포함하여 보다 보편적인 징병제도로 탈바꿈을 하여 보상책의 필요성을 제거하거나, 특별한 희생을 치른 제대군인들에 대해 보상책을 고안하는 것이 그 논리적 귀결일 것이다. 즉 대다수(일부 남성이 제외되는) 남성의 병역 의무라는 틀을 파기할 필요가 있다. 하지만, 이러한 틀

은 남성 집단과 여성 집단간에 누가 더 차별적 대우를 받았는가의 차원에 국한되지 않는, 양성을, 서로 다른 성격으로, 차별하는 현상으로 보아야 할 것으로 생각한다. 남성은 병역 의무를 부담하는 측면에서는 여성에 비해 불리한 대우를 받았다고 할 수 있지만, 여성은 병역 의무가 수반하는 훈련과 직업 선택의 기회, 그리고 공무원 임용을 통한 보상제도 등에서 원천적으로 배제되어 온 것이다. 결국, 국가의 국방정책의 필요성에 따라 남성과 여성이 다르게 배치되고 활용된 결과, 양 집단이 서로 다른 차원에서 차별과 배제를 경험해 왔다고 하겠다.

그런데, 남성 징병제도는 이상과 같은 기술 훈련, 직업 기회와 같은 구체적 제한을 훨씬 넘어서 여성 시민권과 같이 보다 광범위한 정치적이고 문화적인 차원에 영향을 남긴다고 지적된다. 남성만의 징병제도에 의해서 여자와 남자는 현저히 다른 시민권을 가지고 있다는 것이다.[40] 모름지기 "전투와 시민권, 시민권과 남성성간은 고대로부터의 중요한 관계"이고,[41] 남성만으로 구성된 군대의 필요성은 남성 연대(solidarity)의 측면에서도 중요시되고, 시민성(civility) 개념은 남성간 우애와 연대에 기초하고 있다는 점에서 남성 군대제도와 일정한 관련성이 있다는 것이다.[42] 앞서 본대로, 우리 헌법은 국방의 의무에서 여성도 예외가 아님을 천명하고 있지만, 그

을 파기하고자 하지 않는 현 정책의 시각 아래에서 제대 군인에 대한 보상으로서 군가산점제의 부활이 시도되고 있다. 하지만 이러한 인센티브로 2년여라는 시간적 손실을 보상할 수 있을지 미지수이며, 헌법상 보장되는 평등권의 입장에서 정당화될 수 있는지 회의적이다 (본서의 김하열 교수와 박선영 박사의 논문 참고할 것).

40) 권인숙, 전게서 ; 문승숙, 전게서 ; 정희진, 『페미니즘의 도전』, 교양인, 2005.

41) Linda Kerber, A Constitutional Right to be Treated like Ladies: Women, Civic Obligations, Military Service," *University of Chicago Law School Roundtable*, 1993, pp. 95-119.

42) Babcock 등, 전게서, p.318.

것은 형식적인 선언일 뿐, 절대 다수의 여성들은 군대라는 조직과 기능에 대해 어머니나 애인, 가족으로만 관계 할 뿐 근본적으로 타자화되어 있다. 이제 한국의 징병제도는 호주제도 이후 성별을 포괄적으로 분류하고 성별에 대한 이중 코드(binary code)를 지탱하고 있는 법제도의 유일한 예가 아닌가 한다.

그런가 하면, 남성군인만의 전투 임무 부과에 따라 무력사용과 자기 방어에 있어서 성별에 따라 현격한 차이를 제도화하였다는 지적도 주목할 만하다.[43) 한국과 같이 거의 모든 남성에게는 군대와 군인이 보편적인 체험이 되고 거의 모든 여성에게는 그러한 경험이 전무한 우리 사회에서 성별한 무력사용 능력의 차이 (무장 남성 대 비무장 여성)는 매우 극단적인 것이다. 한국 남성의 81.6%에서 87%가 현역, 보충역, 병역 특례로 현역병 입영 대상자 처분을 받지만,[44) 전체 여성 인구에서 여성 군인의 비율을 산출하는 것 자체가 의미가 없을 정도로 미미하다. 여성 전체는 남성 전체와 비교할 때 훈련된 '무력사용 무능상태'에 놓여있고, 여성은 무력에 있어 남성에게 의존하고 굴복하도록 사회화되었다. 이러한 구조는 성폭력, 가정폭력, 그리고 일상생활에서 자기방어능력에 있어 여성과 남성의 현저한 비대칭성을 설명해 주는 또 하나의 요소이다.

이상과 같이 여성의 병역 면제가 과연 수혜적 차별인가를 논의하였던 바, 첫째, 본 사건이 차별의 대상은 남성이라는 점에서 수혜적 차별의 이면으로서 남성들은 부담적 차별을 받고 있다는 것을 알 수 있었다. 둘째, 여성이 누렸다는 수혜적 차별 역시 그것이 수혜라기보다는 특정 직무, 직종, 직업 훈련, 경력에서의 배제와 차별이요, 근본적인 시민 의무에 있어서의 차

---

43) Becker, Mary, Cynthia Grant Bowman and Morrison Torrey, *Feminist Jurisprudence-Taking Women Seriously - Cases and Materials*, St. Paul; West Group (2nd), 2001, p.53.

44) 헌법재판소 98헌마363 사건 결정문 참고.

별이라고 해석하였다. 더 나아가, 국방과 병역의 의무가 국민의 의무이자 평등권이 보호되어야 할 영역이라면, 남성 징병제가 수혜적 차별인지 부담적 차별인지 여부를 떠나 헌법적 차별심사 기준 아래 판단되어야 할 것이다. 이상과 같은 이유에서, 군징집 대상에서 제외되는 여성의 처지를 '수혜적 차별'로 설명하는 것은 사실에도 부합하지 않을 뿐더러, 규범적으로도 여성에 대하여 보호자 지위를 가진 듯한 과잉배려(patronizing)의 태도를 가지고 있다고 해석한다.

Ⅴ. 여성의 차이론

1. 법이 해체해야 할 차이와 옹호해야 할 차이

앞에서 본 사건에 대한 헌법재판소와 국방부의 의견 그리고 미국 대법원의 의견에서 우리는 여성과 남성의 차이라는 논거가 빈번히 제출된다는 것을 알 수 있었다. 실로, 병역의무 그리고 전투임무에서 여성의 배제는 여성의 차이론에 입각해 있다고 해도 지나치지 않은 것 같다. 이 점에서 김주환 교수는 본 사건의 심판대상 조항들은 "남자는 국방을, 여자는 가사와 출산, 양육을 책임진다"는 전통적 성역할에 근거하여 제정되었다는 점을 인정하였다.45)

한편 윤진숙 교수는 본 사건을 분석하면서, "여성의 임신에 대한 보험혜택 거부 사건을 볼 때,46) 형식적 평등의 원칙을 내세워 중립성을 표방하였

---

45) 김주환, 전게논문, 379-380쪽. 관련하여, 미국 법관 Judge Bonsal의 "Men must provide the first line of defense while women keep the home fires burning."라고 언급은 유명하다 [United States v. St. Clair, 291 F. Supp. 122, 125 (S.P.N.Y. 1968).

46) Geduldig v. Aiello, 417 U.S. 484 (1974) 임신과 분만에 대해 보험혜택을 받지 못

지만 법원의 자의적인 해석의 여지를 전혀 배제하지는 못한다"고 지적한다. "자유주의적 평등의 원칙은 여성에게 동등한 권리를 보장하는 구제의 희망을 주었다는 점에서 긍정적인 측면도 있지만 많은 남성들도 평등조항에 의해 여성의 보호를 저해하고 결과적으로 자신의 이해관계를 증진시키는 결과를 낳았음도 부인할 수 없다"고 한다.[47]

필자는 위의 해석에 동의하면서도, 여성의 차이론이 기존 통념을 지속할 수도 있고, 아니면 형식적 평등론을 실질적인 것으로 만들 수도 있기에 차이론에 대해 상당한 주의를 요한다고 생각한다. 또한, 페미니즘에서 주목하는 차이론이란 남성을 보통인의 기준으로 삼고 여성만이 차이를 담지한다는 의미에서 '여성의' 차이론이 아니라, 양성이 모두 차이의 담지자라는 의미에서 '성별간' 차이라는 점을 환기하고 싶다.[48] 실로, 페미니즘 의 이론은 '성의 차이'에 관한 이론이라고 할 정도로 여러 각도에서 성차의 문제를 다루어 왔으며, 페미니즘 법학의 역사는 '차이와 평등'의 논쟁의 역사라고 할 정도는 차이라는 용어는 평등에 비견할 수 있는 키워드이다.[49] 성차의 이론들을 대별해 본다면 다음과 같다.

한 네 명의 여성 원고들이 캘리포니아 장애 보험 프로그램에 대해 미국 헌법상 보호되는 법 앞의 평등 조항에 위반하는지 여부를 가리고자 했던 사건. 미연방 대법원은 해당 프로그램이 임신한 여성(pregnant women)과 임신하지 않는 사람(non pregnant persons)으로 분류하였고, 후자에는 양성이 포함되므로 성별 분류가 아니라며 해당 프로그램이 평등보호에 위반하지 않는다고 판시하였다.

47) 윤진숙, "여성의 병역의무에 대한 법이론적 고찰", 『공법학연구』 제8권 제4호, 2007, 250쪽.

48) 한국의 일반 담론과 법 담론에서 성차의 문제는 늘 '여성의 차이'로 말해지는 남성중심성이 주목된다. 이 글에서도 법의 언어에서 말해지는 '여성의 차이'라는 용어를 일단 사용하고 있다.

49) 양현아, "서구의 여성주의 법학 ―평등과 차이의 논쟁사", 『법사학연구』 제26호, 2002, 229-267쪽 ; 윤진숙, 전게논문.

(ⅰ) 생물학적 차이 (생리, 임신, 출산, 수유) - sex 개념의 근거
(ⅱ) 사회적으로 구성되는 차이 - gender 개념의 근거
(ⅲ) 여성들이 놓여진 '입장(position)'에서 구성되는 경험과 이익의 차이 -
    여성주의 인식의 근거
(ⅳ) 여성간의 차이 - 계급, 인종, 국적, 성성 등으로 분화되는 여성간 차이
(ⅴ) '여성이라는' 차이 - 남근적(phallus-centric) 언어 질서 속에 '차이'에
    의해 의미화 되는 여성. 포스트구조주의의 견지에서 기호 체계의 외곽
    에서 아직 알려지지 않은 존재로서의 '여성'

　　이상과 같이 차이론은 그 자체로 이론들의 시스템이라고 할 수 있어서
이들을 하나로 획일화한다면 차이론에 대한 오해를 낳게 될 것이다. 이러
한 견지에서 필자는 형식적 평등이 양성 평등을 달성하기 위해 만능인 것
도 아니지만, 실질적 평등이라는 이념 하에 차이론을 쉽사리 채용하는 것
에도 위험하다고 생각한다. 환언하면 사회적 맥락에 대한 고려가 없는 형
식적 평등만이 성별간 평등의 원리가 되어야 한다는 것을 주장하는 것은
아니지만, 문화적 본질주의와 같은 여성의 차이론도 배격한다. 한국과 같
이 성차별이 아직도 만연한 사회에서, '같은 것은 같게 다른 것은 다르게'
라는 형식적 평등 원칙마저 잘 정립되지 못한 사회에서, 특히 노동시장에
서의 여성 차별이 자주 여성과 남성의 성역할과 같은 통념(stereotype)에 의
해 정당화되는 사회에서, 법원이 여성의 차이를 특별한 검토 없이 판단의
근거로 삼는다는 것은 위험하고 부당하다는 생각이다. 바로 그 통념을 파
기해야 할 법원이 이를 승인하고 영속화시키는 역할을 하게 될 것이기 때
문이다. 요컨대, 여성의 차별을 정당화하는 차이론이 지속되고 있기에 법
은 이를 해체해야 하며, 그간 무시되어 온 여성의 입장, 체험, 언어들에 대
해서는 법은 옹호해야 할 것이다.
　　이어서, 윤 교수는 "문제되고 있는 병역법 제 3조 1항은 차이를 고려한
실질적 평등의 입장에서나 복합적 평등의 입장에서 보더라도 정당성 없는

규정이라고 여겨지지 않는다"고 한다. 여성까지 징집의 대상으로 삼아야할 할 필요성이 있지도 않은 상황에서 여성도 동등하게 병역 의미를 부담해야 한다는 주장은 타당성이 없는 주장이며, 여성에 대한 의무 부과는 오히려 남성지배와 남성문화를 공고히 하는데 일조할 수 있고, 무엇보다 여성이 짊어질 '이중 부담'의 위험성을 지적하였다.[50]

윤 교수의 지적대로, 여성의 병역 의무제도가 생긴다면 가뜩이나 열악한 여성의 현실에 더한 이중 부담이 될 수 있을 것이라는 지적에는 현실성이 있다. 하지만, 근로자 여성에게 부과되는 가족과 직장이라는 이중 역할이 있다고 해서, 이를 피하기 위해 직장생활을 그만둘 것이 아니라 그 역할을 남성 근로자와 국가가 함께 나두도록 제도적 장치를 마련하는 것이 보다 바람직한 젠더 정책의 방향일 것이다. 실제로, 여성 평등권 확보의 과정은 기성의 '남성 영역'의 장벽을 하나씩 허물어 갔던 과정과 함께 했다. 그것은 변호사, 경찰, 소방수, 건설현장 근로자, 비행기 (여성) 승무원, 등과 같이 남성만(때로는 여성만의)의 직종이라는 신화를 무너뜨려 간 과정이기도 하다. 더 나아가, 기본권인 평등의 문제를 '현실적 고려'를 통해 해결할 수는 없다고 생각한다.

필자는 앞서 말한 여러 차이론이 성별 사안을 판단하는데 모두 참고가 될 수 있다고 믿지만, 고정관념이 만연하는 사회에서 여성의 차이를 법정책에서 수용하려면 엄격하게 그 근거를 심사해야 한다는 의견을 가지고 있다.[51] 우리 법에서 성별간 '차이'는 어느 정도 어떻게 수용되고 있는가. '남

---

50) 윤진숙, 전게논문, 253-256쪽.

51) 이 점에서 여성주의 법학의 평등이론의 과제는 여성의 차이를 녹여내고, 포용하고, 수용하고, 재구성하는 평등의 원리를 만드는 것이라고 표현할 수 있다. 예컨대 코넬(Drucilla Cornell)이 제시하는 여성의 신체와 성성의 차이를 녹아낸 평등권(equal right)과 다른 동등권(equivalent right)의 아이디어, 그리고 리틀톤(Kristina Littleton)이 구성한 수용모델(accommodation model)에서 그러한 노력을 찾아볼 수 있다. 수용모델은 성별간 차이로 인해 어느 한쪽이 비용을 치르지

녀고용평등 및 일·가정 양립지원에 관한 법률'의 제2조에 명시된 차별의 예외에서 그 성격을 찾아볼 수 있다.

> 가. 직무의 성격에 비추어 특정 성이 불가피하게 요구되는 경우
> 나. 근로여성의 임신·출산·수유 등 모성보호를 위한 조치를 하는 경우
> 다. 그 밖에 이 법 또는 다른 법률에 의하여 적극적 고용개선조치를 하는 경우

가목은 성별이 '진정직업자격(Bona Fide Occupational Qualification)'이 되는 경우인데, 진정직업자격이란 성별, 종교, 출신국과 같은 요소가 어떤 직무를 수행하는데 실질적 자격이 된다는 것을 의미한다. 진정직무자격이 인정되면, 성별, 종교, 출신국 사람들이 해당 직무에서 배제되기 때문에, 진정직무자격은 최대한 신중하고 엄격하게 적용되고 그 입증의 책임은 사업주에게 있다.[52] 나목은 여성의 모성에 관한 것인데, 우리 법에서 모성이란 생물학적으로 불가피한 재생산 능력에 한정하며, 사회적으로 어머니에게 맡겨지는 보살핌 역할은 본 나목의 대상에서 제외된다. 다목은 누적된 차별이나 배제의 해소조치로서의 여성이나 남성에 대한 적극적 조치를 뜻한다.

이렇게, 우리 법이 차별의 예외로 보는 성별 차이는 생물학적 차이 뿐 아니라 사회적인 차이도 수용하고 있다고 할 수 있다. 필자는 이 중에서 진

않도록 하는 평등 모델을 의미한다.

[52] 한편, 미국의 진정직업자격은 민권법 제7장 등에 기초하여 법원과 EEOC(고용기회평등위원회)에 의해 구성되어 왔다. 미국 법원은 진정직업자격의 판단은 사업상의 편의가 아닌 업무의 본질에 해당해야 한다는 점을 분명히 했다.(Bartlett, Katharine, Angela Harris and Deborah Rhode eds. *Gender and Law*, New York: Aspan Law & Business. 2002, pp.212-249 ; 오정진, "여성노동현안에 관한 국내외 판례의 동향과 과제", (미간행) 연구보고서, 한국여성개발원, 2003 ; 김진 외, "진정직업자격 등 고용차별 판단기준에 관한 외국판례 실태조사", 미간행 보고서, 국가인권위원회, 2005].

정직업자격의 관점에서 병역의 직무를 분석할 것을 제안한다. 진정직업자격 심사를 통해서 어떤 직무가 진정 여성에게 부적합한지를 가려낼 수 있을 것이다. 이에 대한 입증 책임은 물론 국방부와 대한민국에 있다.[53]

2. 군인의 직무 분석과 진정직업자격(BFOQ)

앞의 로스커 사건에서 여성에 대한 '전투 제한'이 '징집 제한'으로 둔갑해 버렸다는 소수 의견을 살펴보았다. 이것은 전투직무에 필요한 특성, 능력과 태도가 군인의 그것들로 대체되어 버렸다는 것을 뜻한다. 그렇다면, 군인의 직무에 대한 구체적 직무 분류가 필요할 것이다. 이 때 예컨대 다음과 같은 쟁점이 다루어져야 할 것이다.

(i) 전투와 비전투 임무의 명확한 경계는 어디인가.
(ii) 어떤 직무들이 여성의 특질에 진정 부적합한 것인가.
(iii) 앞서 말한 여성의 특질이란 통념이 아니라 사실인가.
(iv) 군인 업무들이 많은 경우 남성의 신체 특질을 전제로 고안되었다고 하
　　　더라도 남성의 신체 특질이 업무 수행에 본질적인 것인가.

이와 같은 심사를 통해서 군인의 임무를 구체화할 때, 여성의 의무복무에서의 배제 및 특정 업무 배제의 정당화될 수 있을 것이다. 이제까지 대한민국에서 병역의무와 여성간의 관계에 대한 합리적인 설명이 제공되지 않은 채, 여성의 의무 면제는 '당연시 된 영역'으로 존재해 왔다.

---

53) 필자는 병역 의무를 여성 노동권의 문제로 국한하거나 동일시하고자 하지 않는다. 하지만, 앞서 본 2000년 유럽사법재판소의 판결에서 여성의 군대에서의 직무를 직업선택의 자유의 견지에서 판단하였고, 문승숙 교수가 분석하였듯이 한국에서 군사제도와 산업정책간의 관계가 중요하다. 앞으로 여성의 병역 의무를 재고하고 현재의 제한에 대해 평가하는데 있어 노동권적 시각이 반드시 필요하다.

한편, 이미 한국에는 여군들이 간부로서 군에 복무하고 있는 바, 현재의 여군 직무에 대한 제도 역시 징병제 문제에 참고가 된다. 우리나라의 여군 수는 2006년 5월 현재 총 4,145명으로 군간부 정원의 2.5%의 수준 (여군 장교 2.296명으로 전체의 3.1%. 여군 부사관 1, 849명으로 전체의 1.9%)으로 보고되며, 이는 병사를 포함한 전체 군인에 대한 비율은 1% 이하임을 뜻한다.54) 2001년 여군장교 1,385명 (장교 613명, 간호 장교 772명), 부사관 875명이었음을 감안할 때, 그 수치가 급속히 증가해 왔음을 알 수 있다. 국방부는 여군의 절대수와 활용방안을 증가시킬 계획이며 그 정책 마련을 위해 노력할 것이라고 한다.55)

흥미롭게도 군인 직무에 있어서 여군 장교 및 부사관은 남성과 그리 큰 차이를 두고 있지 않다. 여성 군인 활용에 관한 육군의 규정을 볼 때, 여군 장교 및 부사관은 기본적으로는 남성 군인과 동일하게 관리하되 강인한 체력 및 직무를 요하는 전투 부대와 수색, 정찰, 특수 작전 임무를 수행하는 부대, 평시 직접적 교전 발생 가능성이 있는 부대, 편의 시설, 주거 시설 확보에 극히 제한을 받는 부대에 대해서는 여군 활용을 제한하고 있다. 여군 사관 장교는 포병, 기갑, 군종 병과를 제외한 나머지 18개 병과에서, 부사관은 포병, 방공, 기갑, 탄약을 제외한 나머지 16개 병과에서 활용되고 있다.56) 여성 간호 장교 및 사관생을 두고 있던 해군 및 공군에서도 작년부터

---

54) 여군의 77.1%는 육군에 소속되어 있으며, 육군의 경우 남군에 비해 포병, 방공, 기갑, 군종 등 4개의 병과는 아직 여군에게 개방되지 않고 운영되고 있다. 06년 5월 현재 육군 여군 장교의 병과는 간호(41.2%)가 가장 많으며, 이어 보병(9.0%), 통신(8.8%) 등의 순을 보이고 있다.

55) 독고순, "여군 활용의 주요 쟁점과 역할기대", 『국방정책연구』59호, 2002.

56) 군인의 병과는 기본병과와 특수병과로 구별된다. 육군 기본병과로는 보병과, 기갑과, 포병과, 방공과, 정보과, 공병과, 정보통신과, 항공과, 화학과, 병기과, 병참과, 수송과, 부관과, 헌병과, 경리과 및 정훈과가 있으며, 해군 기본병과는 항해과, 기관과, 항공과, 정보통신과, 병기과, 보급과, 시설과, 조함과, 경리과, 정훈과, 정보과, 헌병과, 보병과, 포병과, 기갑과, 공병과, 수송과, 해병통신과,

(해군 부사관은 2003년 이후) 육군과 큰 차이 없는 원칙을 가지고 여군 사관 및 부사관 후보생을 선발, 운용하고 있다.[57]

이렇게 국방부의 여군 인사 관리 지침에서 보면 접전 부대, 격오지, 육체적으로 힘든 직위, 특수전, 잠수 분야 등 일부직위를 제외하고는 전 분야 남녀 구분 없이 보직 관리하는 여군을 활용한다는 원칙을 두고 있음을 알 수 있다. 또한, 각군별 양성 및 보수 교육은 남녀통합 교육으로, 진급 관리는 필요시 일정 기간별로 관리하고 후에 남군과 동등 관리하며, 장기 복무의 경우 남군과 동일한 비율을 적용하도록 계획을 세워 놓고 있다. 이렇게 병과 활용이나 인사 관리 원칙에 있어서 우리 군의 여군 활용 정책은 여타의 선진국에 비교해 손색이 없다고 한다.[58]

이상과 같은 여군 직무에 관한 우리 군대의 규정은 앞서 본 여성의 징병면제의 근거를 여성의 생물학적 근거에서 찾는 것을 무색하게 만든다. 이미 접전지 등 직접 교전과 관련되어 있는 병과(직무) 등을 제외하고는 여성 군인에게 거의 모든 직무가 개방되어 있는 상태이기 때문이다. 그렇다면, 여성의 남성에 비해 나약한 체력,[59] 임신능력,[60] 성관계 및 성폭력의 가능

해병병기과, 해병보급과, 해병경리과, 해병정훈과 및 해병헌병과가, 공군 기본 병과는 조종과, 항공통제과, 방공포병과, 정보과, 항공무기정비과, 정보통신과, 기상과, 시설과, 보급수송과, 관리과, 인사행정과, 정훈과, 헌병과 및 교육과가 있다. 이외에 육군, 해군, 공군 모두 의무과(군의과, 치의과, 수의과, 의정과, 간호과), 법무과 및 군종과를 특수병과로 두고 있다. (군인사법(법률 제9293호) 제5조 제1항). 육군 홈페이지 참조 (http://www.army.mil.kr).

57) 독고순, 전게논문.

58) 하지만, 간부 정원 대비 2%라는 비중은 여군의 주류화를 논의하기에 너무 적은 비율이며, 특히 직업으로 군을 택한 여성들에게 현재의 장기 복무 활용율은 매우 미흡한 수준이다. 또 보병병과를 부여받았다 하더라도 행정 근무 보병 병과 성격이 짙으며, 소대장 직위도 일반 전투 부대 소대장이 아닌 신병교육대 위주이고, 아직도 많은 여군 장교나 부사관은 여군 학교나 여군 대대에 소속되어 여군 관리나 부관 병과 등 전통적인 업무에 종사하고 자신의 전문성을 개발시킬 기회를 충분히 갖지 못하고 있다고 한다.

성과61) 같은 흔히 열거되는 군 복무와 관련된 여성의 차이(부적합성)라는 문제를 우리 국방부는 이미 극복하고 있는 것인지, 그 대비책이 마련되어 있다면 군인 간부가 아닌 여성 사병에 까지 이런 기준을 적용할 수 없는 것인지 국방부와 정부가 답변해야 할 것이다. 실질적으로 여성의 군인 확대를 추구한다면, 군 간부에 국한할 것이 아니라 일반 사병에 대해서도 연구를 시작해야 할 것이다. 현재의 4,000 여명의 여성을 두고, 여성이 '원한다면' 병역의 의무를 행하면서 양성 평등에 위배되지 않는다고 말하는 것은 합리적이지 않다.

IV. "최적의 전투력"과 "충분한 인력"론

앞에서 우리는 현재의 병력 수급 상황에서 여성에게까지 현역병 징집 의무를 부과해야 할 정도가 아니며, 특히 여성을 징집했을 경우의 국가예산과 내무 생활의 여건 등 난점이 있다는 지적을 살펴보았다.62) 이에 대해

---

59) 여성의 체력과 지구력에 대해서는 각종 사관학교에서의 기록을 보는 것이 시사적이다. 미국의 경험을 볼 때, "절대적으로 필요할" 경우를 제외하곤 성별 차이를 수용하지 않았다. 여성은 11파운드의 M-14가 아니라 M-16을 들고 가상 전투에 참여케 한다든지, 단거리 경주에서 기준 시간을 더 준다든지 하는 것 등이 그 예이다.

60) 외국의 여성 사병 군인의 임신에 대한 조치가 참고가 될 수 있다. 미국에서는 한때 군 복무 중 임신은 의무적 제대를 의미했고 현재도 그 선택이 주어지고 있지만, 현재는 대개 6주 동안의 '유급 출산 휴가'가 주어지는 정책을 펴고 있다(Kay & West, 전게서, p.148).

61) 한국 여군들이 겪는다는 성희롱과 이에 대한 문제제기의 어려움에 대한 보고를 참고할 수 있다(이순혁, "장기복무 심사 있지? 오늘밤 같이 있자", 『한겨레 21』 제707호 2008.4.29.)

62) 군대에서 남성과 여성이 함께 근무하는 통합 부대(integrated units)의 효율성과 문제점들에 대해서는 아직 많은 것들이 알려지지 않은 상황이다. 이를 예측하

헌법재판소는 다음과 같은 사항을 심사해야 한다.

먼저 헌법재판소는 위의 요소들이 광범한 입법재량의 범위 내에 들어오는 요소인지, 아니면 행정적 편의인 것인지에 대한 진지한 심의를 해야 한다. 그것이 국가의 안위나 최적의 군사력과 같은 정책의 본질이 아니라 행정적 편의사항이라면 성별 분류(직접차별)를 정당화할 정도의 공익에 해당한다고 보기 어려울 것이다.

둘째, 현재 군 징집을 위한 '충분한 인력'이 있다고 하는 근거에 대해서도 고찰이 필요하다. 이러한 진단은 모든 한국 남성이 병역 의무에 대해서 동의하고 있다는 전제에 입각해 있지만, 병역 기피에 대한 논란이 끊이지 않고 있는 우리 사회현실은 징병제도가 남성들에게 얼마나 큰 부담인지를 방증하고 있다. 병역의무 이탈에 대한 국가의 제재가 정비되어 왔고, 선거 때 마다 불거지는 공직자 아들의 병역 기피 논란은 한국에서 병역이란 피할 수만 있다면 피하고 싶은 부담임을 말해준다. 급기야 우리 정부는 2005년 국적법을 개정하여, 병역미필자가 국적선택을 하지 않을 경우 병역문제가 해결될 때까지 우리 국적이 상실되지 않도록 하여 병역의무를 계속 부과하는 등의 정책을 펼치고 있다.[63] 또 병역의무는 남성 대 여성의 문제이면서 동시에 남성 대 남성간의 계급의 문제의 성격을 지니고 있다.[64] 물론 한국사회에서는 전자의 문제가 후자에 비해 더 첨예하게 다루어지

고 최적의 정책과 설비를 마련하기 위해 많은 연구와 실험이 필요할 것이다. 한편, 현재의 남성만의 군대에서도 폭력과 성폭력의 문제가 존재하고 있다.

63) 만 20세 전에 이중국적자가 된 자는 만22세 전까지, 만20세 후에 이중국적자가 된 자는 그때부터 2년 내에 하나의 국적을 선택해야 한다(국적법 제12조 (개정 2005. 5.24)).

64) 모든 남성들이 군대에 가는 것은 아니다. 학력 미달, 수형자, 고아, 혼혈아는 군 입대에서 면제되고, 이외에도 정신과 신체장애, 그리고 트랜스 젠더 등은 군 복무에서 면제된다. 동시에 혜택 받은 집단의 아들 역시 군 복무에서 면제되거나 경감된다는 인식도 팽배해 있다.

지 않았다고 본다.

이상의 사실에서 볼 때, 본 사건은 현행의 징병제도를 국민이 납득할 수 있는 보다 합리적인 제도로 변화시킬 것에 대한 요청이라고 해석한다. 병역제도의 합리화 중 하나는 징집과 군인 직무에 대한 명확한 기준 제시이며, 여기서 여성의 징집 면제라는 기존 정책은 피할 수 없는 사안이라고 생각한다. 만약 여성에게도 보편적인 병역의무를 부과하는 제도가 마련되어 상당한 숫자의 여성이 사병으로서 복부하게 된다면, 그것은 의무로서 수행하는 남성 군인들의 복무 기간을 단축시킴으로써 병역 의무를 남녀가 실질적으로 분담하는 효과를 갖게 될 것이다.

다른 한편, 양심적 병역 거부 등 평화운동의 입장을 수용하면서 사회복무제 등 다양한 병역 의무 이행 방식에 대한 사회적 요청 역시 높아지고 있다.65) 이러한 현실을 감안할 때, 복부 기간 및 군복무 대체 방식 등을 개편하지 않은 채, 국방부의 '충분한 인력론'은 현재의 제도적 강제에만 의존하겠다는 것은 너무 안이한 생각이다.

또한, 대상 심판조문은 "최적의 전투력"이라는 입법 목적을 가졌다고 말해진다. 하지만 이 때의 최적의 전투력이라는 것이 남성과 여성의 체력과 신체적 특성이라는 요소에 기반하였다는 점에서 앞서 논의한 통념상의 '여성의 차이론'에 입각한 것은 아닌지 심사할 필요가 있다.

양성간 신체적 차이를 인정한다고 해도, 군대업무란 전투라는 한 가지 기능이 아니라 수종의 서로 조직적으로 얽힌 업무들 속에서 수행되는 것으로 사료된다. 특히 현대전쟁은 보다 다양한 기술적이고 지적 능력을 필요로 하기에 최적의 전투력이란 단순히 전투요원의 능력만으로 구성되지 않는다. 결국 최적의 전투력이란 최적의 군사력이라고 한다면, 최적의 적절

---

65) 한인섭·장복희 편, 『양심적 병역 거부』, 서울대 BK21공익인권법센터 기획, 사람생각, 2003 ; 김두식, 『평화의 얼굴』, 교양인, 2007 참고.

한 인력 활용이 요청되는 것이다. 다변화되고 소수정예화되는 현대의 군사정책에서 남성만의 참여가 어째서 '최적의 전투력'을 보장하는지 정당화하기 어렵다.

마지막으로, 최적의 전투력 이론으로서 여성의 차이론을 받아들여 여성이란 군복무에 적합하지 않은 존재라는 근거를 인정한다면, 현재 우리 군대가 여성 군인의 지원을 받고 있을 뿐 아니라 여성 군인을 증가시키고자 하는 방향과 모순되게 된다. 최적의 전투력이라는 근거가 정당하다면 한국 군대는 한 명의 여성 군인이라도 선발해서는 아니 될 것이다.

VII. 맺음말

이상과 같은 논거 위에서 필자는 남성만을 징병대상으로 하고 여성은 면제하는 병역법의 대상 조문들은 법 앞의 평등보호이라는 헌법 제11조 1항에 반한다는 의견을 제출한다. 본론에서 제시된 의견을 요약하면 아래와 같다.

먼저, 병역법 제3조 제1항이 여성의 어떤 차이에 입각한 것인지 검증된 바 없고, 성별에 대한 통념에 입각하지 않았다고 말할 근거가 약하다.

둘째, 병역을 구성하는 수많은 직무들이 군이 남성만이 수행해야 하는지, 왜 여성은 수행할 수 없는지 그 성별적 분류가 정당한 것인지에 대한 심사가 요청된다. 따라서, 헌법재판소는 해당 사안을 판단함에 있어서, 병역의무에 관한 입법목적과 성별 분류의 본질적 상관성을 증명하고, 군인 업무의 세분화를 통해서 본 법률이 채용한 여성 배제의 정당성을 심사해야 할 것이다. 이 과정에서 '여성의 차이론' 그리고 여성에 대한 '수혜적 차별론'과 같은 근거들이야말로 헌법적 견지에서 파기해야 할 성별에 대한 통념이 아닌지 검토해야 한다.

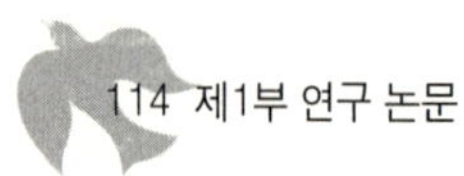

셋째, 재정적 한계, 군대시설 등의 문제가 입법 재량의 사안인지, 행정적 정책적 편의 사항인지 엄격한 헌법적 해석이 요청된다.

마지막으로, 본 사건은 심판 대상 조문의 남성 차별성의 문제이지 여성 징병 여부 및 그 방법에 관한 것이 아니라는 점을 강조하고 싶다. 여성 병역 의무는 본 사안과 별개의 사안이자, 본 사안을 판단한 이후의 사안이다. 헌법 재판소는 본 대상조문의 헌법 적합성에 대한 심사이지 여성 징병 의무에 대한 제도에 대한 심사를 요청받는 것이 아니다. 새로운 제도 마련의 부담 때문에, 해당 조문에 대한 헌법적 심사기준이 낮아지거나 실종되어서는 아니 될 것이다. 여성 병역 의무의 구체적 방법론과 정책을 연구해야 한다면, 이는 헌법재판소가 아닌 곳에서 이루어져야 할 것이다. 이러한 연구의 건전한 출발을 위해서도 사법기구의 공정한 판단이 요청된다.

다른 한편 평화 운동의 견지에서 볼 때, 이 글이 무력과 살상을 피할 수 없는 군대에의 여성 참여를 고무하는 입장으로 이해되지 않을지 우려된다. 이 글은 여성의 병역을 고무하고자 함이 아니라, 현재 제기되어 있는 헌법소원 사건에 있어서 성차별을 어떻게 볼 것인가를 다루고자 하였다. 이 과정에서 군대를 둘러싼 물질적, 정치적, 제도적, 이념적인 남성독점주의와 군대제도에서의 여성의 타자화를 발견할 수 있었다.

여성은 그동안 남성 징병제에 대해 발언할 수 있는 성원권(membership)도 가지지 않았다고 생각한다. 남성만의 제도가 허물어진다는 것은 궁극적으로 여성의 참여를 가져올 것이지만, 아직 우리에게 남성우월주의를 허물고 여성의 병역 의무에 대한 제도를 고안하는데 좀더 많은 시간이 필요하다는 생각이다. 제대로 된 해체만이 건전한 재구성을 가져온다고 믿기 때문이다.

참고문헌

권인숙,『대한민국은 군대다 — 여성학적 시각에서 본 평화, 군사주의, 남성성』, 청 년사, 2005.

김두식,『평화의 얼굴』, 교양인, 2007.

김주환, "병역의무와 성차별금지 — 병역법제 3조 제1항, 제8조 제1항의 위헌 여 부",『헌법실무연구』제8권, 2007, 362-384쪽.

김진 외, "진정직업자격 등 고용차별 판단기준에 관한 외국판례 실태조사", 미간 행 보고서, 국가인권위원회, 2005.

김하열, "군가산점제의 재고찰: '고조홍 의원안'을 중심으로", 한국젠더법학회 & 서울대학교 공익인권법센터 공동주최 학술회의 미간행발표문, 2008.6.14.

김형성, "과잉금지의 원칙과 적용상의 문제점",『헌법실무연구』제2집, 2001, 53-76쪽.

독고순, "여군 활용의 주요 쟁점과 역할기대",『국방정책연구』, 59호, 2002.

문승숙, 이현정 역,『군사주의에 갇힌 근대』, 또하나의 문화, 2007(Seungsook Moon, *Militarized Modernity and Gendered Citizenship in South Korea*, Durham: Duke University Press, 2005)

병무청,『병무행정사: 하』, 1986.

양건,『법사회학』(제2판), 아르케, 2000.

양현아, "서구의 여성주의 법학 — 평등과 차이의 논쟁사",『법사학연구』제26호, 2002, 229-267쪽.

오정진, "여성노동현안에 관한 국내외 판례의 동향과 과제", 미간행 연구보고서, 한국여성개발원, 2003.

윤진숙, "여성의 병역의무에 대한 법이론적 고찰",『공법학연구』제8권 제4호, 2007, 243-261쪽.

윤후정·신인령,『법여성학 — 평등권과 여성』, 이화여대출판부, 2001.

이명웅, "비례의 원리의 2단계 심사론",『헌법논총』제15집, 2004, 509-544쪽.

이순혁, "장기복무 심사 있지? 오늘밤 같이 있자",『한겨레 21』제707호, 2008. 4.29.

이종수, "병역법 사건 발제에 대한 토론문",『헌법실무연구』제8권, 2007, 401-409 쪽.

정희진,『페미니즘의 도전』, 교양인, 2005.

최대권 외,『법사회학의 이론과 방법』, 일신사, 1995.

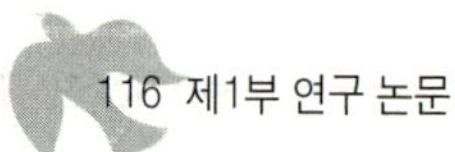

최대권, "법적 결정과 사회과학: 과외금지조치위헌결정을 중심으로", 『법학』 제41권 제3호, 서울대 법학연구소, 2000, 77-111쪽.

페미니스트 저널, "특집: 여자, 군대를 말한다", 『IF』 봄호, 2003.

한국여성연구소, "특집: 군가산점제", 『여성과 사회』 제11호, 2000.

한상희, "헌법재판에서의 사회과학적 변론", 『법학』 제41권 제3호. 2000, 77-106쪽.

한인섭·장복희 편, 『양심적 병역 거부』, 서울대 BK21공익인권법센터 기획, 사람생각, 2003.

황정미, "발전국가와 모성: 1960-70년대 '부녀정책'을 중심으로", 심영희 등 공편, 『모성의 담론과 현실』, 나남출판, 1999.

Babcock, Barbara et al. eds., *Sex Discrimination and Law —History, Practice, and Theory*, Boston: Little, Brown Company (2nd edition), 1996.

Bartlett, Katharine, Angela Harris and Deborah Rhode eds., *Gender and Law*, New York: Aspan Law & Business, 2002.

Becker, Mary, Cynthia Grant Bowman and Morrison Torrey, *Feminist Jurisprudence —Taking Women Seriously — Cases and Materials*, St. Paul; West Group (2nd), 2001

Cornell, Drucilla, *The Imaginary Domain-Abortion, Pornography, Sexual Harassment*, New York: Routledge, 1995.

Jones, Pamela, "Women in the Crossfire: Should the Court Allow It?", *Cornell Law Review*, 1993, 78: 252-269.

Kay, Herma Hill & Martha West eds., *Sex- Based Discrimination -Text, Cases and Materials*. St. Paul, MN,: Thomson and West (6th ed.), 2006.

Kerber, Linda, "A Constitutional Right to be Treated like Ladies: Women, Civic Obligations, Military Service," *University of Chicago Law School Roundtable*, 1993, pp. 95-119.

Littleton, Kristina, "Reconstructing Sexual Equality", *California Law Review*, vol.75.

제**4**장
징병제의 여성참여: 이스라엘과 스웨덴의 사례 연구를 중심으로*

권 인 숙

Ⅰ. 들어가면서

한국 사회는 2000년대에 들어선 이후 '여성도 군대 가자'라는 주장이 간헐적이지만 반복적으로 등장하였고, 등장할 때마다 파문을 몰고 왔다. 그 시발점은 2003년 페미니스트 저널 『이프』 봄 호에 '여자도 군대 보내라! ― 양성 평등한 군대를 위하여'라는 주장이 실리면서부터였다. 또한 2005년 7월 19일에는 '안보! 남성만의 영역인가?'라는 국회토론회에서 김화숙 재향군인회 여성회 회장이 여성의 국방의 의무를 주장했다. 하지만 여성징집제

* 이 연구는 태평양 학술문화재단의 학술연구비 지원에 의해서 수행되었습니다. 이 연구를 위해 많은 분이 도움을 주셨습니다. 스웨덴의 남 스톡홀름 대학 정치학과의 최연혁 교수님, 조혜정선생님, Livia Alonso, 이스라엘의 Rela Mazalis, Orna Sasson Levy, 교정을 도와준 박진숙, 노주희님께 감사드립니다. 이 논문은 『여성연구』 2008, 제74권 1호에 수록되었음을 밝힙니다.

와 관련해 사회적 관심을 모았던 가장 큰 계기는 2005년 9월 4일 한국 남성 협의회 소속 고모(18세) 여성과 윤 모(22세) 남성이 "여성을 징병에서 제외하는 것은 헌법에 위배된다."며 헌법소원을 제출한 사건이었다.[1] 결국 이 사건은 고모 여성의 논리가 분명치 않아 이들의 헌법소원이 기각되면서 해프닝으로 끝맺음을 했으나, 당시 이 사건이 알려지면서 신문과 각종 토론 프로그램에서 여성징병제를 다루는 등 관심을 보였고 인터넷 토론장의 핵심논제로도 등장했다. 뿐만 아니라 2007년 7월, 여성 희망자에게 사회복무 기회를 주겠다는 정부의 사회복무제 실시를 위한 병혁개혁안도 여성참여가 언제든지 거론될 수 있는 이슈임을 알려주는 계기가 되었다.

그동안 한국의 여성 징병제에 대한 주장은 두 가지 맥락에서 거론되었다. 먼저, 일부여성들의 양성평등을 위한 대안으로 '여성도 군대 가자'는 논리가 있다. 『이프』지면을 통해 유숙렬과 이김정희는 여성차별 극복과 군대문화의 변화를 위해서 여성의 징병제 참여를 적극적으로 고려해야 한다고 주장했다.[2] 두 번째는, '억울하면 여자도 군대 가라'에서 나타나는 성차별의 합리화를 위한 논리가 있다. 1999년, 군가산점제 폐지 이후 군필자

---

1) 한겨레, 2005, 9. 5.

2) 편집위원인 유숙렬은 권두언에서 양성평등의 시대에 군대도 예외가 아니라며 여성주의자들도 병역의무를 함께 지자고 말할 때라고 주장한다. 여성학학자로서 유일하게 여성징병제를 주장한 이김정희의 주장을 보자. "'여성도 군대에 가자'는 담론이 페미니스트 진영에서 왜 이제껏 하위담론으로라도 선보이지 않았을까? 거기에는 내심 '그 끔찍한 비인간화의 온상지인 군대에, 그것 말고도 받는 차별이 얼마나 많은데 여성이 왜 가?'라는 여성들의 집단무의식이 자리 잡고 있었던 것은 아닐까? 그러면 남자들의 비인간화에는 별 관심을 갖지 않고 여자들만 발 담그지 않으면 된다는 것이 페미니즘인가? 군대에 대한 우리 여자들의 근원적이지 못한 이런 편의적 발상이 '한국 남성으로 태어나 억울하다. 성차별이다. 여자도 군역을 해라'라는 남성들의 철학 없는 반발을 재생산하고 있는 것은 아닐까?"(이김정희, "여자가 군대를 간다면, 여남 군대에 대한 꿈꾸기", 『IF』 봄호. 2003, 88쪽)

보상 문제가 성별 논쟁으로 진전되면서 여성징병제는 남성들의 불만을 표출하는 출구가 되었다. 사실 여성계에서 군대 참여 문제는 본격적 논의석 상에 오르지 않고 있고, 후자는 건실한 논리로 사회에 제출되고 있지 않다. 그러나 2005년 여성 징병제에 몰렸던 폭발적인 관심은 어떤 형태로든 징병제의 변화에 대한 요구가 커진 사회 분위기를 반영하면서 징병제가 여성에게 무관한 이슈가 아님을 확인시켜 주었다.[3]

여성의 징병제 참여는 큰 틀에서 세 가지 차원으로 분류할 수 있다. 첫째는 직접적 참여이다. 여성징병제 혹은 사회복무제 등의 제도 변화를 통해서 현 징병제도에 참여하는 것이다. 둘째는 현 징병제를 인정하지 않고 모병제 등 대안적 제도의 도입에 주력하는 것이다. 셋째는 군대를 반대하고 반군사주의적 평화운동에 여성의 힘을 모아 나가는 것이다. 이 세 가지 방식은 모두 각자의 어려움과 문제점을 지니며 실현 가능성에서 한계를 노출하고 있다. 첫 번째 방안은 현실적 대안 능력은 갖출 수 있지만 해당 여성들의 반발과 각종 사회적 차별로 힘든 처지에 놓여 있는 여성의 과다한 희생이라는 부작용을 감수하여야 한다. 무엇보다 군대나 군사주의에 비판적

---

3) 징병제의 변화 요구가 형성되는 데는 훈련소 인분사건, 나체사진 등 각종 가혹 행위가 속속 폭로되고 제대 후 사망사건 등의 보도가 이어지는 등 군대 사병문 화의 반 인권적 실태의 심각함이 알려진 것이 중요한 계기가 되었다. 또한 양심적 병역거부자가 2001년 이후 출현하기 시작하고, 모병제의 주장이 제기되면서 공고하던 징병제의 아성이 흔들리고 있다. 이런 상황에서 '여성도 군대 가자'는 주장은 현 징병제의 변화를 꾀할 수 있는 대안으로서 관심을 끌었다. 실제로 2005년에『한겨레 21』이 전 국민을 대상으로 조사한 바에 따르면 조사 대상의 49.4%(반대 40.7%)가 여성 징병제에 찬성했다. '여성이 병역의무를 한다면 어떤 효과가 예상되는가'라는 질문에는 병영문화 개선 등 군문화 발전 29.9%, 남성우월주의 문화가 바뀔 것 20.5%, 병역을 필하는 방식이 매우 다양해질 것 19.3%, 징집에 따른 피해의식이 줄어들 것 15.7%, 복무기간이 줄어들 것 8% 등 병영문화와 징병제의 제도 변화, 성불평등 문화의 극복 등 다양한 차원에서의 기대가 있었다(『한겨레 21』, 2005. 8. 16. 572호).

문제의식을 가진 여성 진영의 합의를 끌어내기가 쉽지 않다. 두 번째 방안은 의미 있는 운동이지만 현 징병제와 관련하여 여성이 접한 문제를 해결하는데 특별한 의미가 있다고 보기 힘들다. 모병제 자체가 여러 가지 현실적 상황 변화와 여론의 공감이 필요한 것이기도 하거니와 징병제의 주대상자가 아닌 여성의 주장이 가치 있는 것으로 받아들여지기 어렵기 때문이다. 세 번째 방안과 관련하여서는 반군사주의적 평화운동의 주체로서의 여성이 나름대로 부각되어 있고 역사적 흐름을 잇고 있다.4) 군사주의적 폭력성이 주로 남성에 의해 나타나면서 여성은 평화적 존재, 남성은 투쟁적 존재로서 존재론화 되어 있는 면도 있다. 그러나 이런 활동은 기본적으로 필요하지만 현재의 국가건설과 민족정체성의 핵심적 기관으로 자리 잡은 군대의 존재 가치를 전면적으로 부정하기 때문에 오히려 현실적인 대안 능력을 제시하지 못하는 딜레마에 빠지게 된다.

이처럼 다양한 한계와 합의에 대한 어려움은 징병제와 관련하여 통일된 대응책 마련, 혹은 가장 올바른 길 정립 등이 결코 쉽지 않음을 보여준다.

---

4) 지난 100여 년 간 여성은 여러 가지 전쟁에 반대하는 활동에 참여하여 왔다. 특히 제1차 세계대전을 전후하여 여성 운동가들은 여성만의 국제적인 조직을 결성하여 전쟁 반대 운동을 벌였고, 이후 이 운동의 맥은 1960년대 미국 여성의 평화를 위한 파업(1961)과 영국의 그린햄 컴온 운동(1982~1989) 등 평화 유지에 가장 큰 저해 요소로 생각되었던 핵 반대 운동으로 계속 이어졌다. 1990년대에는 전쟁의 일반적인 폐해에 대한 전쟁 반대 운동뿐만 아니라, 전쟁 시 발생하는 다양한 성범죄 등 여성 인권 침해의 실태와 구조적 맥락을 살펴 전쟁이 여성에 미치는 부정적 영향을 밝히기 위해 많은 노력을 하였다. 특히 보스니아내전에서의 여성에 대한 대규모 집단 강간과 1990년대 한국 여성 운동가들이 주축이 되어 국제사회에 제기한 일제의 주변 식민지국 여성의 강제적 성노예화(종군위안부) 문제는 전쟁 시 여성 인권 침해가 전쟁 범죄의 하나로서 부각되는 계기가 되었다. 한국의 경우 여성 평화운동은 분단의 반평화성에 집중하면서 통일운동의 일환으로 1980년대 말부터 시작되었고, 현재 국가보안법 폐지, 이라크전쟁 파병 반대 등 다양한 차원의 전쟁 반대나 평화 지향을 위한 활동을 벌이고 있다(권인숙, 『대한민국은 군대다』, 청년사, 2005).

따라서 '정책 대안이 없는 것이 오히려 대안'이라는 회피적 모습의 지배를
받게 된다. 그러나 회피적인 모습으로 일관하기에는 지금의 징병제가 여성
에게 미치는 영향이 너무 크다. 군대를 통해서 얻어진 남성의 희생과 보상
의식, 여성차별의 정당화의식, 가장의식, 성차별적 분업의식이 아직도 한
국 사회에서 여성의 삶을 규정하는 중요한 문제라고 할 때에 현 징병제의
성격 내지는 구조 변화를 위한 여성의 적극적인 참여는 절박한 시급성을
안고 있는 현안 과제이다. 특히 사회복무제는 사회서비스라는 봉사활동이
포함되면서 여성이 징병제에 참여를 안하는(?) 현실이 더 쉽게 공격받을 수
있는 명분을 제공할 가능성도 크다.

이 연구는 위에서 언급한 시급함에 대한 기초공사의 의미를 띤다. 징병
제와 여성의 관계에 대해서 참여 사례를 논하고 한계와 의미를 따져본 후
한국의 사회복무제가 여성에게 미칠 영향을 논하여 여성의 입장에서 뜨거
운 감자인 징병제를 어떻게 규정하고, 여성이 어떻게 논리적 실천적 대응
을 할 것인지에 대한 기초적 사고의 폭을 넓히려는 게 목적이다. 이를 위해
이 연구에서 관심을 가진 부분은 여성징병제이다[5]. 여성징병제는 징병제
의 직접적 여성참여의 한계와 의미를 가장 잘 밝혀볼 수 있는 경험으로서
징병제 참여 논의에 대한 타당한 시발점이라고 생각한다. 현재 여성징병제
가 실시되거나 본격적으로 논의된 국가는 이스라엘과 스웨덴뿐이다. 두 국

---

5) 여성징병제는 아주 제한적 역사적 경험밖에 가지고 있지 못한 제도이다. 제2차
세계대전 당시 독일, 소련, 이스라엘, 영국에서는 일시적으로 병력 부족을 보충
하기 위하여 여성 징병제를 실시했다(Devilbiss, M.C., Women and the Draft.
The Military Draft: Selected Readings on Conscription, edited by Martin Anderson
and Barbara Honegger. Stanford: Stanford University, 1982). 미국의 경우 제2차
세계대전 당시 여성징집안이 제출되었고, 이와 관련해 다수의 미국인이 지지했
다는 여론조사 결과도 확인되었지만 모성 침해라는 반대에 부딪혀 결국 실행되
지 못했다(Stovall, Holly, Resisting Regimentation: The Committee to Oppose the
Conscription of Women, Peace & Change, vol. 23. no. 4, 1998, pp.483-499).

가의 여성징병에 대한 접근 방식은 매우 다르다. 이스라엘은 병력부족을 메우기 위한 방책으로 여성징집제를 도입한 이래 60여 년의 경험을 가지고 있고 이를 계속 유지할 생각이다. 반면 스웨덴은 1970년대 이후 남녀평등성을 높이기 위한 방안으로 여성참여 논의를 지속시켜 왔고, 2000년에 들어서 본격적으로 정부주도 하에 여성징병을 고민하기 시작했다. 이는 징병자의 수가 모자라서가 아니라 남녀평등권을 위한 조처임을 분명히 하면서 진행되었다(Boss, 2000). 현재는 자유당과 좌익정당에서 법안을 상정하고 고려중이다.

이 논문에서는 여성징병제의 경험이나 논의를 진행시킨 위 두 나라의 사례분석을 통하여 징병제를 통한 여성과 시민권의 관계, 양성평등의 입지 강화 노력의 의미와 한계를 살피고 사회복무제를 시론적 수준이나마 여성적 관점에서 검토하려고 한다. 이 연구를 위해 영어로 된 관련연구물이 거의 없는 스웨덴을 2007년 2월에 직접 방문하여 인터뷰하고 현지인의 도움을 받아 자료를 정리했다. 여성징병제에 대한 관련선행 연구가 상대적으로 풍부한 이스라엘의 경우는 기존 자료와 신문 기사를 모았고, 부족한 부분은 2007년 7월과 8월에 실시한 관계자 전화인터뷰를 통해서 보충했다.

II. 성별적 제도로서의 징병제

1. 민주주의와 시민권, 그리고 징병제

징병제는 시민권 개념과 일종의 쌍생아적 관계를 유지하면서 성장해 왔다. 민족단위의 근대국가 형성의 과정에서 주도적 역할을 한 제도로서 징병제는 왕에 대한 충성 또는 종교적 믿음을 대신하여 국가주권을 가진 시민이 자신이 속한 나라를 지킨다는 개념화와 함께 진행되었다. 1790년대

말부터 1800년 초 나폴레옹 시대의 프랑스가 국민개병제를 최초로 도입한 이후 징병제는 많은 나라에서 국가건설의 가장 중요한 도구로 기능하였다. 근대화된 국가건설, 민족주의 유지의 근간을 이루는 군대를 조직하기 위해 징병제를 광범위하게 선택하였으며 지금도 70여 개국에서 징병제를 유지하고 있다(오동렬, 1990; Anderson, 1982).[6]

비록 한국의 징병제는 군부독재의 물리적 근거로서 또는 징집의 강제성과 군대문화의 반인권성 때문에 민주주의와의 관련성에 대한 언급이 거의 없었지만 학문적으로나 경험적으로 여러 나라의 역사에서 순기능이 많이 강조되어 온 제도이다. 징병제는 근대화의 중요한 특성인 신분제를 뛰어넘는 수단으로서만이 아니라 계급적 차이를 넘어 남성들이 민족의 이름으로 모여 집단생활을 하는 경험은 근대화의 미덕으로서 포장되곤 했다. Frevert 는 징병제를 민족국가의 시민적 덕을 지킬 수 있는 기관으로 규정하면서 시민병사는 민주주의, 동포애, 평등을 구현하는 상징으로 작동했다고 주장한다(Frevert, 2002:1). '시민이자 곧 병사'라는 정체성과 함께 확립된 민족주의적 응집력은 근대국가 형성뿐만 아니라 국가중심의 질서를 만들어나가는 데 유효한 제도로서 인정받아 왔다 (Sasson-Levy, 2003a). 또한 국가를 위해 희생하는 시민 개개인의 주권적 권리가 그만큼 신장되어 민주주의의 기초를 다지는 제도로도 이해되었다(Frevert, 2004; Flynn, 2002). 이에

---

6) 한국의 주변국들은 일본을 제외하면 모두 징병제를 선택하고 있다. 북한, 중국, 대만, 러시아 등은 징병제를 시행 중이고 북한은 징병기간이 십 년으로 징병제가 사회에서 차지하는 비중이 유독 높은 나라에 속한다. 현재 징병제의 변화가 일어나고 있는 지역은 유럽이다. 제2차 세계대전 이후 징병제 유지의 명분적 근거가 되었던 냉전구조가 무너지자 벨기에(1992), 프랑스(2002), 네덜란드(1993), 스페인(2002)이 징병제를 지원병제로 바꾸었지만 스웨덴이나 독일은 징병제를 유지하고 있고 상당기간 변화가 없을 것으로 예측된다(김병조, "한국 병역제도의 특성: 비교사회학적 분석", 『국방대학교 교수논총』 24집, 2002, 291-312쪽). 아시아국 중에서 말레이시아는 2004년부터 부분 징병제를 도입하였는데 이는 국토방위보다 인종융합차원에서 실시한 것이다.

대해 최재희는 다음과 같이 설명한다.

> 지지자들에 따르면, 징병제는 사회통합과 형제애를 촉진한다는 것이다. 귀족의 아들과 요리사의 아들이 같은 막사에서 같은 훈련을 받고 서로 희생하면서 단결정신을 익히는 것, 이것은 평등의 정신을 공유하는 것이며, 이러한 기반위에 진정한 민주주의가 발전할 수 있다는 것이다. 즉 징병제는 민주주의에 반하는 것이 아니라 민주주의의 핵심이라고 주장한다. 20세기 전반기의 스위스, 스웨덴 등이 징병제를 유지하면서도 민주주의를 동시에 발전시킨 좋은 사례라고 이들은 지적한다(최재희, 2004: 219-20).

국가방어 문제에 시민이 참여함으로써 국가방어 문제를 보다 투명하고 공개적으로 만들고, 전략을 결정할 때에도 시민들이 참여할 수 있는 연결고리가 보장된다는 점에서 징병제는 민주주의적 국가방어에 유의미하다는 분석도 있다(Kronsell과 Svedberg, 2001). 말레이시아의 경우처럼 소수민족을 동화시키고 통합시키는 수단으로, 반면 소수민족의 입장에서는 시민권 획득의 유리한 수단으로 징병제가 활용되기도 했다. 군대는 모든 나라에서 공통적으로 학교를 대신하는 제2의 교육기관 역할도 수행해 왔다.

그러나 이런 기능들은 역사적, 사회적으로 다른 형태로 나타났다. 히틀러의 독일, 무솔리니의 이탈리아, 제2차 세계대전 이전의 일본 등에서 징병제는 사회통합의 기능을 수행했지만, 징병제와 민주주의와의 관계에서 보자면 광기어린 민족주의적 동원도구로서 파시즘적 지배의 수단이 되기도 했던 것이다. 이는 양심적 병역거부자의 처벌에서도 드러나지만 Monro의 주장처럼 징병제가 강제적으로 개인의 의사와 무관하게 국가 중심적 가치를 강조하면서 개인의 자유를 속박하고 법의 힘으로 강제하는 원초적인 문제를 갖고 있기 때문이다(Monro, 1982).

이런 차이를 중심에 두고 살펴보면 징병제의 기능이나 위치에 따라 대략 세 가지 나라군의 형태로 나누어진다. 첫째는 시민권의 개념이 강한 나

라들이다. 스웨덴과 프랑스가 대표적인데, 군이나 기존의 귀족 등 기득권 세력에 대한 시민들의 발언권이 높아지게 하고 각종 시민의 권리 증진에 징병제가 실질적인 기능을 해 왔던 나라들이다. 이들 나라에서는 징병제에 대한 의미 규정이나 공감대가 상당히 커서 오랫동안 긍정적 기관으로 자리 잡아 왔다. 민주주의의 보루기관으로서의 동의도 높은 편이다.

두 번째 국가군은 유사시 징병제를 사용하지만 시민권의 발달과 징병제와의 결합이 약하고 징병제가 차지하는 긍정적 설득력이 역사 속에서 크게 자리 잡지 못했다. 따라서 시민들의 자유로운 선택권의 침해라고 보는 시각이 우세하여 징병제를 실시할 때마다 늘 사회적 논란에 휩싸이는 나라들이다. 영국이나 미국 등이 여기에 해당한다.

세 번째 유형의 국가들은 국가주의가 강하고, 국가를 위한 수단적 의미로 징병제가 강조되어 왔을 뿐 국가나 군에 대한 시민적 발언권이나 견제력이 동반 성장하지는 못했다. 징병제 자체의 존재에 대해서는 국가의 생존을 위한 당연한 체제로서 동의 정도가 높은 이스라엘이나 한국, 북한 등이 서로 다른 면도 많이 띠지만 이런 유형에 속하는 국가로 볼 만한다. 성별적 시민권이라는 관점에서 보면 국민의 의무에서 징병제가 차지하는 의미가 큰 탓에 참여하지 않는 여성의 국가성원으로서의 자격권에 영향을 많이 미치는 나라들이다.

2. 남성만의 제도: 징병제

징병제는 유형이 어떠하든 민주주의와 시민권을 논하는 것이 무색할 정도로 모든 국가에서 여성의 진입이 자유롭지 않은 유일한 남성만의 제도로 남아있다(Frevert, 2004). 따라서 이스라엘을 제외한 징병제를 실시하는 모든 국가의 징병제가 의미하는 '시민'은 '남성'이다. 한국의 징병제 또한 성별적 제도의 성격이 헌법에서부터 드러난다. 헌법 제39조 1항에는 "모든 국민은 법률이 정하는 바에 의하여 국방의 의무를 진다."고 규정하고 있다. 국민 됨의 주요한 요건이 국방의 의무를 지는 것임을 명시적으로 드러낸 항목이다. 그러나 병역법은 제3조에서 남자만이 이 요건에 해당함을 정해 놓았다. "대한민국 국민인 남자는 헌법과 이 법이 정하는 바에 따라 병역의 무를 성실히 수행하여야 한다. 여자는 지원에 의하여 현역에 한하여 복무할 수 있다." 결과적으로 국방의 의무는 성별화된 임무이고 국민 됨의 요건에서 여성은 기본적으로 결여되어 있는 것이다. 이와 같이 대부분의 국가에서 여성배제의 원칙을 유지해 온 징병제는 여성학자들이 시민권은 결국 성차별적일 수밖에 없으며, 남성 중심적 사회를 다지는 기초제도라고 주장하는 가장 중요한 근거가 되었다(Enole, 1993; YuvalDavis, 1993).

시민권의 질은 단순한 의무와 권리 차원을 충족시켰는가의 여부에서 발생하는 성별화 수준만을 포함하지 않는다. 징병제를 통한 남성중심성은 여러 차원에서 진행되곤 한다. 한국의 경우를 보자면 1961년부터 실시된 군 필자의 가산점제도는 1999년까지 39년간 시행되었던 제도로서 여성의 낮은 취업률과 공적영역 부재의 중요한 원인이었다. 1961년 군사원호대상자임용법에 의해서 국가(3급 이하) 및 지방공무원(2급 이하)교육공무원, 국영기업체나 국가 지원을 받는 법인에 대해 시험 만점의 5%를 가산토록 하고, 1984년에는 16인 이상을 고용하는 공사 기업체 또는 공사 단체까지 대상이 확대되었다. 1997년부터는 제대군인지원에 관한 법률의 규정에 의해서 진행되었는데 1999년 여성과 장애인의 헌법소원이 받아들여져 폐지되었다. 헌법재판소는 1998년 7급 국가공무원의 경우 합격자 중 72.7%가 가산점을 받은 제대군인이었다는 사실 확인 등을 통해 제대 군인의 심한 독식현상이 있었음을 인정했다(권인숙, 2005).

문승숙은 1973년부터 1980년대 말까지 진행되었던 병역특례가 과학과 중화학산업의 남성중심성을 강화시킨 이유가 된다고 주장한다. 10~20%의 징집대상자가 방위산업체 등 중화학공업이나 과학 계통의 특수인력으로 일했고 이렇게 징집자를 경제산업, 과학 분야에 활용했던 과정은 이 분야의 남성화를 진행시키는 데 중요한 동력이 되었다는 것이다(Moon, 2005). 무엇보다도 남성들의 군대경험은 기업문화까지 그대로 이어지는 경우가 지배적이어서 기업의 군사문화의 영향력 강화와 남성 중심적 조직문화의 원류적 힘이 되었다.

징병제를 통한 남성중심성의 강화는 군필자의 사회적 발언권의 확대나 징병자의 징병기간에 대한 물질적 보상을 뛰어넘는다. '보호자=남성', '보호받는 자=여성과 아이'라는 사회적 구도 속에서 가족에서의 가장 역할을 확립하는 남성의식의 근거도 마련된다. 국가방어라는 민족구성원의 생존과 관련된 중요한 문제를 남성만 맡는다는 것은, 공적인 역할수행은 남성이 하고 사적영역은 여성의 영역이라는 구도를 공고화 한다. 또한 징병제는 그 사회의 다수 남성에게 특정의 남성성을 고양시킨다. 군대의 남자다움은 무엇이 남자다움에 포함되고(inclusion) 무엇이 남자답지 않은지(exclusion)를 구분하면서 정의 내려지고, 남자답지 않은 것에는 여성스러운 것, 보호받아야 하는 것이 적용모델로 작동한다(권인숙, 2005). 여성이 아니라는 것을 통해서 확인되고 세워지는 남성성은 군대의 남성성이 중요한 조직 원리인 남성연대의 기초가 된다. 동지와 나라를 위해서 죽을 수 있어야 한다는 남성적 의리, 국가를 위해서 희생을 같이 했다는 동지애, 계급과 사회적 조건을 넘어서 남자라면 다 같이 겪는 과정이라는 공감대는 국가를 매개로 특정의 남성연대를 형성한다. 그리고 이 남성연대는 남성중심주의가 강한 사회일수록 남성연대망의 강화, 여성 차별적 관행의 강화로 이어진다.

한국의 경우 징병제가 국가방어의 도구로서만 주로 이해되어지고 군대에 대한 시민의 검열이 불가능하면서 반인권적 사병문화와 병역비리를 낳았다. 이런 조건은 한국 징병제의 특징이라고 할 수 있는 남성들의 강한 피해의식, 희생에 대한 폭넓은 공감대와 징병자의 약자의식으로도 드러났다. 1997년 이회창 대통령 후보 아들들의 병역기피사건으로 절정에 올랐던 약자의식은 돈 없고 빽 없는 사람만 군대에 간다는 징병자들 일반이 가지는 의식이다. 이 약자의식과 피해의식, 남성 희생에 대한 공감대는 80% 이상의 남성이 군대에 가며 남성중심성이 강한 가부장적 사회인 한국에서 여성이나 장애인 등 다른 소수자들의 사회적 약자로서 겪는 문제를 도외시하는 경향을 낳는다. 1999년 군가산점에 대한 헌법재판소의 판결 이후 불거졌던 남성들의 사이버 테러나 분노의 폭발 등은 좋은 예이다.

물론 한국의 군가산점제도는 예외적인 형태이다. 하지만 남성만의 제도로서 징병제를 실시하는 국가에서 여성의 시민권 제약, 사회적 발언권의 약화 및 남성동맹의 강화, 남성과 여성의 전통적 성별역할 강화로 성평등적 요소를 약화시키는 면들은 공통적으로 드러난다(Kronsell와 Svedberg, 2001; Steans, 1998; Sasson-Levy, 2003b). 그러나 전통적으로 징병제는 남성의 일로 여겨졌고, 여성은 징병제에 관하여 대체로 침묵하여왔다. 가장 적극적인 의미의 여성참여정책이라고 볼 수 있는 여성징병제는 전쟁 시 병력부족을 채우기 위한 국가의 고육책으로 실시되거나 고려되었었고, 현재는 항시적 분쟁가능성이 있는 이스라엘이 병력부족을 이유로 남녀징병제를 실시하고 있다.

III. 여성징병제의 사례분석

1. 이스라엘

1) 여성징병제의 역사

이스라엘은 여성징병제를 본격적으로 실시하고 있는 유일한 국가이다.

이스라엘 여성의 군대 참여는 공식적인 국가선언을 한 해인 1948년 이전부터이다. 시오니즘에 의해서 팔레스타인 지역에 정착한 유태인 중 여성들은 핵심적인 군대조직인 Hagana(Defense Organization)에 지원하는 형태로 참여하였다. 여성들은 엘리트 군사조직인 Palmach에도 참여했는데, 이 조직은 초기에 여성의 참여를 인정하지 않았지만 지방조직에서 먼저 여성을 포함시켰고 상당한 토론과 투쟁 후인 1942년 5월에 여성참여가 합법화되었다. 물론 여성의 수는 10% 선으로 제한되었다. 이 시기 여성은 다양하게 존재하는 각종 단위에 배분되었고 남성과 똑같은 훈련을 받았다. 하지만 여성은 남성의 보조적 역할이나 비전투적인 역할만을 했다. 제2차 세계 대전 당시 4천여 명의 이스라엘 여성은 영국군에 자원하여 여러 가지 보조적 역할을 하기도 했다. 1948년 이스라엘은 국가독립을 선언한 후 주변 아랍국들의 심한 군사적 반발과 땅을 빼앗긴 팔레스타인들의 무장 저항에 맞서 싸우는 것 자체가 이스라엘이라는 국가를 건설하는 일이었다. Yuval-Davis는 이에 대해 이스라엘의 국가건설은 "전쟁사회(war society)"의 시작이었다고 주장한다(Yuval-Davis, 1985: 654). 전쟁의 시급함과 평등을 강조하는 사회주의적[7] 전통은 여성을 새 사회의 동등한 멤버로 보게 했다. 여성들은 건국 이후 6개월 동안 가장 활동적으로 싸웠는데 일부는 사격수나 병사로서의 전투병 역할을 했고 다수는 신호전달자나 간호사로 일했다. 건국전쟁이 끝날 즈음 여성은 공식적으로 징병되었고 역할은 확대되었지만 전투참여는 금지되었다(Levy, 1998: 43).

전쟁과 건국이 동시적으로 진행되는 과정 안에서 국가 정체성을 만들어온 이스라엘의 군대 Israel Defense Forces-IDF는 시작부터 국가의 핵심적

---

7) 1930년대의 시오니스트 운동의 지도자들은 주로 소비에트 유니온이나 동유럽에서 이민 온 사회주의자들로 구성되었다(Yuval-Davis, Nira, "Front and Rear: The Sexual Division of Labor in the Israeli Army", *Feminist Studies,* vol 11(3), 1985, pp.654)

기관 이상의 의미를 갖는, 국가 그 자체로 혼용되는 수준의 기관으로 기능해 왔다. Edna Levy는 "IDF는 시작부터 단순히 민족을 군사적으로 지키는 일 외에도 넓은 범위의 일을 했다. IDF는 사회통합과 교육의 핵심기관이었다(레비, 1998:51)."라고 묘사한다. 이는 건국지도자였고 초대수상을 지낸 Ben-Gurion의 주장에서도 잘 나타난다.

> IDF는 우리 공동체의 다른 이민자 그룹들을 통합하는데 막대한 역할을 해왔다. 군대는 수천의 젊은 여성과 남성을 선구적 농장 정착의 삶으로 안내했다. 또한 군대는 교육에서 중요한 도구임을 입증했다. 우리는 전쟁을 혐오하고 군사적인 일 그 자체가 목표가 되는 것을 싫어한다. 우리의 무기를 던져 버릴 수만 있다면 … 그럴 수 있다면 얼마나 좋을까 … 이웃들과 평화롭게 살더라도 우리는 국가개발의 광대한 임무를 다하기 위해 IDF가 오늘날 대변하는 역동성에 의존하는 것을 계속 해야 한다[8].

IDF는 17만5000명 정도로 인구의 3% 정도를 차지한다. 매년 5만3000명의 남성과 5만1000명의 여성이 징병 연령에 도달하고 13만8500명이 징병되어 군대에 간다. IDF는 여성과 남성 모두가 징병되는 것을 이유로 진정한 국민의 군대이고 민족의 상징 내지는 민족의 축소판으로 주장되어왔고, 이를 통해 형성된 이미지는 큰 반발 없이 대중화되어 갔다(레비, 1998: 52). 사실 이스라엘에서 여성이 군대에 가는 것은 여러 가지 측면에서 건국 초기부터 강조되었다. 이중 가장 큰 기대는 평등에 관한 것이다. Ben-Gurion은 "군대는 국민의 의무의 가장 높이 있는 상징이고 여성이 이 의무를 남성과 동등하게 하지 않는 한 그들은 진정한 평등을 얻지 못할 것이다. 만약 이스라엘의 여성들이 군대에서부터 멀리 있다면 이스라엘의 유태인 공동체의 특성은 왜곡될 것이다."[9] 라고 말한다.

---

8) Ben-Gurion, 1970, 레비, 1998: 51에서 재인용.
9) IDF를 소개하는 인터넷 사이트에서

이렇게 여성의 징병이 평등의 상징으로 사용된다는 사실과 민족 구성원 모두의 군대라는 이미지는 군대와 관련해 여성과 남성의 경험이나 역할의 차이가 크다는 사실을 간과하게 만든다. 남녀 간 징병은 여러 차원에서 다르다. IDF의 규정에 따르자면 18세에 달한 남녀 중 남성은 3년, 여성은 21개월을 복무하게 된다. 복무기간의 차이도 있지만 가장 큰 성별적 특징은 여성은 병역을 면하기가 남성에 비해 훨씬 쉽다는 것이다. 여성은 결혼을 했거나 임신을 한 경우 군대에 가지 않고, 본인이 종교적 이유로 양심상 병역10)을 원하지 않을 수 있다. 이는 40~50% 정도의 여성만이 징병되는 결과를 낳는다.

이스라엘은 정규군뿐만 아니라 예비군의 비중이 남달리 큰 나라이다. 전쟁이 빈번하고 테러 등의 문제를 자주 겪기 때문이다. 예비군의 기본 개념은 '모든 시민은 1년 중 11개월의 휴가상태에 있는 병사'로서 모든 국민은 일정 연령이 될 때까지 기본적으로 국가의 입장에서 군인으로 평가받는다(Ben-Ari, 1998). 장교출신은 1년에 45일, 일반병사출신은 일 년에 30일간의 예비군서비스를 해야 한다.11) 예비군의 경우 남성은 55세, 여성은 50세까지 의무가 있다. 하지만 여성들은 예비군으로서 군사훈련을 받지 않는다.

여성은 여러 예외 조항을 이유로 징병면제 혜택을 남성보다 많이 누리지만 군대에서 하는 역할에서도 제한적이었다. 1973년 인력부족과 시민 페미니스트 그룹의 요구로 여성은 보병과 탱크 병의 교사, 기초훈련 지휘관,

---

http://www.mahal2000.com/information/background/content.htm

10) 이는 유태인 전통에 의해서 딸이 아버지의 권위로부터 떨어져 지내거나 남녀가 같이 있는 공간에 있는 것을 허락치 않는 전통 때문이다.
   (http://www.wri-irg.org/co/rtba/israel.htm)

11) Israel Ministry of Foreign Affairs 의 공식 인터넷 사이트의 Dr. Netanel Lorch의 IDF에 대한 공식 소개 문건에서.
   http://www.mfa.gov.il/MFA/Facts+About+Israel/State/The+Israel+Defense+Forces.htm.

비행기 정비공 등 여성의 입장에서 비전통적인 일을 하게 되었다(Sasson-Levy, 2003b : 446). 그러나 이 비율은 높지 않아 1980년의 경우 여성은 850개의 전문적 역할 중 270개 부분의 일을 배당받았다(Yuval-Davis, 1985: 662). 남성에 비해 1년 정도 짧은 복무기간은 오랜 훈련을 통해 전문성을 쌓고 중요한 역할을 수행할 기회를 가지지 못하는 결과를 낳았다.[12]

무엇보다도 군대의 여성역할에서 가장 논란이 되는 부분은 여성의 전투 참여이다. 이스라엘에서 여성은 국가가 성립된 이후 전투역할이 금지되어 왔다. 이 금지의 중요한 원인은 여성이 전투에 참여해서 적에게 잡혔을 경우 성폭력에 대한 두려움과 여성의 임신 출산 기능이 전투참여에 배치된다는 사고 때문이다. 법적인 금지조처 자체는 1986년에 해제되었지만(Levy, 1998: 16; Happerin-Kaddari, 2004: 153), 대부분의 여성들은 여전히 비 전투역할을 담당하고 있다. 1995년에 여성은 전투기 비행을 할 수 있게 되었고, 이후 여성의 의회와 대법원의 참여비율이 늘면서 이스라엘 군대는 여성을 일부 특화된 전투병 역할에 포함시켰다. 또한 적은 숫자의 여성이 국토경비병, 비화학무기 다루는 일 등을 했다. 1999년 1월 이스라엘 국회는 군대의 모든 역할에 여성을 받아들이는 것을 격려하는 법안을 인정했다. 그러나 이 법은 스스로 자원하는 여성에게만 이러한 직업군을 열겠다는 것이며, 군대의 요구를 우선한다고 명시하고 있다. 2007년 현재 여성은 IDF의 30%를 구성하지만 1천~1천500명만 전투단위에서 일하고 있다. 그리고 20명의 준장 중 여성은 3명뿐인 데 7~8년 전과 같은 숫자이다.

2) 젠더화된 시민권과 징병제

젠더에 관심 있는 학자들이 이스라엘의 여성징병제를 연구하면서 가장 많이 고민하는 부분은 여성의 징병제 참여가 과연 여성에게 온전한 의미의

---

12) 숙련이 필요한 전문적인 영역의 일을 하는 경우 여성은 더 오랜 복무기간을 선택하는 경우도 있다.

시민권을 보장해주는가, 더불어 그와 연결되는 부분이지만 여성의 지위에 어느 정도로 영향을 미치는가이다. 징병제가 시민권형성과 발전에 핵심적인 영향을 미친 제도라면 여성의 징병제 참여가 남성과 동등한 의미의 시민권을 여성이 가지는 근거가 되어야 한다는 기대를 갖게 한다. 이스라엘이 대외적으로 양성평등을 이야기할 때 여성징병이 중요하게 언급되는 것도 이런 관련성 때문이다.

Helman은 이스라엘의 시민권에 대해 다음과 같이 설명한다.

> 4가지 중요한 요소가 이스라엘의 시민권의 동력과 윤곽을 규정한다. 이는 시민권의 확대를 위한 투쟁이 부족했었다는 사실과 이스라엘의 시오니즘적 특성, 정착자-개척자사회로서의 특성, 전쟁과 갈등 경영이 우선시 되는 특성 등이다. 1948년 국가건설이 이루어지면서 시민권은 위에서 주어진 것이었고 국가의 행정기구의 권위는 주권영토경계안의 모든 인구로 확대되었다(Helman, 1999: 48).

국가형성이 모든 생존의 원천으로서 인식되고, 국가라는 울타리가 생겼으므로 시민적 권리가 형성되는 역사적 과정은 국가중심적인 가치관에 대한 의심과 도전을 불가능하게 만들었다. 주변국들과의 갈등이 빚은 전쟁과 일상적인 분쟁해결을 통해 국가의 생존이 모든 다른 가치를 압도하는 일상이 반복되면서 개인이 집단적 이익을 위해 헌신을 강조하는 것이 너무나 당연한 집단주의적 정서가 지배적이 되었다. 이런 과정에서 전쟁과 군사서비스의 참여는 국가공동체를 강화하는데 최상의 헌신일 뿐만 아니라 정치적 의무를 다하는 궁극의 상징으로 이스라엘 사회에서 자리 잡았다. Berkovitch는 "아주 실질적인 차원에서, 그리고 느낄 수 있는 모든 감성적, 감각적인 측면에서 이스라엘의 군대서비스는 진짜 시민권을 의미하고 상징한다(Berkovitch, 1997: 610)."고 주장한다. 이런 차원에서 시민으로서 가져야 할 덕목은 군사적 덕목과 같은 차원으로 형성되어 왔다(Helman,

1999: 49).

하지만 이 관점에서는 국가를 위하여 군대의무를 할 뿐만 아니라 인구 재생산까지 담당하는 여성이 남성에 비해 시민권의 질이 크게 떨어질 이유는 없어 보인다. 그러나 여러 학자들은 공통적으로 여성의 시민권과 남성의 시민권의 질이 근본적으로 다르다고 주장한다. 이런 질적 차이를 낳는 것을 이해하는데 핵심적 개념은 남성성이다. 즉 남성성과 시민권의 동전의 양면과 같은 결합력을 분석해야 젠더화된 시민권을 이해할 수 있다.

이스라엘에서 남성성과 시민권과의 관계를 보다 역동적으로 이해하기 위해서 필요한 것은 헤게모니적 남성성이다. 이스라엘에서 헤게모니적 남성성은 유태인 전투병사의 남성성과 동일시되고 이는 곧 좋은 시민성, 자격 있는, 혹은 대접받을 만한 시민권의 상징이 되었다. 코넬이 제시한 헤게모니적 남성성은 남성성 연구[13])의 핵심이론으로 1990년대 후반부터 이 이론을 이용한 연구들이 이어지고 있다. Connell은 다양한 남성성의 관계에 주목했고, "여러 종류의 남성성이, 동맹, 지배, 종속의 관계를 맺고 있다(Connell, 1995: 37)"고 보았다. 특정 시기에 다양한 남성성 중에서 가장 규정력이 강하고 방향성을 이끄는 점 등이 바람직하게 여겨지며, 국가나 사

---

13) 따라서 남성성 연구는 단순히 남자는 이래야만 한다는 사회적 문화적 규정력을 논하는데서 그치지 않는다. 기존의 젠더관계에서 중요하게 취급되었던 성역할 이론보다 발전된 형태로 성별화된 권력과 남성의 특권을 이해하는 데 도움이 되는 이론적 틀을 제공한다. 성역할 이론은 젠더 안에서/사이에서의 관계의 핵심요소인 권력과 권력에 대한 도전, 그리고 변화를 설명하지 못한다. 코넬은 성역할이론이 결국 생물학적 결정론으로 빠지게 된다는 이론적 비판을 하면서 헤게모니적 남성성을 설명의 틀로 제시하였다(Connell, R.W, Masculinities. Berkeley and Los Angeles: University of California Press, 1995 ; Demetriou, 2001). 이에 대해 레비는 이상화된 남성성은 단지 남자에 대한 이야기나 단순히 젠더 관계에 관한 것만이 아니라고 설명한다. 지배적인 문화적 이미지로서 남성성의 의미와 내용을 연구하는 것은 남성의 정체성을 연구하는 것뿐만이 아니라 핵심 사회기관의 운용을 이해하는 데도 중요하다(Levy, 2002: 358).

회 조직에서 힘과 특권을 유지하는 데 기본요소가 되는 남성성이 헤게모니적 남성성이라고 규정했다. 헤게모니적 남성성은 항상 고정되어 있는 것이 아니고 끊임없이 도전을 받고 대응하며 변화한다. 이에 대해 이영자는 정치라는 개념을 이용해 이 역동성을 설명한다. "규범의 정치로서 남성성의 정치는 특정한 남성성이 보편적 지배적 규범으로 제도화되는 것을 겨냥하는 성의 정치(이영자, 2000:11)"인 것이다. 남성들은 이 남성성의 정치를 통해 여성성이나 여성적 역할에 낮은 서열적 지위를 부여하고 헤게모니적 남성성에 부합하지 못하는 남성들을 주변화한다. 이 주변화는 단순한 심리적 주변화가 아니며 실제적으로 권력과 지위, 차별의 구조를 당연한 것으로 만들고, 시민적 덕목이라는 이름하에 상식화, 보편화한다(권인숙, 2005).

이런 헤게모니적 남성성의 서열화는 이스라엘 사회에서 전투병의 헤게모니적 남성성의 지위를 이해하는데 도움을 준다. 병사의 남성성 중 가장 핵심을 이루는 것은 바로 전투병의 남성성이었기 때문이다. 이에 대해 Enloe는 다음과 같이 이야기 했다.

> 물론 실제적으로 한 국가의 병사가 된다는 것은 복종적이고 순종적이고 완전히 전적으로 의존적이 된다는 것을 의미한다. 그러나 별 볼일 없는 일상은 강력한 신화에 가리어져 있다. 병사가 된다는 것은 전투를 경험할 수 있다는 것을 의미한다. 남성의 남성성의 궁극적인 시험이 전투 안에 있기 때문이다(Enloe, 1983: 13).

군대는 존재자체가 전투를 목적으로 하고 있다. 병사는 전투라는 행위를 통해서 상징화되고 의미화된다. 병사의 희생은 군대에 갔다는 것에서 머무르는 것이 아니라 목숨을 희생할지도 모른다는 가능성 속에서 형성되었다. 무엇보다도 국가 방어의 의무를 다하고 있음을 가장 극적으로 보여주는 것은 자기 목숨을 희생하는 '전사'이고, 많은 나라와 문화에서 자기를 희생하는 병사는 민족과 국가를 위한 자기희생의 기본 모델로 존재해 왔다. Anderson은 죽은 병사가 영웅적 상징으로 곳곳에 존재하는 것을 목격하면서 "민족주의와 관련된 현대 문화 중, 무명 병사의 무덤이나 기념비보다 더 강한 흡인력을 갖는 상징은 없다.(Anderson, 1991:3)"고 했다. 항상적 전쟁과 갈등을 전제로 국가를 구성한 이스라엘의 경우에 전투는 군대 서비스와 민족적 소속감을 연결하는 가장 강력한 고리가 된다.

Edna Levy는 이스라엘의 전체 남성병사 중 20% 정도를 차지하는 전투병은 IDF에서 단순히 하나의 역할이 아니라 핵심집단에 들어가기 위한 '열쇠'로 인식되고 있다고 본다. Sasson-Levy는 이런 전투병의 헤게모니적 남성성의 지위 확보와 시민성의 상징됨은 사회적 계층화를 낳고 국가에 대한 소속감이나 참여에서 서열을 강조하여 성별화된 시민 정체성의 근거가 된다고 본다(Sasson-Levy, 2003a:357). Haperin-Kaddari는 실질적으로 군대에서 최상위급으로 승진할 수 있는 유일한 길은 전투에 관계된 역할을 하는 것을 통해서만 가능하다고 주장한다. 그리고 전투는 여러 가지 상징적인 보상체계와 동반되는 각종 의미부여 속에서 성별적 차이를 더욱 넓히는 것이다(HaperinKaddari, 2004:155).

진급이나 승진의 차이뿐만이 아니라 전투는 여러 가지 면에서 헤게모니적 규정력을 가지는 요소가 된다. 이 작동맥락은 Sasson-Levy의 여성병사들에 대한 연구에서도 잘 나타난다. 이스라엘 군대에서 전통적으로 남성들이 하던 역할을 하는 여성병사들은 중산층 이상의 좋은 학교와 좋은 성적을 가진 여성들로 구성된다. 이들은 군대 내 여성병사들 중에서 가장 특권적인 지위를 차지한다. 이들은 무기 다루는 법, 탱크 몰기, 미사일 쏘기 등을 가르친다. Sasson-Levy는 이들의 특징을 세 가지로 분류했다. 첫째는 전투병의 행동을 흉내 내는 것, 둘째는 전통적인 여성성에서 거리를 두는 것, 셋째는 성희롱을 사소화하는 것이다(Sasson-Levy, 2003b: 370). 이들 여성 군인들에게 나타나는 경향 중에 중요한 부분은 남성성이 군인다움의 모범이라고 보는 것이다. 일반적으로 남성적이라고 여겨지는 것들을 실천할 뿐만 아니라 성차별적인 의례행사를 전투군인과 똑같이 한다. 예를 들어 낯선 여성병사들을 만났을 때 "X하고 싶어(We want to fuck)."라고 외치기도 한다. 일종의 남장여자들이 하는 쇼(dragshow)라고 할 만한 데, 이런 남성적인 방식을 흉내 내는 것은 남성과 비슷해지는 것이 곧 서열의 우위를 차지하는 것으로 여겨질 뿐만 아니라 여성에게 억압적인 군사조직 안에서 개인적 힘을 성취하는 수단이 되기도 한다. 이런 문화의 바탕에는 이들 여성군인들에게 다른 여성 일반을 약하거나 무능력하다고 여기는 고정관념이 깔려 있기 때문이다. 전통적인 여성성이나 여성들을 부정적으로 여기고 이들로부터 자신들을 분리해 내려는 것이다.

또 다른 특성은 여성들이 경험하는 다양한 성희롱 사례들을 인정하지 않는다는 것이다. Sasson-Levy는 2007년 7월의 인터뷰에서 "3년 전 군대에서 직접 한 조사에 의하면 성희롱을 경험해 보았느냐고 물었을 때 단지 20%의 여군 응답자만이 그렇다고 했다. 구체적으로 부담스러운 성적 농담이나 접촉이 있었는가라는 질문에 80%가 그렇다고 답했다."고 말했다. 여성이 성희롱을 인정하게 되면 자신이 약하고 의존적이며 보호가 필요한 존재로 낙인찍힐 뿐만 아니라 '여성'임을 확인시키는 계기가 되므로 이를 막고 싶은 욕구 때문에 성희롱 경험을 인정하지 않는 것으로 분석했다(Sasson-Levy, 2003b: 375).

물론 이 남성성의 문제는 단순히 젠더적 위계질서만을 유발하는 것은 아니다. 군대에 갈 수 있는 소수인종의 하층계급 남성들에게 신분적, 인종적 문제를 극복하는 지름길은 전투병이 되는 것이다. 그러나 전투병이 못 될 경우는 비전투병이 겪는 차별을 경험한다.

정신적으로 육체적으로 적합하기만 하면 전투병이 되기 때문에 전투병사들은 모든 계층의 다양한 인종에서 올 수 있다. 전투병이 되지 않거나 전투훈련에서 떨어진 병사들은 교육의 질과 정보에 따라서 역할이 주어진다. 이스라엘 교육체계(대부분 다른 나라의 교육체제처럼)는 민족적, 인종적, 계급적 기준에서 중층화 되어 있다. 비전투병 사이의 노동 분화는 이스라엘 교육체제와 노동시장의 인종적 계급적 위계화를 그대로 반영한다(Sasson-Levy, 2003a:363).

전투병의 특권화를 얻어낼 수 있는 남성성을 갖추지 못할 경우 비전투병의 차별에 인종적 계급적 차별이 중첩된다. 유태인이라는 정체성을 가지고 다양한 인종적 민족적 경험을 가진 이민자로 구성되었고 이미 살고 있던 팔레스타인이 존재하며 유태교, 이슬람, 그리스 정교 등 다양한 종교로 구성된 다인종 문화사회인 이스라엘에서 군사화 된 남성성은 인종차별을 합리화하는 기제로서 작동하는 것이다. 뿐만 아니라 팔레스타인이나 이슬람 등 다른 종교를 가진 사람들은 군대에 지원을 하지 못한다. 이는 각종 이념적, 실질적 혜택으로부터 이들 남성들을 더욱 멀어지게 하는 결과를 낳게 한다.

3) 이스라엘 여성의 지위

이스라엘 여성들은 독특한 위치에 있다. 시민권을 형성하는 가장 중요한 요소가 군대서비스인 국가에서 기간은 상대적으로 짧지만 여성이 군대서비스를 하고 있다. 이들 여성의 일부는 전투에 참여하고 있고 이러한 참여는 점점 늘어날 전망이다. 이는 스나이더의 시민-병사-남성성이 근대 서구국가의 시민권을 형성한 핵심요소라면 여성참여는 이를 뒤흔드는 요소를 분명히 지니고 있기 때문이다. 이에 대해 여러 학자들은 긍정적인 평가와 부정적인 평가를 하고 있다.

대표적인 페미니스트이자 징병반대운동을 하고 있는 Rela Mazalis [14)]

---

14) Mazalis는 New Profile: Movement for the Civilization of Israeli Society 라는 단체에서 병역거부운동 등을 주도하고 있다.

는 인터뷰에서 "여성징병은 여성들이 평등보다는 성별위계를 더 쉽게 받아들이고 성별 역할분담을 자연스럽게 인지하게 한다."면서 비판적인 의견을 주었다.

Edna Levy는 이스라엘 여성은 남성이 군대 서비스를 통해서 얻는 것과 같은 사회적 지위나 정치적 경제적 사회적 권력을 즐기지 못하고 있다고 주장한다. 레비는 병사 이미지를 이용해 젠더적 서열화를 설명한다. 이상적인 병사의 이미지가 여성성에 적대적인 관점에서 형성되는 남성성과 깊이 결합되어 있다는 것이다. 또한 남성병사의 몸과 여성병사의 몸이 어떻게 다른가에 대해서도 이런 상호적 적대성은 깊게 드러난다. 남성병사의 몸은 언제나 미션을 수행하거나 훈련하는 상황에서 그려진다. 반면 남자의 뒤에서 여성병사는 웃고 있는 식으로 표현된다.

여성병사와 남성병사의 이런 이미지화의 차이는 여성에게 무엇이 일차적인가에 대한 사회적 관념을 반영하다. 늘 전쟁 가능성과 함께 하고 실제로 테러나 전쟁의 경험을 일상화하고 있는 이스라엘에서 여성의 사회적 역할로 가장 강조되는 것은 어머니로서의 역할이다. 레비는 건국초기부터 어머니는 여성의 당연한 대명사로 기능해 왔다고 주장한다. Yuval-Davis는 1980년 이전 국가주의적 정서가 더욱 압도적일 때에는 임신한 여성에게 일상적으로 하는 말이 "축하합니다. 곧 이 세계에 작은 병사를 데려오시겠군요."였다고 회고했다. YuvalDavis 또한 모성, 특히 소년에 대한 모성 발휘는 분명히 군사적 역할이었고 이스라엘 유태인 여성의 가장 중요한 국가적 역할이었다고 주장한다(Yuval-Davis, 1985: 669). 하지만 모성을 통한 시민권에 대해서 레비는 회의적이다.

그러나 병사의 어머니로서 그녀의 지위가 이스라엘 여성의 공동체에서의 정당성을 부여받긴 하지만 그럼에도 불구하고 가장 명예롭고 힘 있는 영역의 공공 활동에서는 주체성을 부정당하고 경제적, 사회적 정치적으로 침묵 당한다. 여성은 민족의 재생산자이지, 그들 자신이 온전한 시민은 아니다(Levy, 1998:312).

사실 이스라엘 여성의 지위를 평가하기란 쉽지 않다. 이스라엘은 개인 평균 소득이 2만 불 정도의 국가로서 복지국가를 표방하고 있다. Haperin-Kaddari는 유엔개발보고서 (United Nations Development Report)가 낸 인간개발보고서(Human Development Report)의 젠더관련 개발지위(Gender-Related Development Index, GDI)와 젠더 권한 지위(Gender Empowerment Measure, GEM)를 예로 들면서 이러한 차이를 설명한다. 기본적 복지 정도를 나타내는 GDI는 1999년 현재 세계 175개국 중 23위이지만, 여성의 사회적 지위를 표현하는 GEM은 33위에 불과하다고 주장한다(Haperin-Kaddari, 2004: 11, 12). 또한 1999년 기준 의회의 여성참여비율이 11.6%에 머물고 있어 정치적 지위도 높지 않다는 것이다. 물론 종교적 색채가 강한 국가인 이스라엘 국회의 1/4이 종교인들에 의해서 채워지고, 이 영역이 여성에게는 닫혀져 있기 때문에 여성의 참여율이 낮을 수밖에 없는 일차적 원인이 되기도 한다.

이와 관련하여 2006년의 최신 통계를 살펴보자. 인간개발지위(Human development Index)는 이스라엘 23위, 한국 26위이다. GDI는 이스라엘 22위 한국 75위, GEM은 이스라엘 23위, 한국 53위이다. 이스라엘의 GDP가 2만4천 불 선이고 한국이 2만 불 정도라는 점을 상기한다면, 이스라엘은 소득수준과 젠더 관련한 지위가 일치하는 편인데 반해 한국의 여성은 소득이나 다른 사회적 지위 면에서 무척 떨어지는 편이다. 이스라엘 여성의 지위를 낮추는 주요 요소인 종교, 집단주의가 아주 발달한 문화적 영향을 고려한다 해도 이스라엘 여성의 지위가 상대적으로 낮다고 평가하기는 힘들다. Sasson-Levy는 인터뷰에서 여성의 지위에 대해서 묻는 질문에 대해 다음과 같이 답했다.

이스라엘 여성의 지위는 단순하게 말하기 쉽지 않다. 특징적인 측면을 보자면 여성이 고등교육을 더 많이 받는다는 것이다. 대학학위의 60%, 박사학위의 52%가 여성이다. 그러나 교수숫자는 남성보다 적고 보직을 하는 경우는 10~20%만이 여성이다. 여성이 남성의 3/4정도의 임금을 받고 있고 현재(2007년 현재) 국회의원의 15%정도가 여성이다. 그러나 모든 여성이 일을 해야 한다고 생각하고 있고 탁아소에 어린 시절부터 애를 맡겨서 키운다. 스칸디나비아 쪽 나라들과 비슷하다. 모성보호도 발달해 있다. 법은 90년대 이후 진보적[15]으로 발전하였지만 이에 현실이 그대로 적용되는 것은 아니다.

여성의 지위에 대한 비교대상이 여성의 지위가 가장 높다고 평가되는 스웨덴이나 노르웨이 등 스칸디나비아 국가인 것도 흥미로운 점이다. 젠더화 된 징병제에 대한 페미니스트 관점의 비판적 연구 업적을 많이 남긴 대표적인 학자인 그녀에게 여성징병과 여성징병제의 긍정적인 부분에 대해서 질문했을 때 "사회의 공적진출에 유리하다. 특히 정치지형에서 그렇다. 어느 정도는 평등에 도움이 된다. 만약 징병제에 여성이 포함되지 않았다면 지도자가 되거나 교수가 되는 데 훨씬 불리했을 것이다."라고 했다.

Sasson-Levy와 Rela Mazalis는 인터뷰에서 이스라엘 대중 사이에서 여성의 군대참여는 긍정적일 뿐만 아니라 여성들 자신들도 직업적 경험의 확대, 부모로부터 분리되는 의미 등 긍정적인 면이 많이 부각되어 있다고 말했다. 이는 여성징병제의 여러 문제점을 지적한 Sasson-Levy와 Edna Levy의 연구에서도 잘 나타난다. 인터뷰에 응한 여성징집경험자들은 자신들의 군대경험을 모두 긍정적으로 보고 있었다(Sasson-Levy. 2003b; Levy, 1998). Dar와 Kimhi의 연구결과에서도 이런 경향은 나타난다. Dar와

---

15) 이 부분에 대해서는 Haperin-Kaddari와 의견 일치를 보인다. Haperin-Kaddari는 1990년대 획기적인 법의 변화가 있었음을 말한다. 1991년 가족법에서의 폭력금지(Prevention of Violence in the Family law), 1996년 남녀동등임금법, 1992년 한부모가족법, 1993년과 1995년 회사법을 개정하여 적극적 보호조치(affirmative action) 등 많은 변화가 있었음을 적고 있다(2004: 12, 13).

Kimhi는 여성이 군대의 소수집단으로서 전투에 주로 참여하지 않으며 남성이 헤게모니적 지배력을 가진 상황이지만, 그렇다고 그것이 여성의 군대경험을 부정적으로 평가하는 기준의 전부가 될 순 없다고 주장한다. Dar와 Kimhi는 군대경험을 통해 사춘기를 갓 지난 청소년들이 부모로부터 분리되어 더이상 의존적으로 살지 않는 것의 의미를 중요하게 보았다. 이는 일반적으로 남자보다 가족과의 결속력을 강하게 생각하는 여성에게 더 큰 의미가 있다. 따라서 군 경험이 이들의 자율성에 도움을 주고 군의 소수멤버이기 때문에 서로 간의 교류를 강화하며 여성들은 남성보다 군대를 통해보다 확장되고 깊은 사회활동 경험을 한다는 것이다. 남자들은 군대 구조를 경험하는 것을 이득으로 보는 반면 여성들은 집이나 가족과 떨어지는 것과 인간간의 경험을 큰 이득으로 본다. 이들에 의하면 여성은 전투 등 엄격하게 통제되고 관리되는 역할보다 상대적으로 느슨한 역할을 하면서 보다 많은 자율성과 자기 역할에 대한 능동성을 경험할 여지가 크다는 것이다. 적응 측면에서도 고난이도의 훈련단계에서만 남자가 더 적응이 쉬운 것으로 드러났을 뿐 남녀차이가 두드러지지 않은 것으로 나타났다(Dar와 Kimhi, 2004).

국가 중심적이고 집단주의적 정서가 강할 뿐만 아니라 군대가 차지하는 사회적 위상이 높은 이스라엘에서 여성의 참여는 남성과 동등한 의미의 시민권 획득을 가져오지는 못했다. 전투병을 중심으로 한 헤게모니적 남성성의 힘이 크고, 전투병의 희생만이 진정한 시민권적 자격을 논할 수 있는 희생으로 인정받기 때문이다. 또한 여성성과 대립되는 관점에서 구성되는 남성성이 군사화 되면서 여성군인은 여성성과 남성성 사이에서 갈등하는 존재가 된다. 그러나 여성의 징병제는 국가 중심적이고 종교적이며 집단주의적 정서가 강한 사회에서 여성이 가족의 범주를 벗어나 다양한 직업적 경험과 인간관계 경험을 하며 공적 리더십 경험을 축적하는 의미는 여전히 유효하다. 또한 이스라엘은 군대의 여성참여를 더욱 본격화할 예정이다.

IDF는 2007년 초 뉴스에서 여성의 징병면제 혜택을 줄이려고 하며 특히 종교적 이유에 의한 면제를 어렵게 하겠다고 밝히고 있다. 여성의 역할도 더욱 확대할 방침을 밝혔는데[16] 형식상 현재는 여성이 일부 전투역할을 수행하는 것을 포함하여 대부분의 역할이 성별차이 없이 열려있다. 이처럼 이스라엘의 사례는 징병제의 남성중심성이 여전히 여성의 차별 문제를 남기지만 징병제의 여성참여가 일정 정도 더 많은 차별을 막고 여성의 주체성을 키워나가는 공간으로서 작용해 온 면도 확인할 수 있다.

2. 스웨덴

1) 스웨덴 징병제의 특성

스웨덴은 1812년 이래로 징병제를 유지하고 있다(Kronsell과 Svedberg, 2001: 3).[17] 스웨덴은 전통적으로 군사동맹을 인정하지 않고, 고립주의적인 중립주의[18]를 채택해 왔는데 이는 징병제 존재의 가장 큰 근거로서 작용했다. 동맹국이나 동맹 세력의 군사협조를 받지 않기 때문에 자주적 방어체계를 스스로 갖추어야만 했다. 또한 국토에 비해서 인구가 적고 여러 면으로 펼쳐져 있는 국경을 지키기 위해서는 나라의 모든 인력을 동원해야 한다는 것이다.[19] 1989년 냉전체제가 와해된 이후 스웨덴은 전통적

---

16) Asia News, 2007년 4월 7일자, "IDF to recruit more women soldiers"란 기사에서. http://www.asianews.it/index.php?1=en&art=8683&geo=24&size=A.

17) 이에 대해 Leander는 논쟁의 여지가 있다고 적고 있다. 학자들마다 다른 관점을 세우는데 일부는 중세기부터라고 하고 일부는 1901년부터로 보기도 한다 (Leander, 2004: 583).

18) 전통적으로 중립주의는 사회복지와 함께 스웨덴의 민족, 국가정체성을 규정하는 핵심용어이다(Kronsell and Svedberg: 2001: 155).

19) 스웨덴은 남북 길이 약 1천600km, 동서길이 약 500km로 노르웨이, 핀란드, 보트니아 만, 발트해, 북해와 경계를 이룬다. 남쪽 끝은 좁은 해협을 사이에 두고

인 중립주의를 벗고 유럽통합에 가입하면서 나토와 함께 활동하면서 징병제 폐지가 아닌 징병제의 숫자를 줄이는 등의 징병제 개혁방안을 채택했다. 중립주의에서 가장 중요한 경계대상이었던 러시아 등 전통적인 외부의 전쟁위협은 적어졌지만 테러나 인종갈등 등의 새로운 위협과 평화유지군 활동을 통한 국제 군사개입의 필요성을 이유로 징병제를 유지하고 있다(Leander, 2004: 585).

스웨덴이 냉전체제가 끝난 이후에 유럽에서 일어나고 있는 일반적인 경향인 징병제 해체를 선택하지 않은 원인에 대해 Leander는 평등주의적 가치관과 국가가 개인에 다양한 사회복지를 펼치고 있어, 인종 간 계층 간 갭이 크지 않은 사회의 특성을 들고 있다. 스웨덴에서는 병역의무를 경력에 도움이 되는 일종의 교육기회 제공 또는 자기의식 확대의 기회로 본다. 스웨덴 정부는 우량한 물질적 조건과 기회를 제공받는 이들에게 복무 경험과 이후의 직업 선택 사전과정을 연계할 수 있도록 관심을 쏟았다. 또한 징병자를 고르는 과정에서 징병제 참여를 원하는 젊은이들에게 개인적 야심과 동기를 가질 것을 독려해 왔다. 특히 평화유지군 등의 국제적 활동은 '국제적 경험 쌓기'라는 커리어상의 이점으로 강조되곤 했다. 스웨덴에서 병역의무는 평등한 조직 안에서 커리어의 기초 쌓기와 모험적인 삶의 방식을 경험할 수 있는 기회로서 정당화 되어 온 것이다(Leander, 2004: 587). 따라서 스웨덴의 징병제는 지지도가 높은 편인 데, 1999년의 여론조사를 살펴보면 응답자의 65%가 징병제를 지지했다(Kronsell과 Svedberg, 1999: 5). 그러나 지지 여부를 떠나서 특징적인 점은 여성참여, 동성애 문제를 제외하면 징병제 자체가 커다란 논란거리로 등장하거나 대중의 관심영역으로 떠오르지 않았다는 사실이다. 그만큼 군대는 문제적 공간으로 자리매김하

덴마크와 마주하고 있다. 국토의 크기는 450, 295km로 남한 면적의 약 4.5배이고 인구는 908만2천명이다.

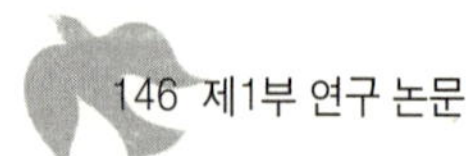

지 않았다.

　스웨덴의 징병제는 18세~47세의 남성을 대상으로 시행되고 있다. 현재 징병률은 많이 떨어져서 이전의 1/3 수준이다. 징병기간은 7.5개월이고 장교가 되려는 사람은 10~15개월, 해군에서 군무하는 사람은 18개월~20개월 정도를 복무한다.[20] 매년 5만 명 정도의 남성이 징병연령에 도달하고 이중 40% 정도만 징병된다. 여성은 지원제의 대상으로서 18세~24세에 입대 검사를 한다.[21] 남자의 징병과 같은 방식으로 진행되는 입대검사를 통해 군대에 적합하다고 판명이 난 여성은 이후 어떤 역할이 어울릴 것인가를 정한다. 이때 그 역할을 택할지 아니면 입대를 하지 않을지를 결정할 권한은 여성에게 있다. 군대에 지원한 여성은 모든 면에서 남성과 같은 규율이 적용된다. 여성의 일이나 역할은 따로 없으며 350개의 모든 교육이 남성과 여성 모두에게 열려있다. 2005년 기준으로 여성은 4만8360명 병사 중 1천107명이고, 매년 200~300명의 여성이 징병제에 지원하고 있다.[22]

　스웨덴은 양심적 병역 거부를 1920년대부터 법적으로 인정하였다. 종교적/비종교적인 이유 모두 법적으로 인정된다. 1994년에 발효된 총방어서비스행동법(Total Defence Service Act)에 따르면 양심적 병역 거부자는

---

20) www.wri-irg.org/co/rtba/sweden.htm

21) www.lumpen.nu. 2007-01-05

22) http://www.pliktverket.se/sv/Statistik/

	2005	2004	2003	2002	2001	2000	1999	1998	1997	1996
징병 총수	48360	48177	47366	45462	47366	44954	47366	49144	41967	49799
징병된 여성	1107	1211	1054	836	511	499	504	641	390	592
- 군대 서비스	437	511	555	396	271	204	242	341	281	399
- 시민 방어	-	2	3	6	2	3	4	7	1	1
-교육적 예비역	8	16	16	17	16	-	-	-	-	-
징병된 남자	47253	46966	46312	44 626	46359	44455	46209	48503	41577	49207
-군대 서비스	10169	13946	17211	16 216	17219	16658	19308	24824	25651	31092
-시민방어	127	268	469	695	1128	1639	2194	3338	1574	1055
-교육적 예비역	8	8209	6735	6745	25158	22960	24765	20026	13943	16527

*1996년부터 2005년까지 징병된 남자와 입대시험과 지원을 한 여성의 숫자에 관한 통계

"다른 사람에 대한 무기 사용을 반대하고 전투병 역할이 어울리지 않은 사람들을 포함한다."23)고 포괄적으로 규정하고 있다. 대체복무기간도 7.5 개월이다.

2) 여성징병제

여성이 스웨덴 군대의 일원이 된 것은 비교적 최근의 일이다. 현재 스웨덴에서 가장 큰 여성조직인 Lottorna는 1924년에 이미 자원입대를 원했다. 이 조직의 목표는 총체적인 방어조직에서 여성을 선발하고 역할을 맡기도록 교육하는 것이었다.24) 1938년에는 준비를 위한 여성조직위원회(the Women Association committee for Preparedness, Kvinnofreningarnas Beredskapskommit, K.B.K)가 설립되었고, 전쟁 시에 여성도 동원되어야 한다는 주장을 펼쳤다. 하지만 이들은 여성이 무기와 관련된 역할은 하지 말아야 한다고 보았으며, 지원을 통한 참여만으로는 충분하지 못하고 모든 인구의 군사의무교육이 해결책이라고 주장했다.

여성징병제의 가능성을 조금씩 타진하기 시작한 것은 1960년대부터였다. 1975년에 정부위원회는 스웨덴 군대 안에서 여성이 일하는 것에 대한 연구를 시작했고, 이는 공군 장교로 일하는 것이 가능할 거라는 결과로 이어졌다. 이에 따라 1979년부터 여성이 공군에 지원하여 교육 받는 것이 가능하다는 결정이 내려졌다.25) 1976년에 군사준비기관-Kurt Trnqvist, at the military preparedness-board for psychological defence(Beredskapsnmnden fr psykologiskt frsvar)이 실시한 남녀 평등성 증가를 위해 군대 내 여성에 대한 대중의식을 조사한 설문 내용을 보면, 스웨덴인의 58%가 '여성이 군대에 더 많이 개입해야 한다'고 응답했으며 학생 및 학계에서는 더욱 높은

---

23) (Chapter3. Par. 16)

24) www.lottorna.se

25) http://www.rekryc.mil.se/article.php?id=11756

72%가 '군대에서 여성의 존재감을 늘리는 것이 중요하다'는 의견을 나타냈다(Kurt, 1977).

이후 1981년 의회는 장교를 뽑을 때 지원자의 성을 고려하지 않는다는 결정을 내렸다. 남녀 사이의 평등을 넘어서 정부의 관점에서는 군대에서 여성의 이제까지의 경험이 긍정적이었다는 평가와 함께 채용하는 인력풀이 확대되는 것이기도 했다. 당시 최고사령관은 여성에게 군대의 모든 지위와 역할이 열려야 한다는 것에 경제적, 직업적, 의학적 이유와 여성의 생식기간의 문제 등을 거론하며 의회의 결정에 반대했다. 하지만 정부는 개인이 그 직업에 적합한가가 중요하며 성이 그것을 결정하지 않는다고 생각했다.[26] 그럼에도 불구하고 1989년에 이르러서야 비로소 여성은 모든 군대의 직위나 역할에 참여할 수 있게 되었고 여성징병제는 당연한 '다음 과정'으로 인식 되었다.[27]

그러나 냉전이 풀린 후 남성의 징병률이 현격하게 낮아지고 군인의 수에 대한 요구가 격감되자, 여성에게 의무군사서비스 등의 문호를 확대할 필요가 있느냐는 문제에 봉착하게 된다. 이에 대해 스웨덴 정부는 여성징병제를 일단 평등의 관점에서 계속 다루면서 군대 안에서 성평등을 이루기 위한 평등계획을 제출한다. 여성장교와 여성징병자, 여성지휘관을 늘리는 것을 우선하는 정책을 세운 것이다. 즉 여성의 비중을 늘리기 위해서 여성에게 군대와 관련한 직업훈련의 우선권이 주어졌다. 가장 큰 문제는 기초적인 모집단위인 징병제에 적은 여성이 참여한다는 것이다. 여성청소년들이 군대서비스에 좀 더 관심을 갖게 하는 게 중요하다는 부분도 평등진흥안에 포함되어 있었다.[28]

---

26) http://www.rekryc.mil.se/article.php?id=11756

27) http://www.rekryc.mil.se/article.php?id=11756

28) 이 안은 또한 책임 있는 부모성(parentship)을 키운다는 명분하에 남성도 집에서 아이와 좀 더 많은 시간을 보낼 것을 격려하였다. 부모성도 자격과 질이 필

2000년 스웨덴의 최고사령관 Johan Hederstedt은 군대의 여성참여에 관한 북유럽 학회에서 왜 여성이 스웨덴 군대에 필요한가를 논하였다. 그는 징병의 기초를 전 스웨덴 인구로 확대하는 것이 더 좋은 인력선발에 유리하며 군대는 민주사회를 지키고 대변해야 하기 때문에 여성을 포함하는 징병제가 필요하다고 주장했다. 군대에서 여성의 수를 늘리는 것은 생존과 신뢰의 문제라는 의견을 펼치기도 했다[29]. 매년 그해의 정책 방안을 결정하는 2000년 정책제안자문위원회의 리포트 또한 군대서비스는 모두에게 의무가 되어야 한다고 제안하면서 군대가 여성참여를 반대할 이유는 발견되지 않는다고 주장했다. 간추린 내용은 다음과 같다.

국가방어는 전체 스웨덴인의 관심이어야 한다. 새로운 군대의 인력 유지라는 관점에서 여성과 관련해서 의무복무를 증가시킬 이유가 충분하고 군대는 여성이 소유한 지식이 필요하다. 징집대상의 모집 규모를 두 배로 늘리는 것은 좀더 적합한 사람을 찾는데 더 큰 기회부여를 의미한다. 어떤 역할이나 지위는 좀 더 광범위한 기술적 능력을 요구하기 때문에 사람을 찾기가 쉽지 않다. 이를 위해 남성징병 과정만으로는 불충분하다. 핵심적인 논의는 아니지만 여성을 포함하는 것은 평등이라는 관점에서도 중요하다.[30]

그러나 2001년과 2003년의 리포트에서는 여성징병이 현재의 관심사가 아니라고 적고 있다. 비효율적이고 비용이 많이 든다는 점에 초점을 맞춘 것이다.

요하다고 본 것이다. 이를 위해 남녀사이의 월급수준의 차이를 없애려는 시도를 계속했다.

29) Johan Hederstedt, in Slowly forward march-report from the first Nordic conference on women's integration in the national defense. The Swedish College of defense, 2002, p.7.

30) The ministry of defence, consideration of 1998 years duty inquiry, The State's official inquiries, SOU, 2000:21.

정당 중에서 가장 적극적으로 여성징병을 추구하는 정당은 좌파당(the Swedish Leftwing party, Vnsterpartie)이다. 2006년 발의한 두 번의 법안에서 좌파당에 속한 의원들의 대부분은 여성징병제를 제안했다. 첫 번째 제안에서 대표법안자인 Gunilla Wahlen은 남성과 여성이 징병제의 인력대상에 포함된다면 한 사회의 모든 능력을 골고루 활용하게 될 것이라고 주장했다. 또 다른 제안에서는 군대에서 빈번하게 일어나는 성희롱 문제에 대한 해결책으로 여성의 군대 접근성을 늘려야 하고, 젠더교육을 더욱 광범위하게 시켜야 한다고 제안했다.[31] 이에 대해 Wahlen은 다음과 같이 인터뷰에서 밝혔다.

국가방어에서 성별분배가 평등하게 이루어져야 하는 근본적인 이유 중 하나는 성희롱이다. 하나의 성이 지배적인 조직에서는 성희롱이 많고, 그 성이 다수집단에 속하지 못할 경우 그 가능성은 훨씬 커진다. 다른 상황에서도 이는 확인된다. 인구의 적은 수에 속하는 이민자 집단의 경우 차별적 대우를 받기 쉽고 연령 차이가 너무 클 때도 희롱의 위험은 커진다. 국가방어 안에서 성희롱은 큰 문제이다. 모든 정당의 정치적인 의지가 성희롱을 금지하려 하지만 아직도 군대 안에 존재한다. 성희롱을 다루는 교육을 실시하는 명령이 있다. 그러나 교육에 더하여서 조직 안에 동등한 숫자의 여성이 존재해야 한다. 병무청(National service Administration)이나 내가 만난 많은 군인들은 남성만 있는 그룹보다는 여성이 많다면 이런 문제에 대해서 논하기가 훨씬 쉬울 것이라고 했다.

녹색당(Miljpartiet de grna)은 기본적으로 징병제에 반대하고 민족적 지구적 무기해체를 요구하고 있어서 징병제를 모병제로 바꾸어야 한다고 보았다. 하지만 일부 녹색당 의원들은 1991년 군대징집이 남녀 모두에게 해당되어야 한다고 주장했다. 이들은 여성의 군대 경험이 긍정적인 방식으로

---

31) Left wing Party의 홈페이지,
   http://www.vansterpartiet.se/PUB_Fredforsvar/218,3889.cs.2006-12-20

활동범위를 넓히게 될 것이고, 일의 총체적 영역에 효과적일 것이라는 주장을 하기도 했다.[32] 이전 집권정당인 사회민주당은 요구되는 병사의 수가 점점 줄어드는데 징병제를 도입하는 것은 적절치 않지만 군대에서 여성의 수를 늘려야 한다고 주장한다. 그 외에 우파정당이나 자유당은 여성징병제를 옹호하지 않는다. 다만 현재의 집권당인 자유당(Folkpartiet)의 Eva Flyborg가 지속적으로 여성징병제를 주장하고 있지만 말이다. Flyborg는 인터뷰에서 "권리와 의무는 같아야 하고, 여성이라고 해서 달라야 할 아무런 이유도 없다."는 원칙론을 반복했다. 스웨덴 중도파 정당(Centerpartiet)은 여성징병제를 도입해야 한다고 본다.[33] 여성징병제의 도입이 보다 경쟁력 있고 평등한 국가방어를 이루어 낼 것이라는 논리이다.

3) 징병제와 양성평등

이스라엘의 징병제를 젠더관점에서 연구하는 소수 학자들의 핵심적인 관심은, 시민권이 징병제를 중심으로 차별적으로 행사된다는 점이다. 스웨덴에서는 정부와 함께 정당이나 학자들이 남녀평등의 성취를 위해 징병제를 어떻게 사용할 것인가를 고민하는 다른 접근방식을 취하고 있었다. 양성평등이 어떻게 관철되어야 하는가에 대한 갈등과 혼란은 징병제에서 잘 나타난다. 스웨덴 정부는 여성을 군대에 받아들이기 시작하면서 같음(sameness)의 정책을 실천했다. 1980년 공군에서 여성을 받아들일 때 일반적인 정책의 핵심은 '여성은 남성과 똑같은 취급을 받아야 한다'는 것이었고, 여성은 군대에 이미 존재하는 기준에 똑같이 맞추는 것을 목표로 삼았다. 이에 따라 등록 절차나 규율 등 모든 것이 남자와 여자가 같았다. 여성

---

32) Inger Schrling and others, the Swedish Green party. Motion to the Riksdag. 1990/91: F201

33) Homepage of the Swedish centre party,
    http://www.centerpartiet.se/templates2/Page.aspx?id=33681

장교 지망자나 징병자는 남자와 똑같은 훈련절차를 밟도록 되었고, 어떤 예외적인 여성에 대한 취급도 받아들여지지 않았다. 예를 들어 여성은 남자와 같이 자고 시설물을 같이 이용했으며(Sorensen, 1999), Kronsell은 인터뷰에서 남자와 여성이 샤워시설까지 같이 사용했다고 회고했다.

하지만 이런 정책이 성희롱에 더 효과적인지에 대해서는 의심스럽다. 1989년과 1999년의 조사에서 여성장교와 지원자들의 60%정도가 성희롱을 경험했다고 밝히고 있다. 기본적으로 남성성을 우월하게 여기고 남성적 연대감을 조직 원리로 삼고 있는 군대에서 젠더 차이를 인정하지 않는 정책이 현명한 것이었는가에 대해서는 아직까지 결론이 나지 않은 상태이다. 병무청(National Service Administration)의 여성담당관인 Isaksson은 군대 내 여성이 겪고 있는 가장 심각한 문제로 성희롱을 꼽았다. 그녀는 개인 인터뷰에서 "여성군인이 늘어나는 것에 대해 근본적으로 회의가 드는 지점이 바로 이 부분이다. 성희롱이 군대 안에서 훨씬 높게 발생하고 군대가 과연 이런 면을 극복할 수 있는 조직인지 회의적일 때가 많다."고 토로했다.

여성군인의 역할에 대한 사회적 논의도 상당히 진전했다. 2003년 1월 이전 사회당의 페미니스트 조직 S-Kvinnor의 대표 Inger Segelstorm은 스웨디시 데일리(Swedish Daily)에 기고한 글을 통해 '남성이 15개월 동안 국가를 위해서 의무를 다하고 있을 때 젊은 여성들은 자기가 하고 싶은 것을 아무거나 할 수 있는 자유가 주어진다'고 주장한 한 남성의 주장을 정당하지 않다고 반박했다. 그녀는 매년 10만 명의 여성이 9개월 동안 임신해 있고 1년 간 휴직하여 아이를 돌보는 현실을 떠올리며 상황이 이러한데 여성을 징병제에 포함시킬 이유가 없다고 주장했다.[34] 이에 대해 젊은 세대를 대표하는 각개 정당의 젊은 정치인들은 한 목소리로 그녀를 비난했다.[35]

---

34) Inger Segelstrom, Debatt 2:16, 2003-02-04. The state's sound and picture archive.
35) 논쟁자들은, Ali Esbati, Swedish left wing party의 청년조직 의장, Nina Larsson, Liberal Party's 청년조직 전비서, Christofer Fjellner, Conservative party's 청년조

지도적인 페미니스트가 여성의 임무를 임신과 출산으로 한정한 것에 대해 적극적인 불신을 표현한 것이다. 같은 해 3월, 징병자들의 의회(Conscripts' Congress)에서는 처음으로 여성과 남성 모두의 징병제에 찬성했다 (Kronsell과 Svedberg, 2003: 12).

반군사주의자이면서 징병제 연구의 대표학자인 Kronsell은 인터뷰에서 "징병제가 군사주의적 질서를 여성에게 확산하는 측면이 분명 있다. 그러나 '여자 - 보호받는 자', '남자 - 보호하는 자'라는 공식을 깨는 것도 중요하다."라고 고민을 털어놓았다. 군대가 문제적 공간인 것은 분명하지만 양성평등을 위한 투자가 필요한 공간임을 포기할 수 없는 갈등을 드러낸 것이다.

스웨덴의 경우 반군사주의적 힘 보다는 징병제를 유지하려는 공감대가 더욱 크다. 또한 군대에서 여성의 수를 늘리려는 의지와 기본적으로 모든 면에서 남녀가 평등해야 한다는 가치관이 반영된 징병제 논의가 진행되고 있다. 여성징병제는 이데올로기상으로 공감을 얻고 있지만 군대병력의 수가 급격하게 줄어드는 상황에서 현실화하기 힘들어진 것이다. 그러나 남성이 여성보다 더 나은 병사라는 고정관념이 약하므로, 평화유지군의 활동이 가장 비중 있는 군사적 활동이 되면서 능력있는 여성병사의 숫자를 늘리기 위하여 징병제를 실시할 가능성도 있다.

여성의 사회적 지위가 세계에서 가장 높다고 평가받는 사회에서 징병제를 둘러싼 고민은 양성평등 획득에서 여전히 징병제가 변수임을 확인하게 한다. 고정관념이 어느 정도 벗겨진다면 여성이 군대에서 남성과 동등한 가치를 인정받는 것이 문제가 되지 않겠지만 성폭력이나 파견지역 여성과의 갈등을 해결하기 위해 군대의 남성중심성이 극복되는 것이 얼마나 중요한가

직의 전의장, Esbati는 여성징병제를 찬성했고, Larsson은 모병제나 혹은 징병 후에 자유선택을 주장했다. Fjellner은 Larsson과 같은 의견이었다.

에 대한 문제는 징병제를 실시하는 다른 여러 국가에게 매우 시사적이다. 그리고 남녀 간의 역할을 둘러싼 고정 관념적 성정체성, 특히 '남자=보호하는 자', '여자=보호 받는 자'라는 구도가 무너져야 진정한 평등을 얻을 것이라는 판단도 징병제의 여성참여가 가지는 의미를 확인케 하는 지점이다.

IV. 정리하면서 : 한국의 사회복무제와 여성참여

이스라엘이나 스웨덴을 보면 징병제를 통해서든 아니든 군에서의 여성 수 증가와 역할의 확대는 당연한 경향성일 뿐만 아니라 올바른 정책의 방향으로 인정받고 있다. 이는 군 내부의 양성 평등적 이념의 도입과 성폭력 문제의 해결을 통한 군문화의 변화의 필요성, 여성자신들의 군에서의 직업적 장래를 확보하려는 의지 등에 의해서 만들어지고 있다. 군대가 있는 한 여성의 입장에서 군대는 외면하는 것이 최선인 조직이 아니라는 것이다. 또한 징병제의 운용방식과 징병제를 어떻게 생각할 것인가에 따라 그 사회에서 징병제가 차지하는 위치가 사뭇 다르게 만들 수가 있다는 개념이 확산되어야 한다. 이스라엘과 스웨덴은 국가적 당면과제가 다르긴 하지만 전반적으로 징병제의 경험이 해당자들에게 긍정적이라는 평을 들을 만큼 역할을 다양화하고 이후의 전문성과 연결시키면서 사회적 의미를 키우는 노력들을 하고 있다. 이스라엘의 경우 병사들이 계급에 상관없이 심지어 장교까지도 서로 별명을 부르는 등 평등주의적 원칙을 실천하면서 서열주의 문화의 폐해를 극복하려고 한다(Ben-Ari, 1998:29). 이는 한국사회의 징병제 또한 내용적 변화가 가능하고 기존의 남성중심의 피해의식을 극복하는 다양한 설계도 가능하다는 것이다.

이스라엘과 스웨덴의 사례검토는 징병제가 외면이나 부정만을 통해서 극복할 수 있는 제도가 아님을 확인케 한다. 현재 새로운 제도로서 도입될 사회복무제는 여성과의 관련성이 한층 높아지는 제도로서 여성의 적극적 정책참여가 시급하다는 판단이다. 따라서 논문을 정리하면서 결론을 대신하여 사회복무제가 여성에 미칠 영향에 대해서 가능성을 살펴보려고 한다. 이 검토는 군대를 인정하고 여성의 국가와 관련된 역할의 수용을 가시화하려는 입장도, 혹은 비폭력 평화운동노선을 중심으로 군대문제를 봐라보는 입장도, 단순히 누가 도덕적이고 누가 여성주의적인가라는 판단뿐만 아니라 어떻게 현실의 중요한 사회제도의 문제에 여성의 목소리를 반영하고 변화를 주도할 수 있는가의 방향에서 논쟁을 활성화시킬 필요가 크다는 문제의식을 담고 있다.

앞에서 밝혔듯이 정부는 징병개혁안을 제출하면서 새롭게 도입된 사회복무제에 여성도 참여할 수 있는 방안을 검토 중이라고 밝혔다. 이는 여성의 징병제 참여에 대한 최초의 국가적 제안으로서의 의미는 가진다. 여론의 열띤 반응36)은 여성징병제 자체보다는 군가산점제를 합리화할 수 있는 명분37)에 대한 심정적 지지를 주로 담고 있었다. 사회복무제의 여성참여는

---

36) 이와 관련한 언론의 반응도 뜨거웠다. 2007년 7월 10일 국방부와 병무청이 발표한 '병역제도 개선' 추진계획에서는 여성과 관련한 부분은 한 줄로 '여성은 희망자에 한해 사회복무 기회 부여방안 검토'라고 적혀있다. 결정이 내려진 것도 아니고 검토사항일 분인데, 같은 날 병역제도 개선과 관련한 조선일보 인터넷 기사의 제목을 보면 '복무기간 22개월… 여성도 지원가능'이라면서 여성부분을 강조하고 있고, 한겨레의 경우는 '여성도 원하면 사회복무'라는 제목 하에 '공무원 전형 가산점등 혜택'이라는 소제목을 붙이고 있다. 7월 11일 중앙일보에서는 '여성사회복무제 구체적 내용은'이라는 주제 하에 '군가산점 부활 땐 여성복무자도 혜택'이라는 전면 기사를 싣고 있다. 뉴시스의 경우는 7월 11일자 뉴스에서 '여성 원하면 병역의무 부과 찬반논란'이라는 제목의 기사를 싣고 있다. 사회복무제에서 여성의 참여가 모든 언론의 관심사항이 된 것은 군가산점 제도의 발의와 맞물려서 진행되었기 때문이기도 하지만 기본적으로 우리사회에서 여성과 징병제의 갈등에 대해 어떤 식으로든 대안을 마련하고 정책을 추진해나가는 것이 필요하다는 한국사회의 감정적 상황을 읽게 하는 대목이다.

37) 이에 대해 국방연구원의 연구자들은 2007년 8월 열린 여성정책연구원 자문회

제안적인 수준에 머물러 있고 아무런 강제적 요소가 없다. 적극적으로 실천될 것 같아 보이지도 않는다.

그러나 사회복무제도는 여성의 관점에서 면밀한 분석이 필요하고 정책적 대응이 필요한 제도이다. 제안할 당시에 여성참여가 언급되었다는 사실이 상징하듯이 이 제도를 통해 징병제의 젠더성은 더욱 강화될 가능성이 높기 때문이다.

첫째, 그동안 남성 안에서 병역면제나 의무방식을 둘러싼 갈등이 상당히 해소되고 여성의 평등욕구에 대한 거부감이 커질 것이다. 스웨덴이나 이스라엘의 예에서 보았듯이 징병제는 기본적으로 한 사회의 평등성을 측정하는 바로미터적 제도이다. 이것은 남성간 성별간 다 적용된다. 사회복무제도는 예외 없는 병역이행체계를 정립하여 사회활동이 가능한 모든 남성은 병역의무를 이행하되 현역복무를 하기에 신체적으로 적합하지 않은 남성은 양로원이나 복지시설 등의 사회서비스 분야에서 복무하는 제도를 말한다. 이를 통해 그간 산업체에서 일하는 등의 대체복무제가 없어지고 병역면제에 해당하는 남성들 또한 일정기간 군대가 아닌 공간에서 복무하게 된다는 것이다. 이제까지 우리사회의 징병제의 논의 중 가장 중요하게 부각된 부분은 병역비리로 촉발된 공정한 병무집행과 계층에 관계없이 모든 남성은 다 병역의무를 수행해야 한다는 평등성에 대한 욕구[38]라는 것이다.

의에서와 여성정책연합 workshop에서 이 검토는 군가산점제에 대한 여성의 반대를 무마시키기 위한 노력의 일환으로 들어갔다고 밝혔다.

[38) 이 평등성에 대한 요구만이 유난히 강한 원인은 한국의 징병제는 시민권의 자연스러운 성장과 함께 유지되어 오지 않았기 때문이다. 호주 같은 경우는 징병제 도입에 대해서 두 번의 투표를 했고 국민들은 두 번 다 거부했다(최재희, "징병제의 역사: 국가폭력과 민주주의의 충돌", 『역사비평』 69호 가을, 2004, 232쪽). 또 다른 예로서 독일의 연방군행정은 군의 부속으로서 구성되는 것이 아닌 순수 민간인으로 형성된다. 이 자체는 연방고유의 행정조직체이다(이계탁, 2005:16). 군대도 다양한 형태로 다양한 의미부여와 조직형태를 가질 수 있다는 것이 한국사회에서는 아직 활성화되어 있지 않다. 우리는 국가를 위한 개인의

평등성의 문제가 남성사이에서 어느 정도 해결된다면 성별적 갈등이 가시화되어 여성의 평등의 요구에 대한 사회적 거부감은 더욱 강해질 것이다. 남자는 건강상의 문제가 있든 없든 모두다 징병의 대상이 되어 어떤 식으로든 일정기간 서비스를 해야 한다는 것은 병역비리의 소지를 확연히 줄이고 병역불평등성에 대한 논의의 맥을 끊을 수 있지만 징병제의 또 다른 큰 요소인 젠더문제는 아무런 해결 고리가 없다. 여성은 공공의 서비스를 하지 않는다는 점이 강조되어 양성평등의 명분이 약화될 수 있다.

둘째, 사회복무제는 징병제의 개념을 확대했다. 사회복무제는 여자가 군대를 가느냐 마느냐라는 논쟁에서 초점이 여성이 사회서비스를 할 것인지로 바뀌게 되는 새로운 논의의 지평을 열수 있는 제도이다. 이는 여자도 남자와 같이 군대가자라는 논쟁보다는 덜 소모적인 관점에서 논의를 진행시킬 수 있는 장점이 있다. 그러나 군대복무에서 사회서비스의 의미가 강조된다면 그만큼 왜 여성은 하지 않는가를 합리화 시킬 명분이 줄어드는 면이 있다.

셋째, 사회복무제에서 여성과 관련해 중요한 문제는 양심적 병역거부인정의 문제이다. 양심적 병역거부자들의 대체복무가 허락되고, 군사훈련 없이 사회서비스를 할 수 있게 된다면 이는 장기적 관점에서 징병제의 개인의 선택권이 강화된다는 것을 의미한다. 양심적 병역거부는 기본적으로 양심의 문제를 명백한 기준으로 나눌 수 없기 때문에 오히려 군사서비스와 사회서비스에 대한 선택의 문제로서 등장할 가능성이 크다. 신체 등급에 따라 기존의 병역면제자들이 하던 사회복무제 성격이 약화되고 선택의 성

희생, 국가의 생존을 위한 남성들의 노력, 우리국가는 우리가 지킨다는 영토개념만이 들어가 있을 뿐, 시민과 국가, 시민과 군대가 다양한 방식으로 관계를 맺고 균형을 이룰 수 있다는 개념이 설 기회가 없었다. 따라서 유일하게 드러난 부분은 평등성의 부분이고 군과 관련하여 '나도 희생하는데 너는 안해?'라는 가장 기초적 문제의식 외에는 군의 각종 문제에 대한 비판적 의식을 총체적으로 키워나갈 수 있는 경험적, 상상적 토대가 마련되어 있지 않았던 것이다.

격이 강화될 수 있다는 것이다. 유럽의 경우 실제로 양심적 병역거부자는 이념형 보다는 실리적이고 계산적인 판단속에서 선택을 하기도 한다 (Battistelli,2000:57).[39]

징병제의 복무형태에 대한 선택권이 양심적 병역거부자를 통해 어느 정도 강화된다면 병역이 희생이 아니라 서비스로서 작용하여 징병제가 공공 서비스적인 성격을 새롭게 얻을 수 있다. 이는 징병제와 관련해 남성들이 희생논리위주에서 벗어나는 기회가 될 수도 있다.

넷째, 군대복무와 사회복무를 하는 이들의 심리적, 실제적 서열차이가 여성에게는 어떤 영향을 미칠까이다. 군대와 관련한 희생에서 가장 많이 언급되는 것은 전투병의 희생이다. 이스라엘의 경우는 전투병과 기타 업무

---

39) 아마도 양심적 병역거부 인정을 하면 군사서비스를 선택하는 경우가 없을 거라 는 주장이 힘을 받을 것이다. 이는 다른 나라의 사례를 보면 단순하지 않다. 이 탈리아의 경우 1997년 조사를 보면 16세에서 20세의 젊은 남성들은 59%/29% 로 military service를 civilian service 보다 많이 선택했다. 20세로 갈수록 그 비율 이 적어지지만 20세의 경우 44%가 군대서비스를 선택했다. Battistelli, Fabrizio, The Postmodern Military: Conscription or Professionalism, Democratic Societies and The Armed Forces, Israel in Comparative Context edited by Stuart A. Cohen, London, Portland (OR): Frank Cass, 2000, p.54). 양심적 병역거부를 초기부터 허 락한 독일의 예는 상징적이다. 전쟁을 일으켰던 독일이어서 군대에 대한 제재 가 심하고 시민이 전문군대를 통제하고 감시한다는 명분 속에서 유지된 징병제 이다. 게다가 병역법상으로는 국가의 명분들 보다 개인의 권리가 상위개념으로 들어가 있었고, 개인은 자신의 양심에 따라 징병을 거부하고 대신 시민서비스 를 선택할 수 있었다. 하지만 당시 양심적 병역거부는 예외적이고 비정상적인 것으로 여겨졌다. 1970년대까지만 해도 이 시민서비스는 아직 즐겁지 않은 대 안으로 여겨졌지만 90년대로 접어들면서 시민 서비스를 선택하는 젊은 남성들 의 숫자가 늘고 군대를 거부하는 선택의 가치를 인정하는 분위기가 형성되었 다. 한국의 경우도 해병대의 인맥이나 사회적 인정도를 고려해서 해병대에 자 원하는 경우가 많은 것처럼 남성성의 보루처럼 여겨지는 군대서비스와 양심적 병역거부라는 낙인이 붙을 수도 있는 시민 서비스 중 어느 부분을 선택할 지는 여러 가지 변수가 작용할 것이기 때문에 단순하지 않다.

에 종사하는 병사들의 희생의 차이가 엄격하게 존재한다. 하지만 한국의 경우는 한국전쟁을 거치고 본격적으로 징병제를 실시한 이후 베트남 파병 외에는 전투병적인 희생은 두드러지지 않았다. 군대에서 간부들 사이에서 전투병과를 중심으로 우위가 정해지는 것과는 달리 한국의 군대안에서 전투병과가 더 선호되고 더 인정되었다고 보기는 힘들다. 물론 남성들 사이에서 누가 더 희생을 많이 했는가, 누가 더 힘든 일을 많이 했는가라는 이야기는 서로의 명분적 지위를 구분하는데 일정한 역할을 한다. 그러나 2007년 8월 한국여성정책연구원에서 남성 천명을 대상으로 전화인터뷰를 실시한 결과에 의하면 군 입대가 가져오는 불이익에 대해서, 중요한 시기의 인생공백 (48.2%), 취업지연에 따른 경제적 손실(16%), 학업능력의 저하(15.2%)등 시간의 공백이 가져오는 문제들에 집중되어 나타났다. 시간의 개념으로 주로 희생이 논하여진다면 여성이 사회복무제를 참여하는가 안하는가가 더욱 더 문제가 될 수 있다. 전투병과 비전투병으로 나뉘어서 희생의 질이 극명하게 드러나는 조건에서 여성의 사회복무의 가능성이 가치를 가지지 않지만 여성의 사회복무가 가져올 두 가지 효과, 인력풀이 넓어지면서 복무기간이 짧아질 것이라는 계산이 공감을 얻는다면 남성만이 시간을 희생한다는 생각은 징병제를 둘러싼 희생논리에서 여성에게 또 다른 불리한 면을 낳을 수 있다.

참고문헌

권인숙, 『대한민국은 군대다』, 청년사, 2005.
김병조, "한국병역제도의 특성: 비교사회학적 분석", 『국방대학교 교수논총』 24집, 2002, 291-312쪽.
오동렬, 『각국 병역제도비교연구－우리나라병역제도의 발전방향을 중심으로』 병무청, 1990.
이김정회, "여자가 군대를 간다면, 여남 군대에 대한 꿈꾸기", 『IF』 봄호, 2003.
이영자, "남성성의 사회적 구성과 성의 정치", 『성평등연구』 제5집, 2000, 1-25쪽.
최재희, "징병제의 역사: 국가폭력과 민주주의의 충돌", 『역사비평』 69호 가을, 2004.

Anderson, Benedict, *Imagined Communities*, London and New York: Verso, 1996.

Anderson, Martin, "Forward", *Selected Readings on Conscription*, edited by Martin Anderson and Barbara Honegger. Stanford: Stanford University, 1982.

Battistelli, Fabrizio, *The Postmodern Military: Conscription or Professionalism, Democratic Societies and The Armed Forces, Israel in Comparative Context*, edited by Stuart A. Cohen, London, Portland (OR): Frank Cass, 2000.

Ben-Ari, Eyal, *Mastering Soldiers: Conflict, Emotions, and the Enemy in an Israeli Military Unit*, New York and Oxford: Berghahn Books, 1998.

Ben-Ari Eyal and Nurit Stadlerm, "Other Worldly Soldiers? Ultra-Orthodox Views of Military Service in Contemporary Israel", *Israel Affairs*, vol. 9. no.4, 2003, pp.17-48.

Boss, Shira J, "Equality may mean Army Service in Sweden, A Controversial Proposal would make military service mandatory for women", April 19, *The Christian Science Monitor*, 2000.

Connell, R.W., *Masculinities*. Berkeley and Los Angeles: University of California Press, 1995.

Dar, Yechezkel and Shaul Kimhi, "Youth in the Military: Gendered Experiences in the Conscript Service in the Israeli Army", *Armed Forces & Society*, Vol. 30, No. 3 Spring, 2004, pp.433-459.

Devilbiss, M.C., "Women and the Draft", *The Military Draft: Selected Readings on Conscription*, edited by Martin Anderson and Barbara Honegger. Stanford:

Stanford University, 1982.

Enloe, Cynthia, *Does Khaki Become You: The Militarization of Women's Lives,* London, Winchester, North Sydney and Wellington: Pandora, 1983.

_____, *The Morning After.* Berkeley, Los Angeles: University of California Press, 1993.

Frevert, Ute, *A Nation In Barracks: Modern Germany, Military Conscription and Civil Society*, Translated by Andrew Borham with Daniel Bruckenhaus. Oxford and New York: Berg, 2004.

Flynn, George Q., *Conscription and Democracy: The Draft in France, Great Britain, and the United States.* Westport, Connecticut and London: Greenwood Press, 2002.

Haperin-Kaddari, *Women in Israel: A State of Their Own,* Philadelphia: University of Pennsylvania Press, 2004.

Helman, Sara, "Negotiating Obligations, Creating Rights: Conscientious Objection and the Redefinition of Citizenship in Israel", *Citizenship Studies*, vol. 3(1), 1999, pp. 45-70.

Ivarsson, Sophia, *Discourses around Women in Uniform,* The Swedish college of defence. Stockholm: Erlanders Gotab, 2002.

Kronsell, Annica and Erika Svedberg, *The Postmodern Military and Female Soldiers*, NIKK, no 1, 2004.

Kronsell, Annica and Erika Svedberg, "Emasculating the Duty to Defend? Gender Identities and Swedish Military Organization", in Mark Elam (Ed) *Reconstructing the Means of Violence-Defence Restructuring and Conversion*, Brussels, European Commission, 2001, pp 88-107.

Leander, Ann, "Drafting Community: Understanding the Fate of Conscription", *Armed Forces & Society*, vol. 30. no.4, 2004, pp. 571-599.

Levy, Edna, Heroes and Helpmates, "Militarism, Gender, and National Belonging in Israel", Doctoral Dissertation of University of California, Irvine, 1998.

Monro, D.H., "Civil Rights and Conscription", in *The Military Draft: Selected Readings on Conscription*, edited by Martin Anderson and Barbara Honegger. Stanford: Stanford University, 1982.

Moon, Seungsook, *Militarized Modernity and Gendered Citizenship in South Korea.* Durham and London: Duke University Press, 2005.

Sasson-Levy Orna, "Military, Masculinity, and Citizenship: Tensions and Contradictions in the Experience of Blue-Collar Soldiers, Identities", *Global Studies in Culture and Power,* vol.10, 2003a, pp. 319-345.

Sasson-Levy, Orna, "Feminism and Military Gender Practices: Israeli Women Soldiers in "Masculine" Roles", *Sociological Inquiry*, vol. 73 (3), August, 2003, pp. 440-65.

Snyder, R. Claire, *Citizen-Soldiers and Manly Warriors: Military Service and Gender in the Civic Republican Tradition*, Lanham, Boulder, New York, Oxford: Rowman & Littlefield Publishers, 1999.

Sorensen, Henning, "Conscription in Scandinavia During the Last Quarter Century: Developments and Arguments", *Armed Forces Society*, vol 26(2), winter, 2000, pp.313-334.

Steans, Jill, *Gender and International Relations: An Introduction.* New Brunswick, NJ: Rutgers University Press, 1998.

Stovall, Holly, "Resisting Regimentation: The Committee to Oppose the Conscription of Women", *Peace & Change*, vol. 23. no. 4, 1998, pp.483-499.

Stjernstedt, Ruth, "Women and defence", *Citizen knowledge about the national defence*, 22. The national association for Sweden's defence. Stockholm: Saxon och Lindstrms frlag, 1945.

Trnqvist, Kurt, "Women in the defence- an opinion poll autumn 1976", Stockholm : The preparedness committee for psychological defence, 1977.

Yuval-Davis, Nira, "Front and Rear: The Sexual Division of Labor in the Israeli Army", *Feminist Studies,* vol. 11(3), pp.649-675.

Yuval-Davis, Nira, "Gender and Nation, Ethnic and Racial Studies", vol. 16(4), *October*, 1993, pp.621-632.

Weibull, Louise, "The Woman on the Way into the Line Impressions from the Enlistment and the Conscription among a Group of Women that Joined the Enlistment during 1999-2002", Stockholm: The institution for leadership and management, the defence college, 2005.

제5장

계속되는 군가산점제 부활안의 쟁점 : '김성회의원안'을 중심으로*

박 선 영**

Ⅰ. 들어가며

지난해 12월, 제대 군인에게 취업 시 가산점을 부여하는 군가산점제 부활안이 국회 국방위원회를 통과했다. 김성회의원 외 15인이 발의한 병역법 개정법률안(2008.6.30), 주성영의원 외 15인이 발의한 병역법 일부개정법률안(2008.7.14),[1] 주성영의원 외 15인이 발의한 제대군인지원에 관한

---

* 이 글은 『젠더리뷰』 2008년 가을호에 발표한 '계속되는 군가산점제 부활안의 문제'를 수정·보완한 것이다.
** 한국여성정책연구원 연구위원
1) 각 법률안은 군가산점제 부활을 주요 내용으로 한다는 점에서는 공통점이 있으나, 부활 방안에는 약가의 차이가 있다. 김성회의원안은 필기시험 각 과목별 본인 득점의 2% 범위내에서 가산점을 부여하는 반면, 주성영의원안은 3% 범위내에서 가산점을 부여한다. 그리고 공통적으로 채용시험 선발예정 인원의 20%로

법률 일부개정법률안(2008.7.14) 을 국회 국방위원회 대안 형식으로 통과시킨 것이다. 대안의 내용은 첫째, 병역의무를 마친 사람이 채용시험에 응시하는 경우에는 필기시험의 각 과목별 득점에 각 과목별 득점의 2.5%의 범위 안에서 대통령령이 정하는 바에 따라 가산점을 부여한다. 둘째, 가점을 받아 채용시험에 합격하는 사람은 그 채용시험 선발예정인원의 20%를 초과할 수 없도록 하며, 셋째, 채용시험에 응시하는 사람에 대한 가점 부여는 대통령령으로 정하는 횟수 또는 기간을 초과할 수 없다는 것이다.[2]

군가산점제는 1961년 7월 5일에 제정된 「군사원호대상자임용법」 및 「군사원호대상자고용법」에 의해 시작되어 1999년 헌법재판소(이하 "헌재")에 의해 여성과 장애인의 평등권과 공무담임권을 침해한다는 이유로 위헌 결정을 받아 폐지된 제도이다.[3]

위의 개정안들과 국방위원회 대안은 모두 가산점 대상자, 부여방법 및

합격자의 상한을 설정하고 있다. 규정위반에 대해 김성회의원안은 벌칙규정이 없는 반면, 주성영의원안은 정당한 사유없이 가산점 관련 규정을 위반한 자에게 500만원 이하 과태료를 부과하고 있다.

2) 제278회 국회국방회의록(법률안심사소위원회), 2008.12.1,

3) 군가산점제도의 연혁은 다음과 같다. 이 제도는 박정희 군사정부수립 직후인 1961년 7월 5일 제정된 「군사원호대상자임용법」 및 「군사원호대상자고용법」에 의해 시작되었다. 그 후 1984년 8월 2일 「국가유공자등예우및지원에관한법률」(이하 "국가유공자예우법")을 제정하면서 6급 이하 공무원 임용 시, 기업체 신규 채용 시 복무기간이 2년 이상인 경우 5%, 2년 미만 3% 가산점을 부여하였다. 이 내용은 1997년 12월 31일 「제대군인지원에관한법률」(이하 "제대군인지원법")이 제정되면서 그대로 제대군인에게 적용되었다. 헌재는 1999년 12월 23일 제대군인지원법의 가산점제도가 여성과 장애인의 평등권과 공무담임권을 침해한다고 결정 위헌판결을 내렸다. 이로 인해 군가산점제는 폐지되었다. 위헌결정 이후 동 법은 2000년 1월 4일 채용시험응시 상한연령을 군복무기간이 1년 미만인 경우 1세, 1년-2년인 경우 2세, 2년 이상인 경우 3세로 연장하고 군복무경력을 임금이나 호봉결정시 근무경력에 포함할 수 있다는 내용으로 개정되었다.

비율 등의 조정을 통해 위헌결정으로 폐지된 군가산점제의 평등권 침해 요소가 해소되었다는 것이다. 여기서 확인해야 할 것은 헌재가 군가산점제에 대해 헌법불합치가 아닌 위헌결정을 내린 이유이다. 헌재가 군가산점제에 대해 위헌결정을 한 것은 입법자가 평등권을 준수하기 위해서는 이 제도를 폐지할 수 밖에 없다는 것이 확실하다고 판단했기 때문이다. 가산점 대상자, 부여방법과 비율 등의 조정을 통해 평등권 침해요소를 해소할 수 있다고 판단했다면 국가유공자가산점제와 같이 입법부에게 침해의 범위, 대상자의 재조정을 명령하는 헌법불합치 결정을 했을 것이다.4)

---

4) 국가유공자가산점제도는 국가유공자예우법상의 국가유공자, 상이군경, 전몰군경의 유가족에게 채용 시험 시 10%의 가점을 부여하는 제도이다. 헌재는 이 제도에 대해 2001년 합헌결정을 거쳐 2006년 2월 23일 헌법불합치 결정을 내렸다. 이에 따라 동 법은 국가유공자 본인과 전몰·순직군경 등의 유족은 현행과 같이 10%의 가점을 부여받고, 국가유공자 가족과 국가유공자가 사망한 경우 유족 등에 대해서는 5%로 가점비율을 인하하였으며, 과목별 과락자에 대해서는 가점을 부여하지 않는 것으로 개정되어 2007년 7월 1일부터 시행되고 있다. 헌재는 국가유공자가산점제에 대해 명시적인 헌법적 근거없이 국가유공자의 가족들에게 아무런 인원제한도 없이 매 시험마다 10%의 높은 가산점을 부여하고 있다고 전제한 후에, 이 제도의 수혜자의 광범위성과 가산점 10%의 심각한 영향력과 그로 인한 차별효과를 고려할 때 그런 입법정책만으로 헌법상의 공정경쟁의 원리와 기회균등의 원칙을 훼손하는 것은 부적절하며, 국가유공자 가족의 공직취업기회를 위하여 매년 수많은 젊은이들에게 불합격이라는 심각한 불이익을 받게 하는 것은 정당화될 수 없는 등, 이 제도의 차별로 인한 불평등 효과는 입법목적과 달성수단 간의 비례성을 현저히 초과하여 일반 공직시험 응시자의 평등권을 침해한다고 했다. 또 평등권을 침해하는 것과 같은 이유에서 일반 공직시험 응시자의 공무담임권을 침해한다고 결정했다. 그러나 이 제도의 위헌성은 국가유공자 등과 그 가족에 대한 가산점제 자체가 입법정책상 전혀 허용될 수 없는 것이 아니라, 그 차별의 효과가 지나치다는 것에 기인하는 것으로 판단하여, 공무원시험에서 국가유공자의 가족에게 부여되는 가산점의 수치를, 그 차별효과가 일반 응시자의 공무담임권 행사를 지나치게 제약하지 않는 범위 내로 낮추고, 동시에 가산점 수혜대상자의 범위를 재조정 하는 등의 방법으로 그 위헌성을 치유하는 방법을 택할 수 있다고 헌법불합치결정을 하였다

이글은 제대군인지원=군가산점제라는 등식이 여전히 막강한 영향력을 행사하고 있고, 군가산점제 부활을 위한 입법시도가 계속되고 있는 상황에서 군가산점제 부활을 그 내용으로 하는 '김성회의원안'을 중심으로 군가산점제 부활 관련 법적 쟁점을 살펴보는 것을 목적으로 한다.

II. '김성회의원안'의 쟁점

1. 제안 이유를 둘러싼 쟁점

김성회의원안의 제안이유는 "국가는 국방의 의무를 성실히 이행한 사람들에 대하여 정당한 보상을 해야 할 의무가 있으며, 그 방안을 마련하여 제공하여야 할 것임. 그 중 제대군인 가산점제도는 군 복무기간 동안의 희생에 대하여 보상하고 제대 후 사회생활로의 원활한 복귀를 지원하기 위한 제도로서 국가가 보상할 수 있는 가장 핵심적인 제도로 미국 등 다른 국가에서도 운영되고 있는 제도"라는 것이다.

즉 국가는 국방의 의무를 이행한 사람에 대해 보상할 의무가 있고, 그 핵심적인 보상책이 미국 등 외국에서 운영되고 있는 가산점제라는 것이다.

1) 국방의 의무 이행에 대해 국가는 보상해야 한다?

김성회의원안에 의하면 국방의 의무를 이행한 사람에 대해서는 군복무기간 동안 희생한 시간과 기회의 상실로 인한 피해의식을 보상할 필요가 있다는 것이다.

우리나라에서 건강한 남성은 징집의 대상이 되어 일정기간 군복무를 해야 하고, 이 기간 동안 학업, 취업 등 개인적 활동을 할 수 없고, 경우에 따라

(2006.2.23.2004 헌마 676).

서는 신체의 위험을 감수하기도 한다. 그러나 군복무가 남성에게 불리하게 만 작용하는가는 의문이다. 한국여성정책연구원의 조사(2007)에 의하면5) 20·30대 남성들에게 군 생활이 잃는 것이 많다고 생각하는지 얻는 것이 많다고 생각하는지를 알아 본 결과, 전체 응답자의 38.5%가 이익이 된다고 응답하였고, 응답자의 32%가 손해라고 응답하였으며, 29.5% 반반이라고 대답하였다. 각 집단별 응답경향을 살펴보면, 20대 초반은 손해라는 의견이 이익이라는 의견보다 많았던 반면에 연령이 증가할수록 이익이라는 의견이 손해라는 의견보다 많은 것으로 나타났다. 그리고 군복무형태별로 보면, 현역병과 군간부 출신자의 경우 손해보다는 이익이 되었다는 의견이 많았다. 근무분야별로 보면 민영기업 회사원들은 군생활이 전반적으로 이익이었다고 응답한 사람이 많은 것으로 나타났다. 이것은 우리 사회의 기업문화가 '군대 친화적' 조직이라는 것을 보여주는 것으로 기업체에서 군필자를 선호한다는 것은 더 이상 비밀이 아니다. 즉 군 복무는 인생의 중요한 시기의 공백을 가져오고 학업능력 저하와 취업지연에 따른 경제적 손실이라는 유형의 손실 못지않게 무형의 경제적 이익도 가져온다고 할 수 있다.

다음으로 국방의 의무를 이행한 사람에 대해 국가가 보상할 의무가 있는가에 대해 살펴보면, 헌법 제39조는 ① 모든 국민은 법률이 정하는 바에 의하여 국방의 의무를 진다. ② 누구든지 병역의무의 이행으로 인하여 불이익한 처우를 받지 아니한다고 규정하고 있다.

헌재는 헌법 제39조 제2항에서 금지하는 불이익한 처우가 "단순한 사실상, 경제상의 불이익을 모두 포함하는 것이 아니라 법적인 불이익을 의미하는 것으로 보아야 한다"라고 결정하면서, 그 이유는 "병역의무의 이행과 자연적 인간관계를 가지는 모든 불이익 – 그 범위는 헤아릴 수도 예측

---

5) 박선영 외,『군복무에 대한 사회통합적 보상체계 마련을 위한 정책방안』, 한국 여성정책연구원, 2007.

할 수도 없을 만큼 넓다고 할 것인데 – 으로 부터 보호하여야 할 의무를 국가에 부과하는 것이 되어 이 또한 국민에게 국방의 의무를 부과하고 있는 헌법 제39조 제1항과 조화될 수 없기 때문"이라고 판시했다.

이에 대해 헌법 제39조 제2항에서의 불이익한 처우는 차별을 의미하는 것이기 때문에 불이익한 처우를 받지 아니한다는 것은 차별금지 즉 평등의 명령을 의미하는 것으로 평등에는 법적 평등과 사실상의 평등 모두를 고려해야 한다는 견해가 있다.6) 또, 국방의 의무를 다한 군필자들이 자의건 타의건 의무를 다하지 못한 미필자보다 불이익한 처우를 받는 것이 사실이라면, 사실적 평등에 대한 헌법상 명령을 이행하는데 헌재가 너무 소극적이라는 견해도 있다.

헌법 제39조 제1항에 규정된 국방의 의무는 적대세력의 직·간접적인 침략행위로부터 국가의 독립을 유지하고 영토를 보전하기 위한 의무로서 국가의 존립을 가능하게 하는 가장 기본적인 의무이다7). 따라서 헌법에서 이러한 국방의 의무를 국민에게 부과하고 있는 이상 병역법에 따라 군복무를 하는 것은 국민이 마땅히 하여야 할 이른바 "신성한 의무"를 다 하는 것일 뿐, 국가나 공익목적을 위하여 개인이 특별한 희생을 하는 것이라고 할 수 없다.

헌법상의 기본의무란 반대급부 없이 큰 부담과 불이익을 일방적으로 부과하고 관철시킨다는 데에 그 본질이 있기 때문이다. 따라서 국방의 의무를 이행한 사람에게 그 불이익에 대해 국가가 보상할 의무가 있다는 것을 인정하면 국민의 헌법상 기본의무를 인정한 의미는 없게 된다. 즉 그것은 더 이상 의무가 아니기 때문이다.

그러므로, 헌법 제39조 제2항은 병역의무를 이행한 사람에게 보상조치

---

6) 이준일, "법적 평등과 사실적 평등 – '제대군인 가산점제도'에 관한 헌법재판소의 결정을 중심으로", 『안암법학』제12호, 2001, 8-19쪽 참조.

7) 헌재 2005.9.29 선고, 2004 헌마 804,http://www.ccourt.go.kr/

를 취하거나 특혜를 부여할 의무를 국가에게 부여하는 것이 아니라, 법문 그대로 병역의무의 이행을 이유로 불이익한 처우를 하는 것을 금지하고 있을 뿐이다. 그리고 이 조항에서 금지하는 "불이익한 처우"라 함은 단순한 사실상, 경제상의 불이익을 모두 포함하는 것이 아니라 법적인 불이익을 의미하는 것이다. 그렇지 않으면 병역의무의 이행과정에서 개개인이 입은 모든 불이익을 국가가 일일이 보상해야 하는 것이 된다. 그렇다면 국가는 국민에게 병역의무를 부과할 수 없는 것이 된다. 따라서 국방의 의무를 이행한 사람에 대해 국가의 보상의무는 헌법적 근거가 없다.

2) 군복무에 대해 보상과 사회생활로의 복귀를
지원하기 위한 핵심적 제도는 군가산점제이다?

앞서 살펴본 바와 같이 헌법상 의무를 이행한 것을 희생으로 보아 보상할 헌법적 근거는 존재하지 않는다. 단 군복무기간 중에는 취업할 기회와 취업을 준비하는 기회를 상실하게 되므로 이러한 불이익을 보전해 줌으로써 제대군인이 군복무를 마친 후 빠른 기간 내에 일반사회로 복귀할 수 있도록 해 주는 제도의 창설은 입법 정책적으로 가능하고 입법목적도 정당하다고 할 수 있다.

그러나 사회복귀로의 지원은 국민간의 사적 이해의 충돌이 아닌(남녀, 신체 건강한 남자와 그렇지 않은 남자) 공동체 모두가 부담하는 합리적이고 적절한 방법을 통하여 이루어져야 한다. 병 급여 현실화, 대학 학자금 융자 법제화, 국민연금 혜택 확대, 취업지원체계 확립, 국민건강보험가입, 실업수당 지급 등의 방법을 통해 공동체가 부담하는 방식의 지원체계를 마련할 수 있고 마련해야 한다.8)

그런데 군가산점제 부활안은 이러한 합리적 방법에 의한 지원책이 되지

---

8) 이에 대한 구체적 방안은 박선영 외, 앞의 책에서 자세하게 다루고 있다.

않는다는 점에서 문제가 있다. 취업 시 가산점을 부여하는 것은 취업기회에 혜택을 주는 것이고, 이는 가산점을 못받는 사람들의 희생이 전제가 될 때 가능한 제도이다. 특히 군가산점 부활안은 성차별적 제도로서 (여성은 지원에 의한 현역복무를 마치고 퇴역한 소수만이 해당되는 반면 남성은 소수의 군 면제자만이 제외되는 구조를 가지고 있는 간접 성차별 규정) 고용상의 차별을 가장 심각하게 받고 있는 여성들에게 이에 더해 고용의 기회를 원천적으로 봉쇄하는 결과를 가져올 수 있다는 점에서 문제적인 제도이다.

헌법은 여성의 근로 내지 고용의 영역에서 특별히 남녀평등을 요구하고 있고 군가산점제는 바로 이 영역에서 남녀를 달리 취급하는 제도이다. 또한 이 제도는 헌법 제25조에 의하여 보장된 공무담임권, 헌법 제15조가 보장하는 직업선택의 자유라는 기본권의 행사에 중대한 제약을 초래하는 것으로 우리 법체계의 기본질서와도 충돌한다.

이에 대해 군가산점제의 입법목적은 제대군인에 대한 '보상'에 있지 여성차별에 있지 않음에도 불구하고 헌재의 결정은 이를 남녀평등의 문제, 즉 '성차별의 문제'로 환원하여 제대군인이 원칙적으로 지니는 병역의무를 필한 자라는 문제의식을 너무도 쉽게 버렸다[9])는 비판이 있다. 그러나 앞서 군가산점제의 입법목적은 헌재가 밝힌바와 같이 보상에 있는 것이 아니라 제대군인이 사회에 복귀할 수 있도록 지원하는데 있다. 또한, 군가산점제 뿐 아니라 국가정책은 여성차별을 목적으로 할 수도 없고, 하고 있지도 않다. 그러나 명문상 여성을 배제하지 않지만, 전체여성의 일부분만이 제대군인에 해당될 수 있는 반면, 남자의 대부분은 제대군인에 해당하므로 가산점제도는 실질적(결과적)으로 여성을 차별하는 간접 성차별 제도이다.

---

9) 조규범, 『군경력 가산점제 재도입 논의의 쟁점』, 국회입법조사처 현안보고서, 2008.12.10, 13쪽 ; 강경근, "'병역의무를 마친 자'에 대한 채용시 가간점 부여의 헌법적 판단", 『군 가산점제도 도입 관련 공청회 자료집』, 제269회 국회(정기회) 제1차 국방위원회, 2007.9.5., 24쪽 참조

3) 미국 등의 나라에서도 군가산점제를 실시하고 있다?

앞서의 한국여성정책연구원의 연구결과에 의하면 군가산점제를 실시하고 있는 국가로는 미국과 대만이 있다. 이들 국가의 군가산점제는 우리나라의 군가산점제와는 그 목적과 내용이 상이하다. 우리나라가 군가산점 대상자를 제대군인 전체를 대상으로 하고 있는 반면, 미국은 전쟁(전투)참여자와 상이제대자로 한정되어있다. 이것은 애국심에 대한 보상과 실질적 피해에 대한 보상으로의 성격을 갖는다. 우리나라의 국가유공자가산점제와 유사한 성격을 갖는다고 할 수 있다.

대만의 경우, 공직취업 시 6-25%의 가산점을 부여하고 있으나 그 대상은 직업군인에 한정되어있고 병 제대자에게는 이런 혜택은 없다. 이것은 국가(군)에 오래 기여한 장기복무자에 대한 보상으로서의 성격을 갖는다.

군가산점제가 없는 대부분의 국가에서는(모병제든 징병제든) 직업훈련, 취업알선, 보험 급여 (실업수당, 의료보험)와 가족생계비 보조 등을 통해 사회에 복귀할 수 있도록 지원하고 있다는 점에 공통점이 있다.[10]

2. 군가산점제 부활 내용을 둘러싼 쟁점

헌재에 의해 위헌결정을 받은 군가산점제와 김성회의원안의 가산점제의 내용을 비교하면 다음과 같다.

구분	제대군인지원에 관한 법률	김성회의원안
가점대상 시험기관	취업보호실시기관이 시행하는 시험	취업지원 실시기관*이 시행하는 시험
가점대상자	제대군인지원법상의 제대군인: 병역법 또는 군인사법에 의한 군	병역의무를 마친 사람 또는 지원에 따라 군복무를 마친

---

10) 박선영 외, 앞의 책.

	복무를 마치고 역(퇴역·면역 또는 상근예비역소집해제를 함한다. 이하 같다)한 자	사람
가점대상 직급	시행령에 규정 - 6급이하 공무원 - 기능직공무원 - 취업보호실시기관의 신규채용	대통령령에 위임
가점비율	2년 이상의 복무기간을 마치고 전역한 제대군인 : 각 과목별 만점의 5퍼센트 2년 미만의 복무기간을 마치고 전역한 제대군인 : 각 과목별 점의 3퍼센트	각 과목별 득점의 2%, 단 취업지원실시기관이 필기시험을 실시하지 않을 때에는 실기시험·서류전형 또는 면접시험의 득점에서 이를 가산.
선발예정인원	제한 없음	채용시험 선발예정 인원의 20%
가점회수	제한 없음	대통령령으로 정함

* 취업지원실시기관: 1. 국가기관, 지방자치단체, 군부대, 국립학교와 공립학교, 2. 일상적으로 하루에 20명 이상을 고용하는 공·사기업체(公·私企業體) 또는 공·사단체(公·私團體). 다만, 대통령령으로 정하는 제조업체로서 200명 미만을 고용하는 기업체는 제외한다. 3. 사립학교

1) 가산점 대상자의 범위 확대와 위헌성 해소

김성회의원안은 군가산점제에 비해 가산점 대상자의 범위를 병역 의무를 마친 사람 또는 지원에 따른 군복무를 마친 사람으로 확대하였다. 그러나 가산점 대상자를 확대했다고 하더라도 이 제도는 지원에 의해 군복무를 하는 일부 여성을 제외하고는 병역의무가 존재하지 않는 대다수의 여성과 장애인이나 신체상의 이유로 병역이 면제된 남자는 여전히 원천적으로 배제된다. 따라서 이 개정안 역시 실질적으로 남녀를 차별하고, 신체 건강한 남자와 그렇지 않은 남자를 차별하는 제도라는 점에서 구제도와 다름이 없다. 그렇기 때문에 이 제도는 의무가 있는 남성과 의무가 없는 여성이라는 구도에서 벗어나기 어렵고, 이 지점이 군가산점제 논쟁이 성대결로 발전하

기 쉽고 발전할 수 밖에 없게 하는 원인이 되기도 하는 것이다.

2) 피해 범위의 조정과 위헌성 해소

헌재는 군가산점제가 각 과목별 만점의 3～5%의 범위내에서 횟수의 제한없이 가산점을 부여한 것은 입법목적을 달성하기 위한 비례성을 만족시키지 못한다고 결정했다.

이에 김성회의원안은 이 제도가 가지고 있던 위헌성을 치유하기 위해 가산점을 각 과목별 득점의 2% 범위 내로 한정했으며 가점을 받아 합격하는 사람은 그 채용시험 선발예정 인원의 20%를 초과할 수 없고, 가점부여 횟수는 대통령령이 정하는 횟수를 초과할 수 없도록 하고 가점비율도 낮추고 가점부여횟수에도 제한을 두었다.

헌재는 군가산점제 자체가 헌법상 허용가능하나 가점비율이 높고 가점 횟수의 제한이 없어서 위헌 결정을 내린 것이 아니다. 이렇게 판단했으면 국가유공자가산점제도와 같이 헌법불합치 결정을 내렸을 것이다. 그러나 군가산점제는 국가유공자가산점제와는 달리 헌법상 근거가 없고 평등권을 침해하며, 더군다나 가산점 비율도 높고 회수제한도 없어 차별취급의 비례성에도 어긋난다. 즉 가산점 제도 자체가 여성과 장애인의 공직진출에 걸림돌이 되며, 가점 정도가 채용시험에서 합격의 당락을 결정할 정도로 너무나 크다는 것이다. 또한 가산점 혜택 횟수에 제한이 없어 가산점을 받지 못하는 사람들은 공무원채용에서 실질적으로 거의 배제되는 결과를 초래하여 비례성을 갖지 못한다고 결정한 것이다. 따라서 피해 범위를 조정한 것으로 위헌성이 치유되었다고 할 수 없다.

그리고 우리나라 여성노동의 현실을 고려하면, 피해 범위를 조정하는 것을 통해 여성 등에게 미치는 피해를 최소화했다고 주장하기도 어렵다.

여성고용구조를 나타내는 주요한 지표 즉 여성경제활동참가율, 관리직

여성비율, 남녀임금격차, 비정규직 여성비율, 육아휴직 사용률, 영세사업
장의 여성근로자 종사 비율 등을 보면, 우리나라 노동시장에 고용차별이
여전히 심각하게 존재한다는 것을 알수 있다. 고용상의 불평등을 포함해
주요 남녀평등지수에 나타난 한국여성의 지위를 살펴보면, 2007-8년 현재
남녀권한척도(gender empowerment measure, GEM)[11] 순위는 93개국 중
64위이다. 멕시코(46위), 일본(54위), 필리핀(45), 칠레(60위)보다도 낮다.
또한 2006년 남녀격차지수(gender gap index, GGI)[12]는 한국이 115개국
중 98위로 OECD국가 중 최하위권인 것으로 나타났다. 2006년 한국의 여
성 경제활동참가율은 50.3%로 OECD 국가 중 터키 26.5%, 멕시코 43.1% ,
이탈리아 50.4% 다음으로 낮고, 경제활동참가율의 성별 격차를 보면 한국
은 23.7%p로 OECD 국가 중 5번째로 높았다.

또한 대졸 여성의 경제활동참가율은 62.3%로 남성88.2%에 비해 무려
26%가 낮고, OECD 평균 여성대졸 고용비율 87.2%보다 25%나 낮다. 한국
의 대졸여성 고용비율은 OECD 국가 중 최하위를 기록하고 있다. 이처럼
선진국에 비해 낮은 여성의 경제활동참가율, 특히 대졸 여성의 낮은 경제
활동참가율은 노동시장의 구조가 여성배제적임을 보여준다.

2006년 현재 여성의 경제활동참가율은 50.3%(남성 74.1%)이고, 연령
별로 보면, 25~29세 경제활동참가율은 67.5%로 가장 높고, 30~34세의 경
제활동참가율은 53.1%로 급격하게 감소하였다가 40~44세에서 다시
65.6%로 증가하는 M자형을 여전히 유지하고 있다.[13] 이것은 진입장벽을

---

11) GEM은 UNDP에서 매년 발표하는 지수로 국회의원 여성비율, 행정·관리직 여
　　성비율, 전문·기술직 여성비율, 남녀 임금비를 통해 여성의 정치·경제적 결정
　　권과 경제자원에 대한 지배정도 순위화한 것이다.
12) GGI는 세계경제포럼에서 2006년 발표한 지수로 경제참여와 기회, 교육성취도,
　　건강과 생존, 정치권한 부여 정도를 통해 남녀격차와 평등정도를 순위화한 것
　　이다.
13) 주재선, 『2007 여성통계연보』, 한국여성정책연구원, 2007.

통과한 여성이 부딪치는 문제를 전형적으로 보여주는 것으로, 여성은 임신과 출산이라는 여성특유의 기능과 가족적 책임이 여성에게 부여되는 성별분업으로 인해 노동권이 제대로 보장되고 있지 못하다.

이는 우리 사회가 여전히 여성이 사회로 진출하는데 있어서 구조적 차별이 존재하고 있다는 것을 보여준다. 이런 상황에서 공무원 시험 등에 여성응시율과 합격률이 매년 상승하는 것은 시험성적이라는 객관적인 점수로 합격여부가 결정된다는 점에서 입직과정에서의 차별로부터 상대적으로 자유롭고, 일 — 가정양립이 가능하고, 다른 직종보다 고용안정도가 높기 때문이다. 이와 같은 사회구조 속에서 여성들이 공직에서조차 가산점 때문에 불리한 지위에 서게 된다면 여성들이 차별없이 진출할 수 있는 직종이 거의 봉쇄된다는 것을 의미한다.

군가산점제 부활안은 이른바 "여풍"을 근거로 1999년 당시와는 상황이 다르다고 주장하나, 2008년 현재 5급 이상 공무원 중에서 여성이 차지하는 비율은 11.9%이고 4급 5.3%, 3급은 4.1%이고 고위공무원은 1.2%로[14] 공직사회가 여전히 남성위주로 조직되어 있고, 공직내부에서의 승진 등에서 여성에 대한 불평등이 존재한다는 사실을 알 수 있다.

이와 같은 고용상의 불평등뿐만 아니라 군가산점제는 공무원 시험을 준비하는 여성들에게 직접적인 피해를 미친다.

김성회의원안의 가산점제가 여성이 공직에 진출하는데 있어서 얼마만큼의 영향을 미치는가를 알아보기 위해 2006년 국가공무원 채용시험에 이를 적용해 보면 다음과 같은 가상의 결과가 나온다.

7급의 경우 2%의 가산점을 부여하면, 여성 비율은 31.4%(135명)에서 22.0% (92명) 혹은 19.6%(92명)감소했다. 반면 가산점을 받은 군필 남성의 비율은 받기 전인 65.6%(282명)에서 78.0%(327명) 혹은 80.4% (377명)로

---

14) 행정안전부, 『2008년 공무원 총 조사』, 2008.

증가했다.

9급인 경우에는 여성 비율은 58.8%(505명)에서 43.9%(366명)로, 군 미필자 남성의 비율은 2.4%(21명)에서 1.8%(15명)로 줄어들었다. 반면 가산점을 받은 군필 남성의 비율은 받기 전인 38.8%(333명)에서 54.3%(452명)로 증가하였다.[15]

김성회의원안의 가산점제는 군가산점제 보다는 비율과 회수 제한 등으로 공무원채용시험 당락에 미치는 영향이 적어졌다고 할 수 있다. 그러나 7급 공채에서 여성의 합격률은 10% 정도 감소하고 9급 공채에서도 15% 정도 감소하는 것으로 나타났다. 특히 공무원 시험의 경쟁률이 매년 높아지는 점을 감안하면 공직채용에서의 합격여부에 미치는 영향은 크다고 할 수 있다. 뿐만 아니라 여성전체에 미치는 영향이 예전보다 적어졌다고 하더라도 가산점으로 인해 피해를 보는 여성 개인에게는 매우 심대한 타격임을 부정할 수 없다. 따라서 이 제도는 개인이 수인할 수 있는 피해를 넘어선 것이므로 정당성을 가지고 있다고 할 수 없다.

그러므로 김성회의원안의 가산점제는 헌법적 근거없이 고용상의 남녀평등, 장애인에 대한 차별금지라고 하는 우리 사회의 헌법적 가치를 부정하는 것으로 법익균형성을 현저히 상실한 제도라고 할 수 있다.

또한 이 개정안은 여성과 병역면제자의 공무담임권을 침해하는가도 문제가 된다. 헌법 제25조는 "모든 국민은 법률이 정하는 바에 의하여 공무담임권을 가진다"고 규정하고 있으며 헌법 제37조 제2항은 "국민의 모든 자유와 권리는 국가안전보장, 질서유지 또는 공공복리를 위하여 필요한 경우에 한하여 법률로써 제한할 수 있으며 제한하는 경우에도 자유와 권리의 본질적인 내용을 침해할 수 없다"고 규정하고 있다.

헌법상 공무담임권이란 각종 선거에 입후보하여 당선할 수 있는 피선거

---

15) 박선영 외, 앞의 책.

권과 공직에 임명될 수 있는 공직취임권을 포괄하고 있다.[16] 또한 헌법 제7
조에서 규정하고 있는 직업공무원제도의 기본적 요소에 능력주의가 포함
되므로 직업공무원으로서의 공직취임권은 임용희망자의 능력, 전문성, 적
성, 품성을 기준으로 하는 능력주의 또는 성과주의를 기준으로 한다.

헌법상 능력주의에 대한 예외를 인정할 수 있으나, 이도 합리적인 범위
안에서 제한가능하다. 그러므로 공직자 선발 시 능력주의에 기반한 선발기
준을 마련하지 않고 성별, 종교, 사회적 신분, 출신 지역 등을 기준으로 삼
는 것은 공직취임권을 침해하는 것이다.[17]

김성회의원안은 예외적으로 능력주의를 제한할 수 있는 사회국가원리
나 헌법상의 근거규정이 없으며,[18] 가산점제도는 대부분의 남성을 위해 절
대 다수의 여성들을 차별하는 제도로서 성별을 기준으로 공직취임의 기회
를 박탈하는 것이다. 이는 헌법 제25조에서 규정하고 있는 공무담임권을
침해한다.

3. 호봉과 가산점 중 택일, 이중 특혜 방지?

김성회의원안은 가점을 받아 채용시험에 합격한 사람에 대해서는 호봉
또는 임금을 산정할 때 군복무기간을 근무경력으로 산정하지 않도록 하여
군복무에 대한 보상이 이중으로 적용되는 것을 방지한다고 한다.

현행 제대군인지원에관한법률 제16조 제3항은 제1항의 제대군인에게
는 3살의 범위에서 응시연령 연장과 함께 제대군인의 호봉이나 임금을 결

---

16) 1996.6.26. 96 헌마 200, http://www.ccourt.go.kr/

17) 1999.12.23. 98 헌마 363, http://www.ccourt.go.kr/

18) 헌법재판소는 98 헌마 363에서 능력주의 예외로서 헌법 제32조 제4항 내지 제6
    항, 헌법 제34조 제2항 내지 제5항 등을 들었다.: 1999.12.23. 98 헌마 363,
    http://www.ccourt.go.kr/

정할 때에 제대군인의 군 복무기간을 근무경력에 포함할 수 있다고 규정하고 있다. 이 조항은 군가산점제가 위헌결정으로 폐지됨에 따라 제대군인의 지원에 관한 사항을 합리적으로 개선·보완하려고 2001년에 신설된 조항이다. 따라서 이 조항은 채용 시 가산점을 주지 않는다는 것을 전제로 하여 만들어진 조항으로 군가산점제와 병립하여 존재할 수 있는 제도가 아니다.

또한 3살의 범위에서 응시연령을 연장하는 것과는 달리 군복무기간을 호봉 산정에 포함시키는 것은 더욱 논쟁적일 수 있다. 군 경력을 호봉에 포함시킬 것인가는 개별 기업이 자율적으로 결정할 문제이지 국가가 강제할 수 없는 것이고(제대군인지원을 국가가 아닌 사업주가 부담하는), 호봉은 임금과 직결될 뿐 아니라 승진 등에도 결정적인 영향을 미치기 때문에 여성에게 매우 불리하게 작용할 수 있다. 그렇기 때문에 제16조 제3항은 제1항과 달리 "…포함할 수 있다"라는 형식을 취하고 있다.

그러므로 가점을 받아 채용시험에 합격한 사람에 대해서는 호봉 또는 임금을 산정할 때 군 복무기간을 근무경력으로 산정하지 않도록 하겠다고 하는 것은 가점을 받지 않고 합격한 사람에게는 호봉산정을 강제하겠다는 것으로 이것은 전형적인 이중 특혜를 부여하는 것이 된다.

III. 나오며

이상의 김성회의원안에 대해 살펴보았다. 앞서 살펴본바와 같이 김성회의원안은 군가산점제가 가지고 있던 위헌성을 해소하고 있지 못하다. 헌재는 군복무를 이유로 채용 시 가산점을 부여하는 제도 그 자체를 위헌이라고 판단했기 때문에 가산점 대상자의 범위나 비율, 횟수 등의 조정을 통해 위헌성을 해소하는 것은 불가능하다. 이것이 가능했다면 헌재가 군가산점에 대해 위헌이 아닌 헌법불합치 결정을 했을 것이기 때문이다.

　　김성회의원안은 가산점 대상자. 가점비율, 가점횟수, 선발예정인원제한 등으로 피해의 범위를 최소화했다고 하나, 이 제도는 군가산점제와 마찬가지로 헌법적 근거가 없는 입법 정책적 제도이며, 국가가 재정적 뒷받침 없이 제대군인을 지원하려는 것으로 이는 여성과 장애인의 희생을 전제로 한 제도에 불과하다. 그러므로 이 제도는 헌법과 이를 구체화한 우리 법체계 전체 내에 확고하게 정립된 여성과 장애인에 대한 차별금지라는 기본질서를 부정하고 있다는 점에서 군가산점제가 갖고 있었던 위헌적 요소를 그대로 지니고 있는 제도인 것이다. 즉 이 개정안은 헌법상 근거가 없는 제도로서 여성과 장애인의 평등권과 공무담임권, 직업선택의 자유를 침해한다.

　　군가산점제 부활을 위한 입법시도가 법치주의를 부정하고 남녀 갈등을 야기할 수 밖에 없음에도 계속되는 것은 입법자 중 일부가 군가산점제라는 '상징'에 매몰되어 합리적인 지원방안을 마련하는 것 자체의 필요성을 인식하지 못하기 때문이다. 남성만의 징병제가 존재하는 한 군복무를 이유로 채용 시 가산점을 부여하는 제도는 헌법질서와 양립할 수 없다. 따라서 위헌시비로부터 자유로울 수 없는 군가산점제가 아닌 우리공동체 모두가 부담할 수 있고, 제대군인 중 일부가 아닌 다수가 혜택을 받을 수 있는 군복무자 지원정책을 구체적으로 고민하는 것이 필요하다.[19]

---

19) 현재, 국방의 의무를 수행한 중·장기복무제대군인 및 제대군인에게 대학에 복학할 경우 학자금전액에 대한 무이자 융자 지원을 졸업할 때까지 실시하는 것을 주요내용으로 하는 제대군인지원에관한법률 개정안(최영희의원 대표발의안)과 국민연금 가입기간에 병역의무를 수행한 기간 전부를 추가로 산입하도록 하는 국민연금법 개정안(최영희의원 대표발의안)이 발의되어있다.

제2부

토론 종합

사　　회 :　　김도균 교수 (서울대 법대)

지정토론 :　　1. 이재승 교수(건국대 법대)
　　　　　　　2. 이우영 교수(서울대 법대)
　　　　　　　3. 박선영 박사(한국여성정책연구원)
　　　　　　　4. 전종익 교수(서울대 법대)
　　　　　　　5. 권인숙 교수(명지대 방목기초교육대학)
　　　　　　　6. 정주성 박사(국방연구원)

자유토론 :　　참석자 전원

제1장 지정토론

1 이재승 교수 (건국대 법대)

필자는 군인권문제(군인권교재), 양심적병역거부, 군사재판, 미군의 DADT(동성애자대책) 등 일부의 군대법제도를 검토한 적은 있으나 군대와 여성간의 문제에 대해서는 무지하다. 오늘 학습할 수 있는 좋은 기회라고 생각한다. 김용화 교수의 발제문(다른 두 분을 포함해서)을 통해 성평등담론이 남성지배의 진원이라고 여겨지는 군대까지 확산되었음을 확인할 수 있었다. 특히 한국에서의 논의상황을 알 수 있었고 한국에서 여성관련 군복무제도에 대해서도 알게 되었다. 김교수의 글 전반부는 평등의 관념사(기회의 평등, 결과의 평등)에 대하여 좋은 개관을 제공해주었으며, 후반부는 공동징병제 문제, 병역의무에 대한 보상문제를 다루고 있다. 김교수의 글은 군대와 성평등에 대한 고민을 전체적으로 잘 담아내고 있다.

군대와 관련하여 성평등의 문제는 크게 보자면, 첫째 병역의무 자체를 평등하게 구성하는 문제, 둘째 군대안에서의 불평등(성폭력, 성희롱, 성차별, 성분업)을 제거하고, 평등을 적극적으로 실현하는 문제, 셋째 군복무에 대한 적절한 보상의 문제로 이루어졌다. 김교수의 글은 주로 첫째 문제와

셋째 문제를 다루고 있다. 김교수는 그 문제들을 동시에 연결시키고 있다. 우선 지적할 것은 남성의 군복무와 여성의 출산육아를 상등한 것으로 설정하는 것은 특히 보상과 관련해서는 불필요한 문제를 야기하거나 현안을 해결하는 데 어려움을 초래할 수 있다는 점이다. 필자는 군필자는 적절하게 보상을 받아야 한다고 생각한다. 그러한 관점에서는 군필자가 편견의 희생자인가? 보상이 필요한 집단인가? 라는 문제제기는 다소 의외라고 생각한다. 그밖의 문제와 관련해서는 김교수와 다른 견해를 갖고 있지 않다. 나머지 부분은 군대와 성평등에 대한 필자의 소견이다.

1) 전통적으로 성역할 구분에 따라 사회의 모든 영역에 대한 설계와 구축이 끝났다. 남성이 주도한 역사의 당연한 귀결이다. 군대는 남성의 전유물이고, 완전한 애국심은 군필남성의 전유물이다. 남성성, 애국심, 군필자는 동일한 것이다. 따라서 여성이 배제되고, 미필자가 배제되고, 병역거부자가 배제된다. 정치적 의미에서 시민은 지속적으로 등급화된다. 심지어 촛불집회나 촛불반대집회에서도 예비군복이, 특수부대원의 군복이 등장하고 있다. 지극히 공공적인 성격의 집회에서 애국적 열정이 비치면 군사주의가 비쭉 등장한다. 군복을 입어야 수호자로 어울릴 수 있다는 어떤 무의식(의식)이 잠재해 있다.1) 어쨌든 군인이 시민이고, 그러한 시민은 사회적 정치적 영역에서 우월한 지위를 '누려야 한다' 또는 '누릴 수밖에 없다'는 관행, 의식, 무의식, 제도가 시민적 군사주의라고 할 수 있다. 여기에 남성성이 추가된 것이다. 권리감, 권력감, (맡기지도 않았는데) 책임감이 자아

---

1) 독일군인법에는 군인은 직무시간 이외에는 광범위한 정치활동을 할 수 있다. 또한 정당원이 될 수 있다. 또한 직무시간 중에도 정치에 대해 자유롭게 소통할 수 있다. 다만 정치집회에 군복을 입은 채로 참가해서는 안 된다. 집회 자체에 군대의 영향을 배제하기 위한 장치이다. 이것은 과거 나치체험에 대한 반성이라고 할 수 있다.

도취적으로 혼합된 상태라고 할 수 있다.

　　공동징병제는 성별과 성역할에 기초한 분업적 차별적 구조를 혁파하기 위하여 여성을 남성과 동등하게 징집하자는 입장인데, 성차를 배제하여 남성과 동등하게 징집하자는 통합주의 전략은 문제를 안고 있다. 우선 남성만의 군대가 여성차별의 근본적 원인 또는 진원지인지에 대해서 충분한 검토가 필요하다. 현재 공동징병제를 운영하고 있는 나라들(쿠바, 북한, 이스라엘, 에리트리아, 말레이시아, 리비아, 중국, 페루)2)이 전반적으로 남녀간의 권리평등이 잘 구현되어 있는지를 먼저 검토하는 것이 필요하다. 그렇지 않고 마냥 군대가 남녀불평등의 진원지라고 생각한 나머지 여성에게 남성과 동일하게 군복무를 부과하려는 것은 여성차별의 구조나 관행에 적중할 수 없기 때문이다. 공동징병제를 시행한다고 알려진 나라도 남녀동권사회라고 할 수 있는지 의문이다. GEM 척도에서 보자면 결코 높은 수준이 아니다. 또한 이 나라들에서 여성지위가 강화되었다고 하더라도 그것이 공동징병제로 기인한 것인지 알 수 없다. 공동징병제와 남녀 동등지위의 연관성이 의문스럽다. 대부분 특수한 안보위기로부터 공동징병제가 탄생한 것으로 보이고, 스웨덴의 경우는 오히려 여성의 지위가 강화된 국가이기 때문에 공동징병제의 도입이 여성주도적으로 논의되고 있지 않을까 생각된다.

　　다음으로 남성징병제가 개별여성의 권리를 침해한다는 주장도 현재로서는 성립하기 어려워 보인다. 여성이 개인으로서 군대에서 (의무병은 아니지만) 복무할 기회를 완전히 배제하고 있지 않기 때문이다. 또 여성의 집단적 배제를 이유로 병역의무의 동등부과를 주장하기는 어렵다고 생각된다. 오히려 남성들이 개인적인 또는 집단적인 이유에서 평등권침해를 주장할 가능성이 높다고 생각된다. 따라서 여성의 권리평등의 기초를 마련하기

---

2) http://www.cbc.ca/news/background/military-international/ 검색일: 2008. 6. 5.

위해서, 남성우월적 사회의 기초로 간주된 남성징집제를 혁파하기 위해서, 공동징병제를 도입하자는 주장은 현실적이지 않다.

김교수는 여성의 생리적 차이에 입각한 이중부담론(출산육아)에 기초하여 공동징병제를 부적절한 것으로 보고 있다. 어쨌든 개별여성의 군복무 참여권은 별론으로 하더라도 집단적 부과는 적절하지 않다고 생각한다.

2) 실제로 공동징병제를 시행하고 있는 나라에서라면 통합주의논리는 매우 효과적으로 작동할 여지가 있다. 그러한 나라의 군대안에서 여성에 대해 설정된 차별적 장벽을 개별적으로 혁파할 수 있기 때문이다. 공동징병제의 나라들도 대체로 전통적인 성역할론에 의존하고 있기 때문에 여성군인의 역할은 남성군인의 역할에 비해 주변화된다. 물론 평상시에 여성을 징집하지 않는 국가도 전시에는 여성을 필요에 따라 수시로 주변적인 업무에 동원해 왔다. 전투기조종사 연수과정에 참여를 배제한 이스라엘 군당국 정책을 바꾼 앨리스 밀러(Alice Miller 1994) 사건은 주목할만하다. 필자는 남성과 여성이 공동으로 지원할 수 있는 군대제도나 동등하게 의무를 지는 공동징병제도하에서는 성평등의 논리를 관철하기 용이하다고 생각한다. 그러나 통합주의가 기대하는 결과를 얻기 위해 여성을 굳이 배제하고 있지 않는 군대에 남녀 동등하게 입대의무를 부과하는 공동징병제의 도입은 현명하지 않다고 생각한다.

3) 이미 확립된 남성징병제를 여성의 권리평등을 달성하기 위해서 공동징병제로 바꾸려는 생각은 적절하지 않다. 오히려 우리는 지원병제로 이행해야 할 시점이라고 생각된다. 필요이상의 군병력을 유지하거나, 필요이상의 징집대상자를 상정하는 것은 제도설계로서는 합리적이지도 않다. 물론 필요한 군병력을 충원할 때 여성을 집단적으로 배제한 것은 부당하다고 보아야 하지만 훈련, 전투, 신체상의 강점 등을 고려해볼 때 남성에게만 병역

의무를 부과한 것은 부당하다고 생각하지 않는다.(유럽재판소 Alexander Dory vs. Federal Republic of Germany 2003.3.11). 국가는 결국 통계적 집단으로서 남성을 우선적으로 고려해서 남성의 군대를 제도화할 수 있다.

4) 병역의무도 직접적인 병역의무(집총전투), 간접적 병역의무(비상사태에서 간호병, 근로동원)로 구성한다면 여성 역시 간접적 병역의무가 부과될 여지는 항상 있기 때문에 여성의 군복무의무가 집단적으로 배제되었다고 말하기도 어렵다. 김용화 교수도 이 점을 지적하고 있다. 이러한 논리는 남성만이 군복무를 부담하고 있으므로 여성에 대해 남성이 불평등취급을 당하고 있다고 생각하는 자들에게 유효할 것이다.

5) 여성이 집단으로서 병역의무를 부과해달라는 주장은 논외로 하고, 그 대신 여성이 군인이 될 수 있는 권리, 즉 전투요원이 될 수 있는 권리뿐만 아니라 (전투요원이 아니더라도) 여타 군대내 직종에 종사할 권리(군대도 다양한 직업이 있다)는 보장되어야 한다. 우리나라도 현재의 지원병제도를 통해 이러한 권리는 어느 정도 보장되고 있다. 최근에는 전투상황에 투입되는 것을 예정하고 여성군인(부사관, 장교)이 양성 배치되고 있다. 어떤 면에서는 여성에게 집총을 할 수 있는 체제를 특별한 논란없이 너무 간단하게 구축하지 않았는가 생각된다. 물론 필자는 여성집총에 대해서 특별히 찬반의 입장을 정하고 있지는 않다.

6) 김용화교수께 검토를 희망하는 사항은 보상에 관한 부분이다. 김교수는 군필자는 피해자로서 또는 보상이 필요한 자로서의 집단성을 갖고 있지 않다는 입장에 서있다. 그러나 어떠한 경우에 피해자로서 보상이 필요한 지에 대한 판단기준이 명료하다고 생각지 않는다. 예를 들어 노예로 끌려온 흑인, 강제수용된 유대인, 세계대전중 미군당국에 의해 연금된 일본

계 미국인, 차별의 역사를 지녀온 여성들은 역사적 부정의(historical injustice)의 관점에서 피해자집단으로 상정할 수 있지만, 제대군인은 원래 이러한 관점에서 부정의의 희생자도 아니고, 집단성도 갖추지 않았다. 군인들이 희생자가 되는 맥락은 역사적 누적적 부정의의 희생자와는 다르다. 앞선 예들은 특수한 침해행위로부터 피해를 받았기 때문에 배상을 받아야 하는 자이지만, 제대군인은 단지 위험한 노동에 대한 댓가를 받지 못했기 때문에 희생자가 된 것이다.

군인 개개인의 특수한 공적 희생과 그에 대한 보상이 문제될 뿐이다. 그런데 모병제하의 지원병이나 용병에 대해서 경제적 보상을 해주는데 징병제하의 군인에 대해서는 보상을 거부하거나 미미하게 보상해주는 것이 현실이다. 물론 대부분의 남성이 평등하게 군복무를 수행하기 때문에 보상이 불필요하다는 논리나 여성이 출산육아라는 상응하는 부담을 지고 있기 때문에 남성군필자에 대하여 보상이 필요치 않다는 논리는 검토가 필요하다.

필자는 군복무는 하기 싫은 업무이고, 때로는 위험하고, 자신에게 위험을 초래할 뿐만 아니라 명령에 따라 타인의 생명을 침해할 수도 있기 때문에 심각한 정신적 신체적 부담이라고 생각한다. 특히 우리나라는 2년 또는 그 이상 장기간을 복무해야 하기 때문에 적절한 보상을 국가가 제공해주어야 한다고 생각한다. 무보수의 출산육아를 이 문제에 끌어들여서는 안 된다. 부정의(보상없는 군복무)에 대해서 부정의(방치된 여성의 삶)를 대립시켜 문제를 무효화시킬 것이 아니다. 출산육아는 남성 군복무와 연동해서 논의할 사안이 아니라 별도의 사회적 공적인 의제로 취급하고 재생산을 담당하는 여성의 권리와 육아여건을 광범위하게 개선시키는 방책을 수립함으로서 해결해야 한다.

가산점제도는 물론 적절하지 않다. 타자의 기회를 부당하게 빼앗는 제도이고, 상징적인 눈속임과 군필자 대중의 격분에 의존하는 불합리한 제도이다. 현실적이고 합당한 보상제도를 마련해야 하는 것만이 남았다(적정수준의 급여, 제대시 정착지원금, 연금계산에서 적극적 반영 등). 다른 모든 것은 자유주의적으로 시장에 내맡기면서 군대는 왜 사회주의적으로 징집을 택하는지, 그것도 무보수로 강제하는지 이제는 설득되지 않는다. 한편 급선무는 이 나라를 징병제를 통해 수호할만한 평등하고 균질한 사회로 만드는 것이라고 생각한다. 아리스토텔레스는 <정치학>에서 스파르타가 테베에게 패한 마지막 전투를 기술하면서 패배의 이유를 심화된 불평등으로 인해 시민계급의 급격한 몰락에서 찾았다. 지당한 통찰이다. 그래서 사회 유지에 중요한 군복무나 출산육아는 공동체의 책임과 사회정의의 관점에서 설계되지 않으면 안 되는 영역이다.

■ 이재승 교수 토론문 참고: 독일군대의 역사와 현황

1) 징병제의 역사

1793년 프랑스 혁명 이후 프랑스는 유럽에서 처음으로 국민개병제(levée en masse)를 실시하였고, 그 군대는 위용을 발휘하였다. 당시까지는 유럽에서 직업군인과 급료병제만 존재하였다. 프랑스의 침략에 고통을 겪었던 프로이센은 1813년에 국민개병제를 도입하였다. 국민개병제는 북독일연방(1867)과 독일제2제국(1871)으로 승계되었다.

제1차세계대전(1914~1918) 이후 체결된 베르사이유 조약(1919)에 따라 독일군은 무장해제되고, 징병제는 폐지되었다. 제1차세계대전 이후에 수립된 바이마르 공화국에서 징병제는 존재하지 않았다. 이러한 상태는 1935년까지 지속된다. 1933년 권력을 장악한 히틀러는 1935년 다시 국민개병제를 도입하고, 재무장을 추구하였다. 1938년 전시특별군형법을 제정하고, 1939년 폴란드를 침공함으로써 제2차세계대전을 도발하였다.

제2차세계대전 후 연합국에 의해 독일군대는 폐지된다. 연합군 당국에 의한 청산의 시련을 겪은 독일은 1949년 헌법을 제정하여 절반의 주권국가로 출발하였다. 독일헌법은 처음에 병역의무규정이나 군대관련규정을 두지 않았고, 오히려 제4조 3항에 양심적 병역거부권을 규정하였다. 패전국으로서 평화주의는 대세이자 문명적 외피였다.

한편 이미 세계대전 중에 시작된 국제적인 냉전질서는 그리스 내전, 1949년 북대서양조약기구(NATO)의 창설, 1950년 한국전쟁으로 인하여 불가역적으로 전개되었다. 당시에 미국과 영국은 독일정부에게 방위분담을 요구하였고, 독일내에서는 재무장정책에 반대하는 여론이 비등하였다. 1955년 파리조약에 의하여 독일은 연합국으로부터 국제법상 주권적인 지위를 회복하기 시작하였다. 독일정부는 이어 나토에 가입하고, 군대를 창설하였다. 독일국방장관 블랑크(Th. Blank)는 101명의 지원병에 임명장을 부여하였다.3) 지원병들은 과거 독일군 장군의 지휘를 받았다.

1956년에는 병역제도 전반에 걸쳐 중대한 변화가 생겼다. 제7차 헌법개정을 통해 징병제를 실시할 수 있도록 하고, 양심적 병역거부자들에 대해서 대체복무를 부과할 것을 규정하였다(제12조). 같은 해에 병역법도 대체복무의무를 규정하였다(제25조). 이러한 제도의 근간은 오늘날까지 유지되고 있다.

독일은 창군 이후 실제로 징집이 실시된 60년대부터 90년대까지 40만에서 49만에 이르는 대규모 군대를 유지하였다. 그러나 통일과 동구권붕괴 이후 안보환경의 급격한 변화로 군대를 대규모로 감축하였다. 또한 통일이후 2+4조약에 따라 독일군대정원은 37만을 넘을 수 없게 되었다. 일종의 국제법상의 제약이다. 독일은 제2차대전 이후 연합국의 통제를 계속받아 왔었다. 독일헌법상의 점령법의 구속력을 상기하면 된다. 2000년 이후 독

---

3) 이에 대해서는 Detlef Bald, *Die Bundeswehr: Eine Kritische Geschichte 1955-2005*, Beck, 2005, 37쪽 이하.

일은 군대정원을 급격하게 감축하였다. 인력구조모델 2010에 따르면 2010
년까지 독일군은 군인 25만, 민간인 7만5천으로 구성된다(PSM 2010).

　　2001년부터 독일군대의 전분야를 여성에게 제한없이 개방하였다. 2000
년 1월 11일 유럽재판소의 결정(Tanja Kreil v. Bundesrepublik Deutschland)
이 계기가 되었다. 그전에는 여성은 위생업무분야와 군악대(1975년부터 장
교로서, 1991년부터 부사관 또는 병으로)에서 근무할 수 있었다. 그러나 현
재에는 제한은 없다. 탱크운전병이든, 잠수함 승선원이든, 조종사이든 남성
동료와 동일하다. 현재 약 13,600명의 durns이 연방군에 소속되어 있다. 이
중에서 1,460명이 장교이다. 직업군인의 7%에 해당한다. 위생분야에서 여
성은 30%에 이른다. 여타 여성군인은 단위부대, 일반적인 전문분야, 군사
전문업무, 군악대업무, 지리정보분야에서 활동한다. 여성은 원칙적으로 권
리의무에 있어서 남성과 동일하다. 그들은 시험, 교육, 지원, 승진, 급여 등
에 있어서 동일한 기준의 적용을 받는다. 꾸준히 여성군인의 비율은 증가
하고 있다. 장기적으로 위생분야에서는 50%로, 단위부대에서 15%까지 끌
어올릴 계획이다. 독일은 현재 군대내에서 여성차별을 배제하고 평등을 실
현하기 위한 법으로서 군인양성평등법(Gesetz zur Gleichstellung von
Soldatinnen und Soldaten der Bundeswehr 2004제정, 2006개정)을 도입하
였다.

2) 인력배치현황

　　2000년 이후 군대정원의 대폭감축에 따라 독일은 새로운 조치를 취했
다. 우선 신체검사단계에서 군복무적합자의 신체조건을 상향조정하고, 동
시에 입대상한연령을 25살에서 23살로 낮추어 입대예정자수를 줄였다. 동
시에 병역거부자 인정비율은 높은 수준으로 유지하였다. 이러한 정원정책
에 따라 군면제자(대체복무면제자) 비율도 대폭 증가하였다. 2005년 현재
대략 입대연령대 남성중에서 13%정도가 군복무를 이행하고, 32% 정도는

대체복무와 기타 대안적 대체복무를 하고, 55% 정도는 면제되는 것으로 나타난다. 현재 독일군 정원은 56,400명 정도 규모의 의무복무자에 더하여 20만 정도의 장기지원자와 직업군인으로 구성되었다. <가동인력의 배치계획>에서 보는 바와 같이 인력배치비율은 다음과 같다.

가동인력의 배치현황

출생년도	인력총수	군의무복무자	%	기타복무자*	%	복무면제자	%
1979	416,034	132,889	31.94	139,883	33.62	143,262	34.44
1980	440,158	127,821	29.04	145,053	32.95	167,284	38.01
1981	439,725	114,866	26.12	137,887	31.36	186,972	42.52
1982	444,468	94,047	21,16	125,455	28.23	224,966	50.61
1983	434,181	66,798	15.38	101,326	23.34	266,057	61.28

Peter Tobiassen, Wehrgerechtigkeit 2005, Tabelle 15

가동인력의 배치계획

계획년도	인력총수	군의무복무자	%	기타복무자*	%	복무면제자	%
2005	447,325	69,500	15.54	140,305	31.37	237,520	53.10
2006	455,358	59,300	13.02	142,403	31.27	253,655	55.70
2007	440,753	56,400	12.80	138,589	31.44	245,764	55.76
2008	447,690	56,400	12,60	140,401	31.36	250,890	56.04
2009	402,902	56,400	14.00	128,705	31.94	217,797	54.06
2010	384,811	56,400	14,66	123,982	32,22	204,429	53.12

Peter Tobiassen, Wehrgerechtigkeit 2005, Tabelle 22

* 기타복무자는 대체복무, 재해복무, 개발봉사, 경찰, 장기지원군복무자, 여타 대안적 대체복무 등을 포함한다.
* 장기지원군복무자(준직업군인)는 지원병제도이기 때문에 유사대체복무라고 보기 어렵다.

우리 헌법 제11조 제1항의 법 앞의 평등은 법적용의 평등만이 아니라 법내용의 평등을 포함하는 개념으로서, 우리 헌법상의 평등권은 주관적 공권임과 동시에 입법부와 행정부 및 사법부에 지침과 동기를 부여하는 객관적 법질서로서의 성격을 갖는다. 우리 헌법재판소는 일련의 결정을 통해 헌법 제11조 제1항이 규정하는 평등은 상대적·실질적 평등임을 밝히고 있다.[4]

이러한 평등권의 침해여부는 본질적으로 같은 것을 다르게 취급하는 차별의 존재 여부, 그리고 차별의 헌법적 정당화 여부로써 판단된다. 차별의 존부 판단에서는 본질적으로 같은 것의 비교기준점이 핵심이 되며, 우리 헌법재판소는 차별이 존재하는 경우 그러한 차별이 헌법적으로 정당화되는 것인지를 판단함에 있어 심사도구로서 자의금지의 원칙과 비례성의 원칙을 사용하고 있다. 이러한 판단에는 헌법이 추구하는 가치에 대한 판단이 개입될 수밖에 없으며, 입법에서의 가치의 판단은 기본적으로 입법자에게 부여된 과제이되 우리의 위헌법률심사제도하에서는 입법자의 대표로서의 공동체 의사결정인 법률을 헌법재판소가 평등권이라는 기본권에 비추어 그 합헌성을 통제한다. 즉 평등권의 입법을 통한 실현에 있어 입법자의 가치판단에 대해 어떠한 한계 내에서 헌법재판에 의한 입법적으로 규범등가적인 통제가 가능하며 그 심사기준은 무엇이어야 하는가가 핵심이 된다.

---

4) 헌법재판소 1989.5.24., 89헌가37, 헌법재판소판례집 제1권, 48면; 헌법재판소 1993.5.13., 91헌바17, 헌법재판소판례집 제5권1집, 275면 등.

  법률의 합헌성의 심사기준으로서의 평등권의 의의와 작동구조를 분석
하기 위해서는 그 출발점으로서 우선 법률의 일반적인 규정형식을 평등권
의 관점에서 전체적으로 조망할 필요가 있다. 법(률)은 공동체의 의사결정
으로서, 대부분 일정한 기준이나 조건을 설정하여 이에 부합하면 특정의
법률효과를 부여하는 형식을 취하므로, 법(률)은 대체로 일정한 기준에 따
라 구별을 하고 이에 따라 다른 법률효과를 부여한다는 점에서 넓은 의미
에서 보아 차별적이다. 즉 입법자는 법규정이 적용되는 대상과 법규정의
적용을 받지 않는 대상의 구분을 통해 일정한 입법목적을 실현하려고 한다.
또한 입법자는 이미 현실에 존재하는 또는 현실상 존재한다고 입법자가 인
식하는 바의 차이를 고려하여 이를 법률에 반영함으로써 그러한 차이를 입
법화하는 경우도 있다.5) 이 때, 헌법상의 평등원칙은 동일 혹은 차별적 대우
라는 국가의 적극적 행위가 전제될 때 적용되는 것이며, 자유권과는 달리
국가작용 그 자체를 금지하는 것이 아니라 국가작용이 평등원칙에 합치하
는 한 모든 국가작용을 허용한다. 즉 평등권은 국가에게 부작위 자체를 요
구할 수 있는 근거가 되는 것이 아니라, 합리적이지 않은 또는 정당화되지
않는 차별적 국가행위의 부작위를 요구하는 주관적 공권이다.6) 나아가 우

---

5) 이를 헌법재판소에 의한 위헌법률심판의 맥락에서 보면, 따라서 헌법재판소는
   법률이 평등권에 위반되는가를 심사함에 있어서 '법적 차별을 통해 달성하려는
   입법목적'과 '비교대상간에 존재하는 사실상의 차이'를 법적 차별을 정당화하
   는 이유로서 고려하게 된다.

6) 이 점에 관해 한수웅은 "평등권을 '부당한 차별의 부작위'를 요구하는 대국가
   적 방어권으로 본다고 하더라도, 부당한 침해나 부담의 부과에 대한 방어권이
   아니라 불평등한 대우 그 자체에 대한 방어권으로서, 부담의 평등 아니면 혜택
   의 평등이 문제되는가 하는 상황에 따라 방어권의 내용이 달라진다"고 한다. 나
   아가, 따라서 평등권은 "단지 동일한 것의 동일한 취급이라는 법적 형성을 입법
   자로부터 요구하는, 즉 입법자에게 평등원칙에 위배되는 입법을 평등원칙에 합
   치하는 입법으로 대체하여 줄 것을 요구하는 상대적이며 형식적인 권리"라고
   한다. 한수웅, "평등권의 구조와 심사기준,"『헌법논총』제9집, 헌법재판소,

리 헌법 제11조 제1항의 규정목적은 차별금지명령과 평등지위명령을 모두 포함하는 평등권 명령으로서, 개인의 주관적 권리로서의 평등권뿐만 아니라 실질적 평등실현의 객관적 질서로서의 평등원칙까지를 포함한다.

평등한 권리와 의무는 사회적으로 차별받는 입장에 처한 사람들의 권리와 의무를 인정하는 것이 사회정의에 부합될 때 인정된다는 취지에서, 라드브루흐(Radbruch)는 평등이 법적 정의의 논의에서 핵심이 된다고 하였으며, 롤즈(Rawls)도 정의의 원칙에서 평등과 자유를 정의론의 내용으로 하였다. 나아가 사법적(司法的) 설득력에 관해 알렉시(Alexy)는 법적 논의는 일반적 실천적 담론의 특수한 경우로서, 내적 정당화는 선행전제로부터 논리적으로 도출될 수 있으며, 외적 정당화는 법규범, 법이론적 논의, 기존의 판례, 일반실천적 논의, 경험적 논의, 특수한 법적 논의를 통해 그 정당성이 심사된다고 한다. 평등에 관한 법적 논의에 있어서는 실질적 평등의 보장 여부와 함께 평등의 진정한 존재의의인 정의 관념에의 부합여부가 큰 의미를 갖는다.

이러한 맥락에서 볼 때, 김용화교수님의 발표는 "군대와 양성평등"의 문제를 헌법적 관점에서 분석함에 있어 우리 헌법상 평등과 국방의 의무간의 근본적인 논의, 보다 구체적으로는 헌법상 양성평등 맥락에서의 병역관련 법제와 현실의 접점을 본질적으로 고찰하여, 군대와 병역 관련 법제와 사회현실상의 많은 논의의 헌법적 기초를 조명한 점에서 앞으로의 많은 관련 논의에 주는 함의가 대단히 크다. 보다 구체적인 논점으로서의 여성의 군대참여 혹은 여성에의 병역의무 부과에 대해, (ㄱ)여성과 남성의 생래적 차이를 강조하여 여성의 직접적이고 남성과 동일한 강도의 군대 참여에 소극적인 입장, 그리고 (ㄴ)여성의 군대참여를 여성이 남성과의 사회적·문

1998, 48쪽 이하, 각주 12)에 상응하는 본문 참조.

화적 동등함을 얻는 중요한 제도적 도구로 보고 여성의 직접적 군대 참여에 적극적인 입장을, 각 입장의 근거와 각 입장에 대한 비판과 함께 설명함에 있어, 여성에게 병역의무를 부여하여 평등의 가치를 실현하고자 한다면 생래적·사회적 차이로 정치·경제·문화·사회적으로 다르게 취급됨으로써 여성이 불평등을 감수했던 역사적 현실을 고려해야 함을 지적한 점은, 보편성과 차별성 나아가 각 여성(및 남성) 개인의 고유성을 각각 강조해 온 성차별에 관한 여성주의 관점을 종합적·함축적으로 반영함으로써, 관련 논의에 시사하는 바가 크다고 본다. 발표에서 보다 구체적으로 제시한 여성에 대한 병역의무 부과 논의에 있어, 현재의 병역제도하에서의 22개월의 현역복무기간과 현재의 평균 1.08명의 출산율 및 육아 현실을 비교하여 '직업 활동의 지연'이라는 공통분모를 기준으로 병역과 출산의 상관성을 인정하여야 함을 지적하였는데, 이는 발표의 전체적 논지에 기초한 양성평등 법리와 병역 관련 제도 및 현실간의 접점을 잘 보여준다고 생각한다.

또한 발표에서 헌법 및 병역법 이하 관련 법제에 의한 징병제에 기초한 우리나라의 병역제도는 기본적으로 신체조건을 기준으로 대상자를 규정하고 있으므로 병역의무에 대한 사후적 보상조치에 관해서는 성차별에 다른 불평등만으로 접근함을 지양하고 여성과 장애인, 남성 중 신체적 미약자를 포함하는 비제대군인과의 관계에서 논의할 때 본질적인 분석과 논의가 가능함을 지적한 것은 타당하다. 나아가 병역제도 및 군대 관련 현실상의 성차별적 현상과 문제의 근원은 여성과 남성의 생물학적 차이인 신체적 조건에 더하여 임신 및 출산의 모성기능으로 대표되는 여성의 특수성이라고 진단하고, 여성에게 병역의무를 부과할 것인가의 문제는 여성이 신체적 약자인지 여부에 초점을 맞추어 판단하기보다는 여성의 특수성을 어느 정도 범위에서 인정할 것인가라는 측면에서 접근하는 것이 필요하다는 입장도 발표의 전체적 논지에 부합한다고 생각한다. 이러한 점에서, 평등권의 맥락에서 공동체의 가치판단이 결부된 공동체 의사결정으로서의 법률의 제정자로서의 입법자의 역할 그리고 우리가 가진 위헌법률심판제도하에서의 심사기준의 중요성이 더욱 부각된다고 하겠다.

우리 헌법재판소는 1999년에 이른바 '신(新)공식'에 입각하여 아래와 같이 일반적 평등원칙의 구체화 모델을 제시했다: "평등위반 여부를 심사함에 있어 엄격한 심사척도에 의할 것인지, 완화된 심사척도에 의할 것인지는 입법자에게 인정되는 입법형성권의 정도에 따라 달라지게 될 것이다. 먼저 헌법에서 특별히 평등을 요구하고 있는 경우 엄격한 심사척도가 적용될 수 있다. 헌법이 스스로 차별의 근거로 삼아서는 아니되는 기준을 제시하거나 차별을 특히 금지하고 있는 영역을 제시하고 있다면 그러한 기준을 근거로 한 차별이나 그러한 영역에서의 차별에 대하여 엄격하게 심사하는 것이 정당화된다. 다음으로 차별적 취급으로 인하여 관련 기본권에 대한 중대한 제한을 초래하게 된다면 입법형성권은 축소되어 보다 엄격한 심사척도가 적용되어야 할 것이다."7) 병역법 제3조 제1항과 제8조 제1항의 위헌 여부를 중심으로 한 병역의무와 성차별금지 관련 논의는 헌법 논리상으로는 위와 같은 평등원칙의 구체화 모델에 입각하여 입법자에게 광범한 형성의 여지가 인정되지 않는 직접차별이 어떤 경우에 예외적으로 헌법적으로 정당화되는가의 문제로 귀결된다. 이는 차별목적, 차별기준, 차별의 비례성 여부(차별의 적합성, 차별의 최소침해성, 법익의 균형성)에 대한 검토를 통해 판단된다.

양성평등의 법제도상의 구현 및 사회현실에서의 실현은 여성과 남성으로 구별한 어느 한 성(性)만을 위한 것이 아니라 양성을 포괄하는 공동체

---

7) 헌법재판소 1999.12.23., 98헌마363, 헌법재판소판례집 제11권2집, 770·787쪽.

구성원 모두에게 그리고 모두를 위해 핵심적으로 중요한 문제가 아닐 수 없다. 위와 같은 헌법적 판단을 함에 있어, 우리사회에서의 병역제도 관련 사회·문화적 현실에서의 성차별적 문제에 대한 이해가 선재해야 하며, 남성만에 대한 병역의무 부과의 위헌성 문제 또는 여성에의 병역의무 부과의 문제는 발표문의 입장과 같이 평등권과 국방의 의무에 대한 본질적인 이해에서 출발하여 규범조화적으로 판단되어야 할 것이다. 나아가, 양성평등을 제도적·현실적으로 구현해 가는 노력의 전개 과정에서, 평등권 법리상 입법자에게 주어진 입법재량의 범위 내에서 상징적 법적 평등을 위한 양성간 동일한 처우를 상대적으로 지향할 수도, 각 성(性)간의 차이에 초점을 둔 법제를 추구할 수도 있을 것이나, 보다 성숙한 관점을 도입하여 집단적 이해가 아닌 각 개인의 고유성(즉 남성이면서 장애인인 개인, 여성이면서 소수인종인 개인 등)에 기초한 보다 넓은 인간존엄과 평등권의 맥락에서 관련 문제를 이해하려는 노력이 진행되어야 할 것이다. 관련 입법을 위한 공론의 장(場)에서의 토의, 법이 작용하는 현실의 공간에서의 공동체 구성원들의 기본적 인식에 이러한 이해가 전제되어 있을 때 평등권 맥락에서 병역 관련 제도와 현실을 분석함에 있어 보다 본질적인 관점에서의 분석과 제안이 가능할 것이다. 발표에서 지적하듯이, 양성평등은 가치적 측면에서 인간의 존엄성 실현의 방법으로 요구되며, 법규범으로서의 양성평등은 실질적인 기회의 평등을 보장하기 위한 평등으로 해석되어야 하기 때문이다. 우리 사회에서 '군대'를 양성평등의 관점에서 논의함에 있어, 여성에의 병역의무의 부과 여부는, 상징적 법적 평등의 표식을 떠나, 급진적 여성주의에서 비판하는 법과 국가의 남성 지배 상황을 궁극적으로 극복할 수 있는지 여부, 문화적 여성주의가 전제하는 여성의 신체적·도덕적 차이를 고려할 수 있는지 여부, 포스트모던 여성주의에서 강조하는 여성간의 다양성과 차이를 반영할 수 있는지 여부를 종합적으로 고려할 수 있는 포괄적인 맥락에서 논의되어야 할 것이다.

박선영입니다. 오늘 학술회의 주제가 군대와 양성평등으로 굉장히 무겁고 어려운 주제인데요, 회의장의 분위기는 더 무거운 것 같습니다. 그래서인지 토론하는 제가 굉장히 긴장이 되네요. 김하열 교수님의 발제에 대한 토론으로 지정이 되어 있는데요.

2007년 7월부터 9월까지 제가 소속되어 있는 여성정책연구원에서 당시 사회적으로 핫이슈가 되고 있던 군 가산점제도 부활안에 대해서 연구를 진행한 적이 있습니다. 군가산점제 부활안의 위헌성, 그리고 군가산점제에 대한 남성들의 인식, 그리고 군 가산점제가 아니면 과연 어떤 지원정책이 가능한 것인가에 대한 연구를 진행했고요. 그 연구 결과를 중심으로 말씀드리는 것으로 토론을 대신하도록 하겠습니다.

저는 일단 위헌성 여부에 관한 것과 남성들이 군가산점에 대해 어떻게 생각하고 있는지 중심으로 말씀드리도록 하겠습니다. 일단 고조홍의원 안은 군가산점제 수혜대상자의 확대, 비율, 가점의 축소를 통해 여성에게 미칠 불이익을 최소화했기 때문에 헌법재판소에서 위헌 결정을 받은 군가산점제와 달리 위헌성이 치유되었다는 것입니다. 따라서 전 고조홍의원안에 대해 헌법재판소에서 위헌 판결을 받았던 군가산점제와 달리 헌법적 근거를 가지고 있는 것인지, 가산점 수혜대상의 확대를 통한 차별대상자 축소로 위헌소지가 치유되었다고 과연 할 수 있는 것인지, 그리고 피해범위를 조정한 것으로 위헌소지를 치유했다고 할 수 있는 것인지. 이 세 가지를 중심으로 말씀드리겠습니다.

군가산점제 부활안이 헌법적 근거를 가지는가에 대해서는 결론적으로 고조홍의원안은 헌법적 근거가 없는 입법 정책에 불과하고 가산점부여는 입법정책으로도 허용되기 어렵다고 생각합니다. 이 법안의 입법취지는 병역의무자에 대한 보상을 통한 군의 사기진작과 건전한 병역의무 이행의 풍토조성, 병역의무 이행으로 인한 사회경제적 불이익에 대한 보장에 있습니다. 헌법 제39조 제1항에서 국방의 의무를 모든 국민에게 부과하고 있는 이상, 병역법에 따라 군복무를 이행하는 것은 국가나 국민 목적을 위해 개인이 특별히 희생한 것으로 보아서 국가가 일일이 보상할 수 없고 여기서 일일이 보상할 수 없다는 것이 굉장히 중요하다고 생각합니다. 또 헌법 제39조 제2항에 사실상 경제적 불이익이 아닌 법적 불이익의 처우를 금지하는 것이기 때문에 군가산점의 헌법적 근거가 없다고 했던 헌법재판소 입장이 여기에도 명확하게 일치한다고 생각합니다.

그렇지만 군의 사기진작과 건전한 병역의무의 이행 풍토조성이나 병역의무 이행으로 인한 사회적 경제적 불이익에 대한 입법정책은 가능하고 그 목적도 정당하다고 생각합니다. 사실 우리나라의 건강한 남자는 본인의 의지와 상관없이 징집의 대상이 되어 일정기간 군복무를 해야 하고 이 기간 동안 학업, 취업 등 개인적 활동을 할 수 없고 생명과 신체의 위험을 감수해야 하는 입장에 서 있습니다. 이는 우리나라가 남북으로 대치되어 있는 불행한 현실로 인한 것으로 국가와 사회 안정을 위해 개인희생을 요구해서는 안 되며 이는 국가와 국민 모두가 부담해야 한다고 하는 것에는 동의합니다. 또한 병역의무로 인해 남성들의 사회활동이 시기적으로 지연되기 때문에 직업 활동의 개시시기에 영향을 미치게 되고 병역의무가 시간적으로 삶의 단계를 지체시켜 사실상의 불이익을 미칠 수도 있다고 생각을 합니다. 그래서 제대군인에 대한 지원정책은 필요하다고 할 수 있습니다. 이때 전제가 되는 것은 군복무를 하지 않았거나 할 수 없는 자의 기본권의 본질적 내용을 침해하지 않는 선에서 사회복귀를 지원하는 방법이 모색되어져야 한다는 것입니다. 즉 개개인에 이익의 충돌을 가져오는 지원정책이 아니라 우리 공동체 모두가 부담 할 수 있는 지원정책이 마련되어야 한다는 것입니다.

그러나 군가산점 부활안은 헌재도 밝히듯이 아무런 재정적 뒷받침 없이 가산점을 통해 제대군인을 지원하는 것으로 여성과 장애인의 희생을 초래하고 여성과 장애인의 보호라고 하는 우리 사회의 법질서, 법체계에 확고하게 정립된 기본질서에 반하기 때문에 용인할 수 없다고 생각합니다.

그럼 수혜대상 확대를 통해서 차별대상자를 축소했다 그렇기 때문에 위헌소지가 치유됐다고 할 수 있느냐라는 겁니다. 헌재는 군가산점에 대해서 엄격한 심사기준을 적용하고 있습니다. 이는 예외적인 경우에만 합헌일 수 있다는 것으로, 헌재는 헌법이 차별을 특히 금지하고 있는 영역을 제시하고 있는 경우, 차별적 취급으로 인하여 관련 기본권에 대한 중대한 제한을 초래하는 경우 엄격한 심사기준이 적용된다고 했습니다. 그리고 헌재는 군가산점제는 엄격한 심사척도를 적용해야 하는 위 두 경우에 모두 해당한다고 했습니다. 즉 차별 취급과 목적과 수단 간의 엄격한 비례관계가 성립하는 지를 기준으로 이런 심사기준을 통과할 경우에 한하여 합헌일 수 있다는 것입니다.

따라서 군가산점제가 위헌 결정을 받은 것은 차별대상이 광범위해서가 아니라고 생각합니다. 군가산점제의 위헌성은 여성과 보충역 제대자를 차별하는 것으로 아무런 재정적 뒷받침이 없이 제대군인을 지원하는 것으로 결과적으로 여성과 장애인 이른바 사회적 약자들의 희생을 초래하고 여성과 장애인에 대한 차별금지와 보호라는 국제협약, 실질적 평등 및 사회적 법치국가를 표방하고 있는 우리헌법을 관통하고 있는 전체 법체제에 비추어 볼 때 기본질서에 저촉된다는 것에 있습니다. 따라서 차별대상을 축소한다고 해도 여전히 이 제도는 병역의무가 존재하지 않는 여성과 병역의무를 이행할 수 없는 병역면제자들의 사회 참여를 막는 결과를 가져온다는 점에서 위헌결정을 받았던 군가산점제도와 동일한 문제를 가지고 있는 제도라고 생각합니다. 즉 차별대상을 축소한다 해도 위헌소지가 치유될 수 없다고 생각합니다.

그리고 수혜범위를 조정하는 것으로 위헌소지를 치유했다고 할 수 있는가하는 문제입니다. 헌재는 군 가산점제도의 각 과목별 만점의 3-5%내에서 횟수에 제한없이 가산점을 부여하는 것은 입법목적을 달성하기 위한 비례성 원칙을 만족하지 못한다고 결정했습니다. 그래서 고조홍의원안은 가점을 득점의 2%내로 한정하고 선발 예정 인원의 20%를 초과할 수 없게 하고 부여 횟수도 제한한다고 하고 있는데요. 가점비율을 낮추고 횟수를 제한한다고 하여 군가산점제가 허용되는 것은 아니라고 생각합니다. 헌재는 군가산점제 자체가 헌법상에 허용되거나 허용가능하나 가점비율이 높고 가점 횟수에 제한이 없어서 위헌결정을 내린 것이 아니라고 생각합니다. 군가산점제 자체가 헌법상 근거가 없이 평등권을 침해하고, 더군다나 가산점비율이 높고 횟수 제한도 없어 차별취급의 비례성에도 어긋난다는 것이었습니다. 즉 가산점제가 여성과 장애인의 공직진출에 걸림돌이 되고 가점 정도가 채용시험 합격에 결정을 줄 정도로 너무나도 크다는 것이었습니다. 그리고 또 우리나라에 여성노동의 현실을 고려하면 피해 범위를 조정하는 것을 통해서 여성들에게 미치는 피해를 최소화 했다는 주장을 이해하기는 상당히 어렵다고 저는 생각합니다. 고용상의 불평등을 포함해서 남녀평등지수에 나타난 한국 여성의 지위를 살펴보면, 남녀권한척도순위를 보면 한국이 93개국 중에 64위였습니다. 멕시코 일본 필리핀, 칠레보다도 더 낮습니다. 또한 남녀격차지수는 한국이 OECD 국가 중 최하권인 88위로 나타났습니다. 그리고 여성의 대학진학률은 남성이 남성과 여성의 차이가 없음에도 불구하고 여성의 경제활동 참가율은 54.5%로 OECD국가 중에서 세 번째 네 번째로 낮고 대졸이상의 경제활동 OECD국가 중 가장 낮은 수준입니다.

연령별로 경제활동 참가율을 보더라도 여성이 출산, 육아를 이유로 노

동시장에서 퇴장을 하고 다시 노동시장으로 복귀해서 비정규직화 되고 있는 M자 곡선은 변함없습니다. 이것은 우리 사회가 여전히 여성이 사회 진출하는데 구조적 차별이 존재한다는 것을 보여주는 것입니다. 이런 상황에서 공무원시험에 여성응시율과 합격률이 매년 상승하는 것은 시험성적이라는 객관적인 점수로 인해 합격이 결정된다는 점에서 입시과정의 차별에서 상대적으로 자유롭고, 일과 가족 양립이 가능하고 고용 안정도가 높기 때문에 여성들이 열심히 공부해서 합격을 하는 것이라고 생각을 합니다. 이와 같은 사회 구조 속에서 여성들이 공직에서 조차 가산점 때문에 불이익한 지위에 서게 된다면 여성들이 차별없이 진출할 수 있는 직종은 거의 봉쇄된다고 할 수 있습니다. 이른바 여풍을 근거로 1999년 당시 상황과 많이 다르다고 주장을 하는데 우리나라 5급 이상 여성 공직자 비율은 아직도 낮은 수준이기 때문에 공직사회에서 여성에 대한 불평등이 여전히 존재한다고 생각합니다. 그리고 고조홍 의원안을 중심으로 시뮬레이션을 해봤더니 9급, 7급에서 여성의 합격률이 10~15%정도 감소했습니다. 1999년과 비교하면 여성 전체에 미치는 영향이 적어졌다고 하더라고 가산점으로 인해 피해를 본 여성 개인에게는 매우 심각한 타격임에는 틀림이 없습니다. 따라서 이 제도는 개인이 수인할 수 있는 수위를 넘어선 것으로 정당성을 갖추기 어렵다고 생각합니다. 이런 문제가 있음에도 불구하고 군가산점부활 움직임이 계속되고 있는 것은 정치적 의도는 논외로 하더라도 입법자 중에서 일부가 군가산점제도=제대군인 지원이라는 도식에서 자유롭지 못하고 굉장히 손쉬운 방법으로 크고 어려운 문제를 해결을 하려고 하기 때문이 아닌가 합니다.

그러나 이 제도는 제대군인에 대한 진정한 보상이라고 볼 수 없습니다. 여성과 남성, 장애인과 비장애인으로 나눠진 갈등이 아니라 사회 통합적 차원에서 제대군인에게 구체적이고 실용적인 지원 정책의 논의가 필요합니다. 이를 위해서는 제대군인지원정책에 대한 패러다임의 전환이 필요합니다. 사고를 전환하지 않으면 이 문제를 둘러싼 갈등을 해결하기 어렵습니다. 우리사회가 제대군인지원에 대한 패러다임을 전환하기 위해서는 신체 건강한 남성들이 가지고 있는 군과 관련된 상대적 박탈감은 무엇인지, 의무복무기간이 그들에게 주는 의미는 무엇인지, 그리고 그들이 국가에게 요구하는 것은 무엇인지에 대한 면밀한 조사를 통해 여성과 남성, 장애인과 비장애인이라고 하는 사적 이해의 충돌이 아니라 우리 공동체가 부담하는 방식으로 구성원 대다수가 공유할 수 있는 지원체계를 마련해야한다고 생각합니다.

앞서 말씀드린 군가산점제에 대한 남성의식 조사결과에 대해 간단하게 말씀드리겠습니다. 남성대다수가 제대군인에 대한 국가의 보상과 지원이 불충분하다고 불만을 가지고 있었습니다. 남성 3명중 2명은 군가산제가 실제 모든 현역 복무자들에게 혜택을 주지 않는다고 생각을 하고 있었습니다. 그리고 군가산점제에 대한 남성의 높은 지지는 그것이 유일한 대안이기 보다는 군복무의 손실에 따른 마땅한 다른 대안이 없기 때문일 가능성이 높다고 생각합니다. 또 하나는 군 경력은 인생 전반에 대해서 전반적으로 이익이라고 생각하고 있었습니다. 2,30대 남성들은 군 경험으로 인한 손실보다는 이득이 더 많았다라고 생각하고 있었습니다. 이는 군가산점을 찬성하는 남성들 역시 이익이 되었다는 사람이 손해를 봤다는 사람보다 많았습니다. 하지만 당장 군경력이 취업이나 승진에는 별로 도움이 되지 않는다는 응답은 60%로 많았습니다. 군복무에 따른 불이익으로는 인생의 중요한 시기에 공백이 많고 취업 지연에 따른 경제적 손실이 있고 학업능력 저하 등을 꼽았지만 반면 이득으로 조직적응능력과 인내심 자기 성찰기회 등은 군대에서 얻은 이익으로 보았습니다. 군생활 경험의 이익은 주로 입직과 관련된 요인이었지만 이익은 주로 사회생활 전반에 걸친 장기적으로 파급효과를 갖는 요인이라고 할 수 있습니다. 결과적으로 흔히 군대를 썩는다는 말로 상징되는 군복무에 대한 손실의 사회적 강조와는 차이가 있었다. 이 부분에 대해서는 우리가 검토할 필요가 있다고 생각합니다. 그리고 군가산제 도입보다는 징병절차 투명성 확보를 가장 우선적 과제로 해야 한다는 응답이 가장 많았습니다. 이게 무슨 얘기냐 하면 신의 아들과 어둠의 자식들 간의 갈등이 크다는 거지요. 군가산점제 부활에는 74%는 남성이 찬성을 했습니다. 그렇지만 군복무 제도에서 가장 우선적으로 해결해야 될 것은 사회적 형평성을 높이기 위한 징집절차의 투명성을 가장 크게 두고 있었던 것입니다. 그리고 토론문에는 쓰지 않았습니다만, 여성도 군대에 가야한다는 것에 동의하는 것은 굉장히 적었습니다. 군복무에 대한 형평성, 투명성에 대한 욕구가 가장 높았습니다. 그리고 대안으로는 취업지원센터 운영과 자기계발을 위한 자유시간 확보를 많이 선호했습니다. 제대군인에 대한 보상으로는 2,30대 남성들은 군가산점제 외에 취업지원센터 운영 , 민간기업에의 군경력인정 법제화, 학자금 장기융자, 국민연금기관에의 반영 등을 뽑았구요. 병영생활에서는 자기계발, 시간확보, 취업알선, 사회복지 프로그램 뭐 이런 거에 대한 욕구가 상당히 많았습니다. 이런 결과를 보면 남성들이 군가산점에 대해 찬성하는 것은 가산점이 유일한 대안이라기보다는 현실적인 군복무에 대한 실질적인 보상 방안이 없기 때문일 가능성이 높다는 것을 알 수 있습니다. 그리고 상당수 남성들은 징병절차투명성 확보와 같이 군 의무 복무제도의 집행 등에서 남성 내부의 차이에서 비롯되는 불공평성의 문제를 더 큰 문제로 인식하고 있었습니다. 또한 군대가 반드시 남자들에게 불리하게 작용하는 것만은 아니며 대인관계, 조직적응력, 인내심과 같은 인생 전반에 걸쳐서 장기적으로 유리한 부분으로 작용하고 있는 부분과 인생의 중요한 부분에 공백이라고 하는 피해부분이 군가산점 논의에서 굉장히 공정하게 다뤄질 필요가 있다는 것을 조사의 결론으로 말씀드리면서 제 토론을 마치겠습니다.

　　김하열교수님의 발표문에 대한 토론을 맡은 서울대 전종익 교수입니다.

　　김하열교수님은 고조흥의원안에 대해서 순수하게 해석론적 관점에서 발표문을 작성해 주셨습니다. 대체적으로 뿐 아니라 사실은 거의 전적으로 김하열 교수님의 의견에 같이 합니다. 논리전개나 이런 부분에서도 사실은 거의 이견이 없어서 지정 토론문을 어떻게 작성할 것인가에 굉장히 많은 고민을 했다는 것을 말씀드리구요. 저도 헌법 해석론적 관점에서 몇 가지만 질문을 드리는 것으로 지정토론을 대신 할까 합니다.

　　첫 번째로 헌법 제39조 2항 병역의무에 관한 보상과 관련된 헌법적 근거에 관한 문제입니다. 김하열 교수님의 발표문에 의하면 이 39조 2항이 왜 우리 헌법에 들어오게 되었느냐에 대한 역사적인 자료는 찾기 어렵습니다. 저도 찾아보려고 노력은 했지만 그 자료는 없었고 결국 남는 해석 방법은 문헌 해석과 체계적인 해석 밖에는 없는 거 같습니다. 김하열 교수님은 이에 따라 이 규정에서 '불이익'이라고 하는 것은 법적인 불이익으로 한정할 수 밖에 없다. 사실상의 불이익을 여기에서 포함된 것으로 볼 수 없다고 보고 계십니다. 물론 그렇게 하는 경우에 실질적인 의의가 많지 않다는 것도 인정을 하시면서도 그렇게 해석을 하셨습니다. 특히 그런 해석은 헌법 11조 평등의 일반적인 평등 규정에의 적용이나 해석에 결국 법적인 평등을 중심으로 할 수 밖에 없다는 점, 그곳에 사실상의 평등이 포함되는 경우에는 상당한 문제가 발생한다는 것을 큰 전제로 하셨던 것 같습니다. 물론 저역시 헌법 11조 평등 규정에 법적인 평등 이외에 사실상의 평등을 포함시킬 경우에 발생하는 실무적인 법해석론적 문제점이 대단히 크다고는 인정합니다. 그렇다고는 하지만 헌법 39조 2항에 사실상의 해석이 포함될 수 없다고 볼 수밖에 없는 것 아니냐는 것에는 다수 의문을 가질 수 있다는 점을 말씀드립니다. 발표자도 인정하고 있는 바와 같이 11조 평등 규정으로는 여러 가지 일반적인 법적인 평등문제를 해결을 하고 있습니다. 그렇지만 특별한 보호가 필요하다고 한 경우에는 별도의 규정을 두어서 사실상 결과적 차등이 발생하는 경우에는 그것을 교정하기 위한 국가의 의무 규정을 두고 있습니다. 헌법 32조, 34조 특히 사회적 기본권에 관한 규정이 그렇습니다. 그렇다면 이 39조 2항의 특별한 규정을 헌법 제정자가 둔 이유를 생각한다면 그리고 이것이 단순히 그냥 아무런 의미가 없는 것이 아니라고 한다면 결국 달리 별도의 규정을 둔 다른 규정과의 체계적 해석에 의해 볼 때 사실상의 이익을 포함시키는 것으로 볼 수 있는 것이 아니냐는 의문이 듭니다.

특히 이 39조 2항이 없다 하더라도 순수하게 병역의무 이행을 위한 법적차별의 문제는 11조 만으로도 해결이 가능합니다. 지금 김하열 교수님이 예로 드신 군복무 근무지에서의 개업제한문제 같은 경우는 직업의 자유라든지 11조만으로 충분히 해결할 수 있습니다. 그러면 왜 39조 2항을 두었느냐 그 의미를 최대한으로 살리는 해석은 어떻게 보면 사실상의 불이익까지 포함시키는 것으로 보는 것이지 않는가 하는 입장을 제시 해봅니다. 만약에 법적인 불이익으로만 한정을 한다면 이 규정을 왜 두었겠는가 하는 의문, 그 부분에 관하여 조금 더 설명을 해 주십사 하는 말씀을 드립니다.

두 번째는 법적 차별과 사실상의 차별 구별 문제인데요. 특히 지난번 저희 헌법재판소 결정을 보면 다음과 같습니다. 법적 규율의 요건 명문에는 성적 차별이 없습니다. 그렇지만 그것을 법적인 차별로 볼 수 있는 논거는 전체남자들의 거의 대부분이 적용을 받고 전체 여성의 거의 대부분이 적용을 받지 않는다는 점입니다. 이는 일정한 법 규정이 성별이나 종교나 사회적 신분이라는 것들을 직접적으로 명문에서 요건으로 제시하지 않는다하더라도 일정한 정도 이상의 사실상의 차별이 발생하면 그것이 결국 법적 차별로 전환된다고 보는 그런 입장이라고도 볼 수 있습니다. 근데 문제는 만약 입장이라면 도대체 어느 정도의 사실상의 차별이 발생하면 법적 차별이 되는 것이고 아닌지, 정도의 문제와 경계획정의 문제가 바로 발생합니다. 특히 이것을 지금 병역의무를 맡은 자를 규정하고 있는 병역법 개정안에 대비해서 본다면, 병역법 3조 1항에서 병역의무를 남자로 제한하고 있으므로, 이것은 명백하게 법적으로 차별하고 있는 것입니다. 이것하고 대비해 봤을 때 과연 제대군인 가산점 사건에서 법적인 차별로 보는 것이, 다른 경우에 까지 일반적으로 적용시킬 수 있는 논리적인 방법이었겠느냐는 의문을 가지고 만약에 일정한 기준이 있을 수 있다면 어떤 것이 있을 수 있는지 한번 질문을 드리고 싶습니다.

그리고 마지막 부분은 그냥 생각입니다. 개정안 제도에 대한 헌법적 판단에 대해서 입장을 세 가지를 제시해 주셨습니다. 헌법적 근거와 남녀 차별성 두 가지를 축으로 말씀하셨는데 제가 경우의 수를 만들다 보니까 한 가지가 빠졌습니다. 그래서 헌법적 근거와 남녀 차별성을 모두 부정하는 경우라면 어떤 입장 일 수 있느냐. 이것도 사실은 그 입장 1,2는 많이 넣으시고 3은 줄여서 4가 있다 하더라도 세줄 정도 있었겠지만 그래도 그 구색을 맞추기 위해서 이것도 좀 말씀해 주시는 게 낫지 않을까해서 간단하게 질문 드리는 것입니다. 그런 경우에는 어떻게 되느냐 제 의견을 말씀드리기는 했지만 발표자의 의견을 듣고 싶다는 취지에서 질문을 드립니다. 이상으로 마치겠습니다.

5 권인숙 교수 (명지대 방목기초교육대학)

우선 이런 주제의 논문이 나왔다는 것이 반가웠습니다. 여성과 징병제와 관한 논의를 활성화시킬 수 있는 아주 중요한 영역을 점검하고 있는 새로운 시도의 논문이기 때문입니다. 사실 여성주의적 관점을 가진 학자들 사이에서 여성도 병역의무를 해야한다라는 주장을 낳을 수 있는 연구는 어느 정도 터부시 되어왔습니다. 극단적인 평등주의자 혹은 군사주의자로서 비판받거나 여성에 이중부담을 부과하는 쓸데없는 시도로 평가될 가능성이 높았기 때문입니다.

그러나 징병제와 관련한 연구는 징병제의 존재가 여성에게 어떤 부정적인 문제를 남기는가나 또는 군사주의 비판에만 머물수는 없다고 생각합니다. 역사적으로 그리고 현재에도 징병제는 철저히 남성 중심적인 제도로서 기능해왔고, 세계 여러 곳에서 남성적인 시민권의 성장의 토대로서 국가가 기대하는 시민의 기본 자질이 무엇인가를 결정하는 기준으로 자리매김하여 왔습니다. 이러한 징병제의 남성중심성은 여성의 삶의 여러 면을 규정 짓습니다. 여성의 발언권, 시민권, 사회평등권이 침해받고 근본적으로 여성의 의존성을 당연하게 여기면서 남성이 여성을 보호한다는 기본관념을 형성하고 지지하는 제도입니다. 남자다움과 여자다움 또는 남녀의 역할을 규정하는 데 중요한 참고사항이 되기도 합니다. 특히 한국 사회에서는 군가산점제를 중심으로 남성의 희생/여성의 이기적 권리추구라는 갈등구조가 강하게 존재해왔습니다. 징병제가 여성에게 가지는 영향과 의미가 크다고 할 때 여성의 징병제 참여여부 문제는 결코 묻어두고 외면할 수 있는 문제가 아닙니다. 가장 기본이 되는 문제이기 때문입니다. 양현아교수가 지적했듯이 남성만의 제도가 가지는 문제를 다룸에 있어 전제는 왜 남성만이어야 하는가 그런 전제안에 담겨있는 논리적 불합리함은 무엇인가를 따져보아야 한다는 것입니다. 여성이 병역을 할것인가 아니할 것인가의 문제는 남성만의 제도가 기반하고 있는 기존의 성역할에 대한 사회적 고정관념, 전투병만이 군인이라는 한정된 해석등을 극복한 선상에서 이루어 져야 한다고 봅니다. 즉 여성도 병역을 해야한다는 결론이 난다고 하더라도(그 결론이 두려워서 논의를 안 하는 것이 아니라) 그 결론과 함께 현재의 상황에서 어떤 제도적 선택이 합리적인 것인가를 다시 논의하는 것이 더 건강하고 발전적으로 진전될 가능성이 크며, 양성평등의 큰 장애로서 존재하는 징병제를 극복할 수 있는 방식이기도 합니다. 이런 논의를 하기 위해서 헌법상의 논쟁점을 비판적으로 점검해보는 것은 적절하다고 보입니다. 좋은 출발점이기 때문입니다.

이런 출발점을 만들기 위한 논문으로서 필요한 조언을 몇 가지 한다면,

첫째, 저자의 논쟁지점과 논문이 무엇을 목표로 주장을 펼치고 있는지를 분명히 하셨으면 합니다. 다루고 있는 헌법소원 청구인과 기본적 취지를 같이 하던 안하던 현 병역법이 헌법에 불일치함을 보이려는 것이 목적인지, 아니면 국방부나 관련논문이 기반하고 있는 일정 주장의 불합리함을 밝히려는지가 분명치 않습니다. 물론 결론은 여성을 포함 안 할 합리적 이유는 없다는 것 이여야 할 것 같지만 이 결론을 주저하는 듯 한 필자의 태도가 혼란을 낳는 면이 또한 있습니다.

둘째, 병역법, 특히 성별성이 개입되는 병역법에 관련한 헌법소원의 역사와 그 논쟁사를 먼저 다루어 주셨으면 합니다. 다른 나라의 경우도 이런 맥락에서 다루시면 이해하기 좋을 듯 합니다. 현재 필자가 다루고 있는 헌법소원의 경우는 결론도 나지 않은 상태이고 별로 논쟁도 활발하게 진행되지 않는 소재여서 김주환교수의 논문 하나와 이종수교수의 토론문, 국방부의 의견정도만을 근거로 필자의 논쟁점을 세웠는데 이것이 이번 헌법소원

과 관련하여 어느 정도의 의미를 가지는지가 분명치 않습니다. 언급하신 유사사건은 무엇인지도 먼저 밝혔다면 논쟁점을 드러내는데 좋을 것 같습니다.

관련된 부분입니다만 수혜적 차별과 부담적 차별에 관한 논지를 세우는 것이 비중 있게 다루어졌습니다만 수혜적 차별 논의는 이종수교수의 토론문에 있는 논의로서 이것이 현 헌법소원이 진행되고 판단되는데 어느 만큼 고려되어지고 비중 있는 논의인지가 드러나지 않은 상태여서 논문의 설득력을 약화시킬 수 있다고 보입니다.

안녕하십니까? 국방연구원 정주성입니다. 저는 상기 논문에 대해 법적인 측면보다는 주로 병역제도 운영 측면에서 말씀드리겠습니다.

병역제도를 연구하는 사람의 입장에서 볼 때, 상기 논문은 병역제도 발전을 위한 귀중한 자료로 활용될 것이라고 믿어 의심치 않습니다. 특히 외국의 관련 판례, 여성의 병역의무 면제에 대한 수혜적 차별론, 여성의 차이론에 대한 분석 등은 정말 유용한 자료인 것 같습니다.

상기 논문에서 제시하고 있는 결과들에 대해 대부분 공감합니다. 그러나 일부 분야는 생각을 달리하는 부분도 있는 것 같습니다. 따라서 토론은 병역법 3조 1항과 8조에 대한 헌법소원심판 청구인의 주장에 대한 개인 의견, 상기 논문에서 제시된 내용 중 일부 생각을 달리하는 분야, 여성의 병역의무 부여 및 부여 시의 여러 문제점에 대해 논하고자 합니다.

먼저 헌법소원심판 청구인의 주장에 대한 개인 의견을 정리해 보면 다음과 같습니다.

첫째, 청구인은 현역 이외의 보충역, 제1국민역, 제2국민역의 복무는 실질적으로 병역과는 무관하다는 인식을 하고 있습니다. 이는 병역을 평시에만 부여되는 의무로 생각하고 있는 것에서 기인한다고 생각합니다. 보충역은 기초군사훈련 후 평시에는 공익 분야 등에 활용되지만 전시에는 바로 군 인력으로 전환되는 인력이고, 제1국민역은 평시에는 병역대상자이지만, 전시에는 바로 징집되어 군 인력으로 활용되는 인력입니다. 또한 제2국민역은 평시에는 병역을 면제받지만 전시에는 전시근로소집대상자로 군부대에 소집되는 인력입니다. 즉 이들 모두 전시에는 군 인력으로 병역의무를 수행하는 인력이므로 병역과는 무관하다고 하는 표현은 적절치 않는 것 같습니다.

둘째, 병역에 대한 개념을 좁게 잡고 있는 것 같습니다. 즉 병역을 실역 복무에 국한하여 생각하는 것 같습니다. 병역은 실역[현역, 대체복무(사회복무)]복무와 예비군 복무 둘다를 포함하는 개념입니다. 즉 대체복무자도 기초군사훈련을 대체복무 중에 받고, 대체복무를 필한 뒤에는 예비군으로 편성되어 전투요원으로 활용되게 되어 있습니다. 따라서 청구인이 주장하는 대체복무는 공익분야 등의 업무만 수행하므로 여성이라고 하여 못할 이유가 없다는 주장은 적절치 못한 것 같습니다.

토론자가 생각하기에는 여성에 대한 병역의무 부여에 대한 논의는 대체복무 분야가 여성에게도 적합한 분야라는 시각에서 출발할 것이 아니라 여성을 군 인력으로 대폭 확대하여 활용하는 것에 대한 법적, 운영적 시각에서 출발해야 할 것입니다.

다음으로 상기 논문에서 제시된 내용 중 일부 생각을 달리하는 분야에 대해 이야기해 보고자 합니다. 논문의 마지막 부분인 IV. "최적의 전투력"과 "충분한 인력"론 2번째 문단에 이런 내용이 있습니다. "현재 군 징집을 위한 충분한 인력이 있다고 하였으나, 그것은 모든 한국 남성이 병역의무에 대해서 동의하고 있다는 잘못된 전제에 입각한 것 같다. 그와 같다면 어째서 국적법의 개정을 하면서까지 병역의무 이탈에 고민하여, 심지어 군가산점제를 부활하면서까지 제대군인들에 대한 보상을 해 주고자 노력하는지 납득이 되지 않는다. 다른 한편, 양심적 병역 거부 등 평화운동의 입장을 수용하면서 사회복무제 등 다양한 병역의무 이행에 대한 사회적 요청이 역시 높아지고 있다. 이러한 현실을 감안할 때, 국방부 등의 충분한 인력론은 너무 안이한 생각이라고 생각한다"

상기 내용에 대한 토론자의 생각을 정리하면 다음과 같습니다.

첫째, 병역기피자의 수는 극소수에 불과합니다. 국방부가 병역의무 이탈에 대해 고민하는 것은 병력수급 차원이 아니라 국민들에게 올바른 병역관을 심어주기 위한 차원이라고 보는 것이 타당하다고 봅니다. 둘째, 군가산점제 부활 등 제대군인에 대한 보상에 대한 노력도 병력을 확보하기 위한 노력의 일환이라기 보다는 군 복무에 대한 국가적인 예우 차원이라고 보아야 할 것입니다. 유럽 징병제 채택국들도 제대군인에 대한 보상을 병력확보 차원에서 시행하고 있는 것이 아니라 국가적인 예우 차원에서 시행하고 있습니다. 셋째, 대체복무자(사회복무자) 확대 등에 대한 사회적 요구는 현역 수급에는 별다른 영향을 주지 않습니다. 왜냐하면, 대체복무자(사회복무자) 규모는 현역 충원 후 남는 잉여자원의 한도 내에서 지원하고 있기 때문입니다. 고로 논문에서 지적하고 있는 사항들은 병력수급과 큰 관련이 없다고 할 수 있습니다. 참고로 병력수급에 대해 좀 더 구체적으로 언급해 보면, 2010년대에는 잉여 병역자원이 많이 남아 병 복무기간을 18개월까지 단축을 추진하고 있는 실정입니다.

마지막으로 여성의 병역의무 부여 및 부여 시의 여러 문제점에 대해 이야기해 보고자 합니다.

여성의 병역의무 부여는 장기적으로 추진을 검토해보는 것도 바람직하다고 봅니다. 그러나 상당기간 동안은 그 추진이 어려울 것으로 판단됩니다. 이는 성 역할에 대해 전향적으로 인식이 변화하지 않는 한 그 추진이 힘들기 때문입니다. 이는 유럽 선진국의 사례에서도 볼 수 있습니다. 독일, 프랑스, 스웨덴 등의 나라들은 그동안 여성의 병역의무 부여에 대해 지속적으로 사회의 논쟁거리가 되어 왔으나, 아직도 그 시행을 추진하는 나라는 없는 실정입니다. 유럽선진국의 여군 활용의 젠더 이데올로기를 구분하여 보면, 전통주의, 제한적 평등주의, 완전 평등주의 등으로 구분할 수 있습니다. 전통주의란 남녀의 차이를 인정하며 권리와 의무의 평등한 배당에 관심을 두지 않는 입장입니다. 군은 근본적으로 여성에게 부적합한 곳이라는 생각입니다. 모든 나라의 군은 기본적으로 이 입장으로부터 출발되었으며 간호 등 모성이 발휘되는 극히 일부의 직위에만 여성을 참여시켰습니다. 제한적 평등주의 입장은 남녀의 차이를 인정하는 것으로부터 출발하여 여성의 제한된 역할 범위 내에서 의무와 권리의 평등을 요구하는 입장입니다. 군에도 여성의 특성이 부합되는 직위가 존재하며, 여성은 그러한 직위에서 능력을 발휘하고 제한적인 역할을 수행하며 여성 특성을 보호받는다는 입장입니다. 현재 많은 국가가 원칙상으로는 남녀 동등 관리를 표방한다 하더라도 실제로는 이러한 제한적 평등주의 입장에 놓여 있습니다. 완전 평등주의는 군대 내의 남녀 차이의 철폐, 보다 완전한 남녀 평등을 주장하며, 모든 군인은 여성으로서가 아니라 하나의 개인으로서 평가되어야 한다고 보고 있습니다. 이른바 실력 지상주의자들이라 할 수 있습니다. 이런 인식이 팽배한 국가인 경우에는 여성의 병역의무 부여가 가능할 것으로 봅니다. 우리의 국민 정서는 유럽선진국의 경우와 마찬가지로 아직 제한적 평등주의 입장에 서 있기 때문에 여성의 병역의무는 중단기적으로는 어려울 것으로 예상됩니다. 하지만 저 개인적인 생각은 전통주의자들의 저항에도 불구하고 여군 정책이 평등의 확대 쪽으로 점진적으로 발전되어 갈 것으로 판단합니다.

여성의 병역의무 부과 시의 국방 및 병역제도 운영 상의 어려움을 열거하여 보면, 다음과 같습니다.

첫째, 현재 상태에서도 2010년대에는 잉여병역자원의 과다로 병역제도 운영 상 많은 문제를 발생할 것으로 예상되어 병 복무기간을 18개월까지 단축하는 등 병역제도의 개선을 추진하고 있는 상황입니다. 이런 상황 속에서 만일 여성에게도 병역의무를 부과할 경우에는 병 복무기간을 9개월 이하로 단축하여야 할 것입니다. 이럴 경우 군 전투력 유지에 심대한 타격을 줄 것입니다.

둘째, 병 복무기간 단축에 따른 전투력 약화를 방지하기 위해서는 유급지원병 및 부사관 을 대폭적으로 확대해야 할 것입니다. 이럴 경우 군 인력

확보를 위한 인건비는 기하급수적으로 증가할 것입니다. 또한 여성을 위한 부대 시설 등을 추가적으로 건설하기 위해서는 막대한 예산이 소요될 것으로 예상됩니다. 이는 첨단무기 및 장비 확보 등 군사력 건설에 엄청난 차질을 초래하는 큰 요인으로 작용할 것입니다.

셋째, 만일 군의 부담을 줄이기 위해 여성들을 대체복무(사회복무)에 활용할 경우에는 사회서비스 분야의 일자리 창출과 충돌하는 문제가 발생할 것입니다. 현재 추진 중이 사회복무제도도 사회의 일자리 창출과 충돌하는 문제를 최소화하기 위한 노력을 경주하고 있는 중입니다. 만일 대부분의 여성에게 사회복무의무를 부과할 경우에는 사회 일자리 창출과의 충돌이 사회의 엄청난 문제로 대두될 가능성이 높다고 할 수 있습니다.

넷째, 여성을 포함하는 사회복무자를 관리하기 위해서는 사회복무자를 체계적으로 관리하기 위한 조직이 추가적으로 확대되어야 할 것입니다. 만일 관리 조직이 추가적으로 확대되지 않을 경우에는 병무비리 및 부조리가 다수 발생할 것으로 예상됩니다. 추가적인 조직을 구성하기 위해서는 막대한 예산이 추가되어야 할 것입니다.

정리해 보면, 여성의 병역의무 부과는 군 전투력 저하를 초래할 가능성이 많으며, 이를 최소화하기 위해서는 막대한 예산이 추가됨을 알 수 있습니다. 막대한 국방예산의 증가는 사회의 타 분야를 위한 예산에 엄청난 부정적인 파급효과를 줄 것으로 판단됩니다.

사회 김도균 서울대 교수 ▌ 네, 자유토론으로 들어가도록 하겠습니다.

행정대학원 석사과정 이신욱 ▌ 양교수님께 질문을 드리겠습니다. 교수님께서 발표하시는 중, 여성 장교나 여성 부사관은 가능한데 여성사병은 왜 되지 않는 거냐는 말씀을 하셨습니다. 그러나 제가 해군에서 근무를 했을 때의 경험에 비추어보면, 여자소위가 배를 승선하여 3식재로 하여 하루 4시간씩 근무를 하고 새벽에 당직을 서는 등 열심히 근무하는 것을 본 바가 있습니다. 그러나 여자간부이기 때문에 다른 남성군인들이 선후배를 막론하고 우호적으로 대우해주는 경향이 있기도 합니다. 심지어 공주대접을 받고 있다는 생각까지 듭니다. 저는 개인적으로 사병과 장교는 같은 군복무라도 실제 하는 일에서 질적인 차이가 있다고 생각합니다.

사회자 ▌ 예, 감사합니다. 질문들을 대체로 유형별로 모은 후 답하는 것이 나을 것 같습니다. 혹시 다른 질문있으십니까.

홍익대학교 역사교육학과 4학년 오진호 ▌ 홍익대학교 역사교육학과 4학년 오진호라고 합니다. 군대와 양성평등이 오늘 주제인데요. 제가 보기에는 이런 주제가 나온 이유가 병역의 의무 대상자가 남성으로 한정되어 있어서 그런 듯 합니다. 제가 개인적으로 질문하고 싶은 것이 국방의 의무라는 것을 만약 세금으로 대납 할 수 있다면은 국방의 의무를 하지 않는 사람에게 병역세를 부과함으로써, 그것을 국방의 의무를 다한 사람한테 제대후 복지라든가 정착금 지원이라든가 아니면 학비지원을 하는 방식으로 운용하는 것이 가능한지, 즉 현실성 있는 대안인지에 대해 의견을 듣고 싶습니다. 우선 법률적으로 이런 안이 실현 가능한지 법대 교수님들께서 답변주셨으면 좋겠고요. 그리고 끝에 정주성위원님께, 그게 행정적으로도 가능한지 여쭤보겠습니다.

전남대 법대 차선자 교수 ┃ 안녕하십니까, 저는 전남대 법대에 있는 차선자입니다. 이 주제 가지고 얘기할 때마다 굉장히 저를 짓누르는 답답함이 있어서 질문을 하는데, 앞에 계시는 어느 분이라도 답변을 해주셔도 좋을 거 같습니다. 이 문제의 핵심에 대해 생각해보면, "군복무를 한 남성이 보상의 대상이 되는 집단인가"에 대한 질문이 사실은 이 문제를 해결하는데 있어 남녀간의 커뮤니케이션을 어렵게 만드는 가장 핵심적인 문제가 아닌가라는 생각이 듭니다. 법여성학에서 여성들이 차별화되고 있다라는 언술은 형식적 법적, 직접적인 어떤 규정상의 차별이나 이런 문제를 얘기하는 것이 아니라 사실상의 차별을 의미하는 경우가 대부분입니다. 그런데 사실상의 차별에 대해 따져보면, 비록 어떤 형식적으로 규제가 없고 법적인 문이 닫혀 있는 현실이 많이 개선되었지만, 현실적으로 차별을 받게 됨으로써 우리가 노동시장의 진입이라는 장벽을 통과할 때의 가능성이 축소되어 있다는 현실인식에 부인할 수 없을 듯합니다. 그 논리를 그대로 군 문제에 적용을 해보면 사실은 동일한 논리가 전개가 되지 않나 생각을 해요. 왜냐하면 실질적으로 일정 결과, 즉 역사적인 차별의 결과가 있다는 명쾌한 증거가 군문제에 대해서 적용 될 수는 없지만, [군복무기간이] 단절된 시간으로 존재하고 있고 그 단절로 인해 학업이나 기타 등등에 있어 손해를 보고 있다는 남성들의 주장을 통해 본다면, 결과적으로 병역의무를 이행한 남성들 전체가 노동시장에 진입할 때의 가능성이 축소된다는 점은 사실 여성이 노동시장에 진입할 때 법적 차별은 없으나 결과적으로 진입의 가능성이 축소되는 측면에 공통적인 것이 있다는 생각이 듭니다. 그러나 실제 제가 수업시간에 병역 의무를 다한 남성과 그렇지 않은 대다수의 여학생들 사이에서 토론을 시켜보면, 문제의 본질에 직면하는 것이 아니라 논의가 집단의 논리에 한정되는 경우를 많이 봅니다. 이를테면, 여자들이나 남자들 모두 어떤 푸대접을 받았느냐, 불평등을 경험했느냐라는 개별적인 경험에만 논의가 집중되어 실제 남녀간의 소통이 어려워지는 상황이 있는거죠. 저는 적어도 가능성이라는 면에 있어서 남성병역자들은 보장대상 집단으로 인정이 될 수 있다고 생각하고 있는데, 발표자들와 토론자들의 답변을 듣고 싶습니다.

김도균 교수 ▮ 차선자교수님의 질문은 제 생각에는 법적인 차별과 사실상의 차별에 대해 김하열 교수님이 답을 해주서야 될 것 같습니다.

숭실대 윤진숙 교수 ▮ 숭실대 법대 윤진숙입니다. 저는 양현아 교수님 부분에 관련해서 정주성 박사님께 여쭤보고 싶은데, 양현아 교수님께서 국방부에서 군복무 인력이 충분하기 때문에 현실적으로 남자와 여자가 같이 병역의무를 부과하는 것이 조금 문제가 있는 것이 아닌가 하는 지적을 해주습니다. 이에 대해 정주성 박사님께서는 그런 분석은 안이한 분석이 아닌가 말씀을 하셨구요. 그러나 저는 정주성 박사님께서 여성과 남성이 똑같이 군복무를 현역으로 한다면 7개월 유보 등, 군복무 기간이 7개월로 축소되기 때문에 모병제로 전환해야 되는 것이 아닌가 우려 어린 발언을 해주신 것에 대해서 좀 의문이 생깁니다. 모병제로 간다면 우리나라에서 어떤 문제가 생기는 것인지 거기에 대해서 여쭤 보고 싶습니다.

사회자 ❙ 이제 질문에 대한 답변을 들을 시간입니다.

양현아 교수 ❙ 먼저 답변할까요. 간부와 사병 간에는 질적인 차이가 있으리라 생각합니다. 차이는 있겠지만 좁은 의미의 전투업무를 제외하고는 광범한 업무들이 여군들에게 열려있다는 것을 말씀 드린 이유는 사병이라는 직무가 본질적으로 여성에게 불가능한 업무가 아니라는 것을 말씀드리기 위한 것이었습니다. 현재 여성의 사병 징집 혹은 지원을 제한을 하는 이유는 직무자체의 성격이 아닌 다른 사유가 있기 때문이 아닌지 하는 의문을 가지고 있습니다. 즉 여성을 징집할 필요가 없는 것인지, 해서는 안 되는 것인지, 징집하면 국가이익에 반하는 것인지 등에 대한 설명이 우리 국가로부터 제공되지 않았습니다. 이렇게 보면 여성의 군징집 면제는 여성에 대한 수혜이므로 문제제기하지 말라고 할 문제가 아니지요. 또한 인구의 절반인 남성들에게 부담적 차별이라고 하는 점에 대해서도 국가는 헌법적 정당성에 대해서 설명할 의무가 있습니다.

그런데 여성의 징집을 위해서는 많은 연구와 실험이 선행되어야 하겠지요. 예컨대, 남녀가 같은 캠프에서 같은 병사에서 일하는 것에 별 문제가 없을 것이다, 아니다 라는 식으로 선언적으로 예단하기 보다는 구체적인 시설, 직무, 조직 등에 대한 실험적 연구들이 있었으면 좋겠어요. 말씀하신대로 우리는 남성적 상상력으로만 군대의 설비와 임무 등을 생각해 왔기 때문에 여성군인에 대한 물리적·정신적 대비는 매우 미비한 상황인 것으로 추측합니다. 예를 들어, 여성 군인이 하사관이나 장교일 경우 야외에서 훈련을 하게 되면 보좌를 하는 남성 군인과 텐트를 함께 쓴다고 합니다. 이럴 경우 두 사람이 한 텐트를 사용하는 것인지, 혹은 별도의 텐트를 마련할 것인지를 포함하여 여군들이 남성 중심의 군인 조직에 어떻게 적응하고 대처할 것인지에 관해 연구와 실험이 필요하다고 생각합니다. 여군 중에는 공주님도 계실지 모르지만, 진정한 봉사자들도 많이 있을 것으로 생각합니다. 관련하여, 상급 여군을 '공주'로 바라보는 남성 군인들의 인식에 여성에 대한 비하 내지 타자화(他者化)가 내재한 것은 아닌가 의문이 드네요.

석사과정 이신욱 ▌ '공주대접'이란 표현을 했던 것에 대해 좀 더 설명을 하자면, 지금은 어떻게 보면 군대에서 여성이 수적으로 적기 때문에 상대적으로 여군들에게 국방비용적으로 지원될 수 있는 양이 많지만, 앞으로 만약에 여성도 사병으로 의무복무를 하게 된다면, 지금의 간부 위주의 여군시스템에서 들어갈 정도의 비용이 여성 사병들에게 갈 것인가에 대해 의문이 든다는 겁니다. 결국 그로 인해 여자 사병들의 위치는 더 열악해질 수도 있다는 거죠. 그러니까 "지금 현재 간부들이 잘하고 있으니깐 사병들도 잘하고 있다" 이렇게 단선적으로 갈 수 있는 문제가 아니라고 저는 말씀드린 거고 공주라는 의미를 악의적으로 사용한 것은 아니었습니다.

사회자 ▌ 그러면 김하열 교수님께서 아까 차선자 교수님이 질문하신, 여성과 남성, 여성의 사실상의 차별을 법적으로 보호해줘야 한다는 논리를 남성 군복무자에게도 적용할 수 있는가에 대한 문제제기에 대해 답변을 해주시기 바랍니다.

김하열 교수 ▌ 제가 듣기로는, 여성들이 취업의 노동시장 진입에 있어서 어떤 가능성에 있어서 약화되는 것은 집단적인 보상의, 집단 그룹으로 형성하는 것은 어렵지만, 그에 비해서는 군복무를 마치고 온 남자들이 입는 어떤 취업가능성에 있어서의 어려움은 집단적인 그룹화를 해서 할 수가 있고, 하는 것이 정당하고, 그 부분에 있어서는 보상을 하는 것이 필요하다는 말씀이시지요. 아닙니까?

전남대 차선자 교수 ▌ 그게 아니고요, 제가 궁극적으로 드리고 싶은 것

은 보상을 해줘야 된다, 안해줘야 된다는 것에 논점이 있는 것이 아니라는 겁니다. 우리가 지금 두 집단에서 얘기하는 게 사실적으로 차별받았다라는 것이거든요. 구체적으로 설명하면, 여성들도 우리 형식적으로 기회의 불평등이 어느 정도는 해결됐지만 사실적으로 가능성 측면에서 차별을 받는다고 주장하고 있다는 것이고, 군복무를 한 남성도 이와 동일한 논리를 갖고 싸우고 있다는 겁니다. 결국 이 동일한 두 논리가 충돌함으로서 어떤 소통 가능성이나 해결방안을 찾지를 못하고 겉돌고 있는 것이 현재의 군가산점제를 둘러싼 논의의 현실이라면, 결국 젠더 평등의 문제를 한쪽 것을 떼어 다른 한쪽에게 주는 식으로 바라보는 것이 아닌가, 다시 말해 기존의 편의주의적 해석방식에 의해서 문제를 왜곡시켜 놓은 것은 아닌가하는 의문이 든다는 겁니다. 여기에 대해 어떻게 생각하시는지 듣고싶다라고 말씀을 드린 건데 제대로 전달이 된 건지 모르겠습니다.

김하열 교수 ❙ 일단 제가 대답을 할 수 있는 부분은, 일단 그 두 가지를 더 잘 대별을 하셨는데, 저는 남자군복무 문제는 일단 규범상으로 아주 큰 차이가 있다고 생각합니다. 왜냐하면 출산이라든가 여러 가지 여성에 대한 사회적인 어떤 어려움 같은 것이 있겠지만 그것이 규범으로 정해놓은 것은 없습니다. 제도로 강요하고 있는 것이 없다는 것이지요. 이를테면 출산의 의무가 있다는 것은 아니지 않습니까? 그러나 남자의 경우에는 군복무에 의무가 있다 이렇게 정해놓고 들어가기 때문에, 그 부분에 대한 판단이 일단은 전제에서부터 규범적으로는 굉장히 다릅니다. 그 다음 여러 가지 법사회학적인 측면은 제가 정확히 답변을 드릴 부분은 아닌 것 같습니다.

그래서 사실적인 차등이나 기회의 불공평문제하고 이쪽 문제하고를 왜 다르게 보는지에 대해 같은 평면에서 놓고 이야기하기 어려운 측면이 있는 것 같습니다.

권인숙 교수 ▎ 그런데 대부분의 나라에서 징병제를 실시하고 있는 나라 중에서 미국은 예외적인 것이고요. 직접적인 보상을 하고 있는 나라는 없지 않습니까?

왜냐하면 징병제는 힘이나 권리, 투표권과 직접적으로 연계되어서 발달해왔기 때문에 징병에 대한 보상이라는 개념 자체가 없습니다. 미국은 2차 세계 대전 이후 제대군인에 대한 독특한 법을 만들어 사회보장제도로 활성화되는 계기가 되기는 했지만, 보장이라는 개념으로써 이것을 이해하는 것은 징병제가 그 사회에서 어떻게 기능하고 있는가와 연결이 됩니다. 우리는 단순하게 피해의 논리에 의해서, "가서 무지하게 고생한다, 삽질한다." 이런 식의 한정된 개념으로만 이 문제를 이해하고 있습니다. 신의 아들들이 군대 안 가는 문제에 대해 집중적인 조명이 되는 것도 그 때문이지요. 이런 것 때문에 80%가 넘는 어둠의 자식들 그 자체만 부각되어 온 그런 관념의 결과인 면이 더 크다고 저는 생각합니다.

아까 남성들이 기본적으로 보상을 사실은 많이 받고 있다고 생각하고 있다는 그런 조사결과도 나왔는데, 이런 여타의 부분을 같이 종합적으로 같이 이해되어야 합니다. 언론에서도 보상문제, 군가산점을 얘기하면서, 이 문제에 대해서 보상하고 있는 나라가, 직접적으로 보상하고 있는 나라는 없다라는 사실을 알려주는 기사는 하나도 없더라고요. 한국사회에서는 보상해줘야 된다는 관념이 너무 강한데, 저는 여러 가지 차원에서 이 보상문제도 얘기가 되어야 한다고 생각하고, 그런 의견에 동의합니다.

사회자 ▎ 정주성 박사님, 아까 질문에도 좋고, 현재 쟁점에 대해서도 의견이 있으시면 말씀해주십시오.

정주성 박사 ▎ 아주 곤란한 질문을 저한테 하시네요. 조금 전에 미국을 제외하고는 외국에는 군복무를 마친 자에 대한 특별한 보상은 없다고 말씀하셨는데, 그렇지 않습니다. 징병제를 유지하고 있는 나라들은 군가산점제는 아니더라도 다른 형태의 보상을 하고 있습니다. 대부분이 취업상의 이득을 주는 제도를 가지고 있으며, 대만은 대학 입학 시에 가산점을 주는 제도도 유지하고 있습니다.

　　권인숙 교수 ▎ 그건 아니죠. 대만의 모든 사람은 대학을 나온 다음에 군대를 갑니다.

　　정주성 박사 ▎ 아니에요, 그건 아니에요. 대학을 가기 전에도 군에 갑니다.

　　권인숙 교수 ▎ 거의 90% 이상이 대학을 나온 후 군대를 갑니다.

　　정주성 박사 ▎ 물론 대만의 경우 재학 중에 군 복무를 많이 합니다. 그러나 대학 입학을 하지 않고 바로 군에 입대한 사람이 전역 후 대학을 입학하고자 할 경우에는 가산점을 주는 제도가 있습니다.

　　군 전역자에 대한 취업 시의 가산점제는 미국이 독특하게 갖고 있는 제도입니다. 우리의 경우 아무래도 미국의 제도를 많이 벤치마킹하다보니 가산점제가 사회의 뜨거운 이슈가 되는 것 같습니다. 이 문제가 지속적으로 사회의 쟁점사항이 되는 이유는 군 전역자에 대한 보상에 있어서 가산점제 이외의 또 다른 마땅한 대안이 없기 때문이 아닌가 생각합니다. 제가 보기에는 가산점제 도입도 상당히 중요하지만, 군을 제대한 사람들한테 실제적으로 보상이 될 수 있는 지원책을 마련하는 것이 더욱 중요할 것 같습니다. 예를 들면 군 복무자 대부분이 대학 재학 중에 군에 입대하고 있으므로 전역 시에 정부학자금 융자 이자율을 감면시켜주는 제도 등을 도입하는 것이 더욱 실제적인 지원책이 될 수 있다고 생각됩니다.

사회자 ▮ 모병제가 되면 어떤 점이 문제점이 있는지에 대한 답변을 해 주겠습니까?

정주성 박사 ▮ 그것보다도 병역세에 대한 이야기가 먼저 있었던 것 같은데요. 저도 사실 법적인 측면에서 궁금합니다. 병역세의 문제는.

김하열 교수 ▮ 그 얘기는 제가 해보겠습니다. 저도 그 생각을 해 봤거든요. 금전으로 대납하는 그 얘기지 않습니까. 병역세든지 아니면 조선시대처럼 군포를 내든지 이런 것이 되겠지요.

그렇게 되면 남녀간의 신체상의 차이를 고려할 필요가 없이 골고루 병역 형평을 다 할 수 있는 그런 측면이 있겠지요. 저는 기본적으로 우리 지금 현행 헌법 하에서 모든 국민은 국방의 의무를 진다라고 했지, 국방의 의무의 형태가 어때야 할지 헌법이 직접 말하고 있지는 않다고 생각을 합니다. 그 부분은 입법자가 법률을 가지고 구체화할 수 있고, 여러 가지 방안을 생각할 수 있다고 생각하거든요. 그리고 이 부분과 관련해서, 모병제 논의를 한다면, 저는 모병제 논의가 현행 헌법 하에서 가능한지부터 먼저 검토해야 된다고 생각합니다. 왜냐하면 국방의 의무라는 형태가 그야말로 몸으로 때우는 국방만 해야된다라고 하면, 모병제가 당연 위헌이겠죠? 그렇지 않습니까? 모병제라는 것은 국민의 세금으로 지원자를 받아서 그 지원자의 정상적인 급여를 주고 하는 것 아닙니까? 예를 들어서 극단적으로 좀 더 우리나라가 두바이처럼 석유가 펑펑 쏟아졌다, 그래서 용병제를 하겠다. 우리나라 국민들을 아끼고, 외국 사람을 사서 우리나라의 국방을 맡기겠다, 이런 법률을 만든다고 할 때, 그것이 우리 헌법의 국방의 의무를 모든 국민이 지닌다는 헌법에 위반되는 것일까요? 그래서 저는 기본적으로 국방의 의무를 어떤 형태로 구현할 지는 입법자와 자유롭게 창의적으로 할 수 있다고 생각이 되고, 그 가장 심한 단계는 용병제, 그 다음 단계는 모병제, 금전 대납 같은 것도 들 수도 있고요.

그 다음에 이게 국방의 의무 문제는 아니지만 보상의 문제에 대해 검토를 해본다면, 사실 제가 가산점 보상이 위헌이라고 보고 있고, 이에 대한 헌법적인 근거가 없다고 판단하고 있으나, 그렇다고 보상을 일체하지 않아도 된다는 것은 절대로 아닙니다. 사실 지금 모든 국민들이 가산점 문제를 찬성하고 있지만, 그러면 가산점 제도 폐지하고 실질적으로 보상을 해주기 위해서 세금을 더 내시오 하면 아무도 찬성 안 할 것 같다는 생각이 듭니다. 한정된 재정을 가지고 투자의 우선순위를 어디에 두는가에 대해 판단할 때, 우리 국가가 쓸 돈도 많은데, 의무복무하고 있는 저 사람들, 장기 학자금 대출하고 그 다음 주택자금 대출하는데 이런 데 다 쓸 수 있느냐라는 문제제기가 나올 거란 말이죠. 만약 그런 부분을 선택하라고 하면 국민들이 과연 보상 쪽으로 선택을 하겠는가 하는 생각이 들거든요. 그래서 제 생각으로는, 입법 정책적인 차원에서 얼마든지 보상이 필요하다고 판단이 되므로, 예를 들어 영화기금을 내서 우리가 문예진흥기금을 쓰듯이 영화 한 프로 볼 때마다 기금을 내서 제대 군인들에 대해 지원책, 보상책으로 쓰는 이런 등등은 얼마든지 가능한 것 같습니다.

이재승 교수 ▎ 사실상 2년이라는 것은 장기간이고 장기간 복무를 했으면 그에 적합한 대가가 지불되어야 한다고 봅니다. 적합한 대가를 지불하려고 하지 않으니까 이상한 형태로 나오잖아요. 실은 가산점제도는 전혀 대가관계가 없죠. 그것은 아주 상징적인 역할만 하고 있고, 실제 소수만 그 혜택을 볼 수 있고, 또 나머지 사람은 기분만 좋은거예요, 없어진다니깐 기분 나쁘고. 실제 그 기분 나쁜 근원은 2년동안 고생했는데, 거기에 대한 보상은 미미하다 이렇게 생각하는거고.

또 하나는 우선순위에 대해서 말하고 싶은데, 저는 징집된 사병들한테 대학 등록금 1년치 정도 줄 수 있는 방식이 (사회)민주적이고 좋은 방식이 아닌가 생각합니다.

그것을 단순히 국방비라고 볼 수 없지요. 교육의 비용이 과도하게 개인 부담으로 되어 있는 우리 사회에서는 오히려 그러한 지원이 우선순위가 있는 좋은 정책 아닌가 생각합니다.

독일 제도를 예로 들면 독일의 병사들은 월간 대개 40만원, 우리 돈으로 40만원 넘는 돈을 받고 약간 보너스도 받고 있습니다. 독일의 형편을 보면 더 주어도 될 것 같은데 독일은 적게 주어도 된다고 봅니다. 그 나라에는 우리와 같이 고액의 대학등록금이라는게 기본적으로 없으니까요. 이런 것을 감안하면 우리 사회도 우리 수준에 맞게 예산을 분배해야 할 것 같습니다. 그래서 남자는 국방의 의무, 병역의 의무가 있고, 의무있는 사람이 갔다 왔으니까 대가를 받지 않는 것이 당연한 것 아니냐, 이런 주장을 언제까지 계속할 수 있느냐 이거죠. 돈이라는 것은 결국 재정규모가 커나가면서 적절한 방향으로 지출해야 하는거죠. 물론 돈을 어떤 순위에 따라 지출할 것인가에 대해서는 약간의 차이도 있을 수 있지만, 제가 볼 때에는 정착지원금 (등록금)은 가장 좋은 대가지급방법 중 하나라고 생각합니다.

사회자 ▮ 플로어에서 혹시 다른 질문 있으십니까.

정신과 전문의 정승모 ▮ 저는 이름은 정승모라고 하고요. 정신과 전문의입니다. 최근에 이쪽에 관심이 있어서 세미나를 찾아다니고 있습니다. social legal한 측면에서 양교수님 강연을 굉장히 감명깊게 들었습니다. 저는 psycho legal한 측면에서 한 번 생각을 해봤습니다. 아까 토론한 내용을 들어보니 군복무를 한 사람에게 이득되는게 많다고 군복무한 자들이 전화 인터뷰를 통해 응답했다고 이야기를 하셨는데, 우선 어떤 직접적인 인터뷰를 해서 아주 신뢰성이 보장된 연구인지 의문이 듭니다. 제가 경험적으로 봤을 때 많은 정신 분열병 환자들이 발병하는 시기가 대개는 군대에 가서

입니다. 물론 안 걸릴 사람이 거기 가서 걸렸다는 것은 아니겠지만 군대라
는 그 내무반 어떤 환경이 굉장히 심리적인 스트레스를 주는, traumatic한
experience가 된다는 것을 반증하는 것이라고 생각하는데요. 저는 군대생
활을 교도소에서 근무를 하면서 봤을 때, 군대, 교도소, 정신병원 이런 것들
이 일맥상통하는 생각을 굳이 미셸 푸코를 거론하지 않더라도 많이 생각을
하게 되었습니다. 삶에 있어서 아주 굉장히 traumatic한 경험들을 한다는
측면에서는 이라크에 가서 전투에 참여해서 PTSD(post traumatic stress
disorder)에 걸려서 계속 정신병원으로 전전하지 않더라고, 얕은 정도긴 하
지만 굉장한 스트레스를 겪는다고 봤을 때, 그것이 시험에서의 어떤 퍼포
먼트가 떨어진다는 것을 떠나서 저는 그것이 약간의 보상을 줘야 된다는
생각을 기본적으로 하고 있습니다.

　그렇기 때문에 아까 고조홍의원 법안이 위헌이라는 법논리상으로는 잘
모르겠지만, 어느 정도는 보상이 있어야 되는 것이 맞지 않다고 생각하고
있습니다. 그래서 예를 들어서, 아까 대체복무제도에 대해서 말씀을 하셨
지만, 지금 사실 간호사들도 인력이 굉장히 부족하고, 올부터 시행하는 요
양보험에서 요양보호인력도 부족하고, 굉장히 노령화시대 됨에 따라서 사
회복지 인력들이 부족한데, 그런 쪽으로 봉사활동을 하는 사람들을 군대
복무에 준하는 어떤 가산점제를 준다면은 충분히 군대 안 간 사람들에게
피해를 주지 않게 동등한 출발선상에서 이용할 수 있지 않을까하는 생각이
듭니다. 또한 요즘 로스쿨 입시 전형에서도 사회봉사도 점수로 반영한다는
것이 나오고 있지만, 그런 데에서도 군대 갔다 온 사람들과 여성들 중 봉사
활동을 일정 기간 한 이들에게 그에 준하는 점수를 준다면 충분히 평등하
게 보상을 할 수 있지 않을까 하는 그런 생각이 듭니다.

　또한 보상을 하는 정도에 있어서도 일률적으로 몇 %나 하는 그런 기준
들에 대해 어느 정도 연구가 필요하다고 생각합니다. 예를 들어서 로스쿨
시험을 보는데 군대 가서 공수부대에서 계속훈련을 하던 서울법대 나온 학

생이 그 다음날 시험을 봤을 때랑, 여기서 몇 달 공부하다 본 사람이 성적이 평균 얼마나 차이가 나더라 등 실증적인 연구를 해본다면 적어도 어느 정도 군대로 인해서 피해를 본다는 것들이 계량적으로 분석이 됨으로써 보상을 해야 된다는 사회적 공감대를 만들어 갈 수 있지 않을까, 일률적으로 몇 % 라는 것 보다는 좀 더 객관적인 기준에 따라 보상을 할 수 없을까 그런 생각해봤습니다.

사회자 ▎ 예 고맙습니다. 먼저 박선영 박사님, 직접 연구조사와 관련해서 답변을 해주십시오.

박선영 박사 ▎ 저는 여기에서는 두가지 지점에서 말씀을 드려야 될 것 같아요. 우리가 기본 전제로 가지고 있는 군에 갔다 온 것이 곧바로 불이익이 되는 가에 대한 분석의 논리가 있어야 된다고 생각합니다. 우리의 노동시장 구조와 직업생활 전반에서 남성들이 군대를 갔다 온 것이 불이익이 되는 사회인가 입니다. 사실, 기업에서 신입사원을 채용할 경우, 내부적으로 남자와 여자가 동일한 조건일 경우 군대갔다 온 남자가 채용에 있어서 우선순위에 있죠. 그리고 시험성적과 면접성적만으로는 여성의 성정이 남성보다 높기 때문에 역으로 남성할당제를 하는 기업도 많이 있죠. 이런 사실은 군경험이라는 것이 한국 사회에서 생활을 하는 데에 있어서 높게 평가되는 것을 반증하는 것이지요.

그리고 또 한 가지 선생님 말씀하신 군생활하면서 트라우마라든지 개인에게 미치는 여러 가지 부정적인 영향이 있습니다. 그런데 전부 다 개인차이가 있기 때문에 군에서 입었던 불이익을 한 사람, 한사람이 입는, 그걸 다 일일이 그 형태에 맞춰서 보상을 해야 되느냐라는 문제가 있는 거죠. 그래서 일일이 보상 할 수 없다라고 헌재가 얘기 했다고 생각합니다. 그렇기 때문에 일일이 보상을 할 수 없지만, 군생활 기간 동안 입은 여러 가지의 불이익에 대해 우리 사회가 어떤 형태로든 지원을 해야 한다고 하면, 그것은 개개인간의 사적 이익이 충돌하는 방식이어서는 절대로 안 된다는 거예요. 이 사람 것을 빼앗아서 저 사람을 주겠다는 방식은 용인되어서는 안된다고 생각합니다. 우리 공동체가 어느 정도 합의할 수 있는 수준의 지원책을 마련해야 되는데, 사실 그것에 대해서도 막상 세금을 더 내야 한다는 것에 반대한다면 저는 그것은 못한다고 생각을 합니다. 군가산점제가 아닌 제대군인 지원책에 대해 연구한 결과 상대적으로 예산이 적게 드는 지원책이 학자금을 융자해주고 정부가 2년간 이자를 부담하는 것이었는데, 소요예산이 연간 약 3,000천억 정도였습니다. 부담스런 수준이긴 하지만 감당할 수 없는 수준은 아니라고 생각합니다. 앞으로는 우리 공동체가 부담할 수 있는 지원책에 대해 고민해야 된다는 것을 말씀드리고 싶습니다.

사회자 ❘ 권인숙 교수님 말씀하시고 싶을 텐데요, 김용화 선생님도 나중에 보상 관련해서 의견이 있으시면 말씀해주시길 바랍니다.

권인숙 교수 ❘ 트라우마에 대한 얘기가 나왔는데, 실제로 수업시간에 남학생들한테 트라우마에 관한 얘기를 써내라는 과제를 주면 군대에 관한 얘기가 제일 많이 나옵니다. 저도 군대 경험이 트라우마틱한 경험이라고 생각합니다. 그러나 군대의 문제는 보상의 문제, 다시 말해 금전적 보상의 문제로 다가갈 수 있는 문제가 아니라고 생각합니다. 트라우마나 정신병 유발요인 등이 군대 문화 속에 있는 건 분명합니다. 그러므로 이 문제를 접근 할 때, 군대의 경험을 단지 "군대에 갔다오면 사람된다, 남자된다"라는 단순한 경험으로 사회가 이해하는 것이 아니라, 군대라는 집단적인 조직의 경험이 많은 사람들에게 상처와 억압이 될 수 있다는 점을 이해하면서 우리 사회가 성찰적으로 바라봐야 된다고 생각합니다. 그래서 개인 상담 등 여러 가지 방식을 통해 그런 문제를 접근해 가야 되는 능력이 이 사회에는 필요합니다.

　또 하나는, 우리 사회의 군대문화에 대한 문제의 진단이 너무 안 되고 있습니다. 다시 말해, 서열적 질서라든가 이런 것들에 대한 진지한 검토가 없다는 거죠. 이건 제가 여성학자이기 때문에 과장되게 얘기한다고 판단하셔도 좋은데, 군대 갔다 오신 남자 분들하고 얘기를 해보면 진보와 보수가 따로 없다는 걸 느낍니다. 왜냐하면 그런 평가들은 대부분 군대는 이래야 된다라는 단순한 자기 경험적 반사논리에만 집중되어 있습니다. 근데 다른 나라의 군대를 연구해 보면, 사병간의 질서가 우리나라와 같을 이유가 하나도 없고요, 군대의 내무반의 그런 문화가 우리나라와 같을 이유가 전혀 없습니다. 일본같은 경우에는 자위대를 만들면서 기존의 2차 세계대전 때 만들었던 자기네의 남성성을 극복하는, 즉 군대적 남성성을 극복하는 데에 모든 초점을 맞추었거든요. 그래서 우리와는 많이 다른 군대문화를 만들었어요. 그러니까 우리가 군대문제를 이야기할 때에는 남성들의 집단적인 피해의식 같은, 복무기간 외의 부분에서도 접근해야 합니다. 복무기간 문제도 저는 여러 가지 각도에서 얘기해 봐야 한다고 생각을 합니다만, 모병제 문제를 포함을 해서요. 그런데 여기에서 강조하고 싶은 부분 하나는 복무기간을 제외한 여타의 피해의식과 상처, 이런 것들은 사실은 스스로 자초한 면이 너무 많습니다. 우리 스스로가 그 문제를 성찰적으로 바라보지 못하면서 군대문화는 당연히 그래야 한다는 고정관념에 얽매여 생활하면서 그 때문에 많은 사람들이 상처를 받고 피해의식과 보상의식을 형성합니다. 그러나 결과적으로는 여성에게 공격의 화살이 꽂히고 있는 상황인거죠. 또한 군대에서의 가해 피해의 문화경험이 사회나 아니면 대학의 집단문화에 그대로 녹아들고 있는 것은 보상이 아니라 다른 관점으로 접근해 들어가야 된다고 생각을 합니다.

　사회자 ┃ 감사합니다. 김용화교수님 혹시 말씀하실 게 있으신가요?

김용화 교수 ▌ 앞서 많은 말씀들을 하셨고 저도 거기에 대해 전적으로 공감을 하는데, 제가 지금 말씀을 들으면서 든 생각은, 지금 피해나 또는 의무 이런 부분들의 단어가 주는 의미가 우리에게 어떻게 다가오는가, 군대 자체에 대한 변화보다는 그로 인해서 파생되는 부분들에 대해서만 계속 논의하고 있는 건 아닌가 하는 생각이 들었습니다. 그렇다면 기본적으로 군대라는 문화 자체 또는 군대 제도라는 자체에 대한 부분들에 대한 좀 더 내부적인 문제들이 해결되어야만, 2년이라는 시간 아니면 모병제와 같은 부분들에 대한 논의가 나오는 것이 아닐까. 무작정 보상의 부분으로만 가서 군대 갔다 온 게 다 피해자로서 국가에 대해서 보상을 요구한다, 근데 국가가 보상하는 것이 아니라 실제적으로는 또 다른 비제대군인의 기본권이 침해되는 형태로 보상의 형태가 간다고 하면, 이건 문제가 있는 것이 아닌가라는 생각을 막연하게 했습니다. 보상의 문제는 단시간에 해결 될 수 있는 문제는 아닌 것 같고요. 지금 다양한 형태로 박선영 박사님 얘기하신 그런 부분에 대해서는 전적으로 동감합니다.

서울중앙지방법원 정아람 판사 ▌ 서울중앙지방법원에 있는 정아람 판사라고 합니다. 박선영 선생님 논의와 관련해서요, 제가 경험한 법조인의 직역에서 군대에 대해 말씀드리고 싶은 생각이 들어서요. 일정한 어떤 분에게 드리는 질문은 아닙니다. 사법시험에 합격을 하고 연수원을 수료를 하게 되면, 병역 마치지 않은 남성들은 군법무관을 가거나 공익법무관을 가게 됩니다. 그리고 3년의 기간 동안에 군대에서 복역을 하게 되는데, 군복무관이나 공익법무관의 업무는 보통 업무의 측면에서 얘기를 하자면, 남성만이 할 수 있는 업무와는 매우 거리가 먼 업무의 성격을 가지고 있는 것으로 저는 알고 있습니다. 이 3년 동안의 경험을 마치고 이제 실무로 남성 법조인들이 나오게 되면, 일반적인 군복무를 했던 이들과 달리 트라우마적인 영향은 최소화 되어 있지 않나 싶습니다. 물론 일반적인 형태의 군복무

를 군법무관도 훈련을 통해 경험하긴 하지만 그것은 8주간의 훈련에 한정
되는 것이고, 8주의 훈련동안에도 폭력적이고 억압적인 상황에 노출되는
상황은 거의 없다고 들었습니다.

　제가 여기서 말씀드리고 싶은 것은, 오히려 군법무관들은 3년 동안 군
경험을 통해서 특권적인 지위를 차지하게 된다는 점입니다. 첫 번째로 지
적하고 싶은 부분은 판검사의 임용에 있어서 연수원의 성적과 사법시험의
성적이 임용기준이라고 알려져 있는데, 이는 신규 채용에만 한정될 뿐이고
법무관을 마친 사람들은 경력 채용으로 완전히 분리되어 성적 기준에 있어
훨씬 자유롭습니다. 구체적으로 예를 들어 보면, 사법연수원 36기인 판사
들은 33기인 군법무관들과 함께 판사직으로 임용됩니다. 당시 사법연수원
33기 같은 경우에는 170등, 190등까지 판사 임용을 받았었는데, 33기 중 3
년 뒤에 군복무를 마친 사람들의 경우에는 290등 정도까지 판사임용을 받
았다고 합니다. 참고로, 이들과 같이 판사임용을 받은 사법연수원 36기의
경우는 170등 정도까지 판사 임용을 받았습니다. 즉 군복무를 한 사법연수
원생들의 경우 보이지 않는 혜택을 받고 있는 셈입니다. 두 번째 특권은 3
년간의 군복무 경험을 공유하고 있는 남성법조인들 사이의 어떤 보이지 않
는 유대감이 존재한다는 겁니다. 물론 지금 법조계에서 언론에서 얘기하는
거처럼 여자들이 비약적으로 증가하는 것은 사실이지만, 3년 동안 경험에
서 얻게 된 사회화 능력이라든지 조직 적응력과 같은 능력들은 남성들이
여전히 주요한 위치를 차지하고 있는 법조계에서는 훨씬 더 중요한 능력으
로 평가받고 있는 것도 사실입니다. 고위법관이나 고위검사, 로펌에서 중
요한 업무를 하고 있는 파트너변호사들 대부분이 남성으로 구성되어 있는
사회에서 그런 남성들만이 공유하게 되는 군경험들이 사회화능력에 있어
서는 중요한 자원이 됩니다. 마지막으로, 군복무 경력 3년은 로펌을 제외하
고 법원이나 검찰에서는 모두 경력으로 인정되고 있습니다. 이러한 점에서
군법무관이라는 특수한 경험은 일반 군대들이 가지고 있는 불리한 효과들

이 아닌 유리한 효과들을 매우 분명히 보여주고 있다는 것 같다는 생각이 듭니다.

사회자 ❙ 질문을 몇 개 더 받고 다시 답변하도록 하겠습니다. 질문이 있습니까?

정치학과 한대희 ❙ 저는 정치학과 한대희라고 합니다. 박선영 박사님께 질문을 드리고 싶습니다. 박사님께서 쓰신 연구 보고서를 읽었는데, 거기에서 박사님께서 군가산점제가 다른 제도에 비해 상징적인 측면에서 그 상징성이 우월하다고 말씀을 하셨습니다. 저는 군복무에 대한 보상책들을 검토해 볼 때 이러한 상징성이 중요하다고 생각합니다. 왜냐하면 그러한 상징성으로 인해 보상을 받고 있다는 인상을 줄 수 있다는 점에서 무시할 수 없는 효과를 가지고 있기 때문입니다. 그렇다면 지금 현재 실현될 수 있는, 실현가능성 있는 대안 중에서 군가산점제 정도의 상징적인 효과를 줄 수 있는 대안이 어떤 것이 있는지에 대해 설명을 듣고 싶습니다.

사회과학대학 1학년 학부생 ❙ 안녕하세요, 저는 사회과학대학 1학년 학부생이고, 김용화 교수님께 질문이 있습니다. 아까 논문에서 쓰신 것을 보면, 임신출산 기간이나 군복무기간이 거의 비슷하기 때문에 그리고 여성들의 명백한 사회적 역할이 인류를 재생산하는 것이 때문에 국가에 대해 같은 의무를 하고 있다고 말씀하셨습니다. 물론 여성이 재생산을 할 수 있고, 그 재생산이 사회적으로 무척 중요한 건 누구나 다 알고 있겠지만, 여성의 역할을 재생산이라는 것에 국한시키는 것이 오히려 더 차별적인 효과를 가져오지 않을지 궁금합니다.

질문자 ❙ 정주성 박사님께 질문을 드리겠습니다. 군대가 양성평등이

라는 가치를 실현하는 공간으로 생각을 하시는지요? 정주성 박사님께서 말씀할 때, 군대는 어떤 복무를 일정 기간을 하는 것 뿐만 아니라 전쟁시에 전투에 참여할 수 있는 훈련이 되어야 하는 곳으로 말씀을 해주셨는데, 저도 그 부분에 동의합니다. 그러니까 사실상 군대는 살인할 수 있는 사람을 만들어내는 공간이라는 생각이 듭니다. 그렇다면, 그런 부분과 양성평등이라는 가치가 과연 공존하면서 실현이 가능한 것인지에 대해 답변 부탁드리겠습니다.

사회자 ▮ 예, 마지막 질문을 해주시기 바랍니다.

질문자 ▮ 제가 대안에 대해 고민해보았습니다. 한국의 대부분의 기업들은 군을 필하거나 아니면 면제된 사람만을 채용합니다. 즉 군복무를 하게 될 사람들을 채용하지 않는다는 거죠. 우리나라에 그러한 조건을 두지 않는 기업은 한국은행 하고 산업은행, 딱 두 군데밖에 없습니다. 거기에서는 취업한 이후 군대의 경력을 그대로 보장해주고, 일정한 수당도 나옵니다. 이런 점을 보았을 때, 오히려 이런 채용정책을 전체 기업에 확대하게 하는 것이 훌륭한 대안이 되지 않을까 생각이 듭니다. 즉 20대 초반에 군대에 들어가는 것을 좀 늦추게 하고, 대신 군을 필하지 않은 상태에서 입사하게 하고 이후 군복무를 하더라도 그 기간을 어느 정도의 경력으로 인정해주고 수당을 줄 수 있게 한다면 보상을 둘러싼 불평등문제는 훨씬 줄어들지 않을까란 생각이 드는데, 의견이 어떠신지 궁금합니다.

사회자 ▮ 예, 감사합니다. 그러면 정주성 박사님, 질문 중에 답변을 하실 만한 게 있으면 답변해 주시고요.

정주성 박사 ▮ 저는 모병제에 대한 질문에만 답변드리도록 하겠습니

다. 나머지 질문은 제가 답변하기 보다는 다른 분들이 말씀하시는 것이 훨씬 나을 것 같습니다.

한 국가의 병역제도 선택, 즉 모병제를 채택할 것인지, 아니면 징병제를 채택할 것인지의 선택은 안보상황, 국가경제력, 인력 확보, 국민 정서 등의 측면에서 종합적으로 고려하여 결정됩니다.

첫째, 안보상황 측면에서 볼 때, 여러분도 잘 아시다시피 상당기간 동안 모병제로 갈 수 있는 여건은 아니라고 봅니다. 둘째, 경제적인 측면입니다. 지금 우리 군은 국방개혁의 일환으로 군 규모를 50만명까지 축소할 예정입니다. 이 규모로 군이 축소된다고 하더라도 모병제로 전환할 경우, 국방비는 지금의 1.5~2배가 소요될 것입니다. 이러한 국방비의 막대한 증가는 사회의 다른 분야의 예산 배분에 큰 타격을 줄 것으로 판단됩니다. 이는 그 누구도 환영하지 않을 것으로 생각됩니다. 인력확보 측면에서도 군 미필자를 대상으로 한 설문조사 결과를 보면, 향후 우리가 채택해야 할 병역제도에 대해서는 모병제를 희망하는 비율이 높지만, 만약 모병제로 전환할 경우 실제적으로 군을 지원하겠느냐고 물어보면, 2~3%만 군에 가겠다고 합니다. 이러한 결과는 모병제로 갈 경우 인력확보가 곤란할 것임을 시사한다고 할 수 있습니다. 넷째, 국민 정서 측면인데, 아직까지는 우리나라 국민정서는 징병제를 유지해야 한다는 정서가 우세한 것 같습니다.

이와 같은 제반 여건을 고려해 볼 때, 모병제로 갈 수 있는 여건은 중단기적으로 형성되지 않을 것으로 봅니다. 제 생각으로는 10년이나 20년 이후에 그런 정서나 여건이 형성되지 않을 까 전망해 봅니다.

사회자 ▎ 권인숙 선생님께서도 말씀해주십시오.

권인숙 교수 ▎ 군대가 양성평등의 장소가 될 수 있는가에 대해서는 그렇기도 하고 아니기도 하다는 답변 밖에 드릴 수가 없죠. 사회복지적인 요소가 강하고, 양성평등의 요소가 강한 나라의 군대에서도 가장 많이 고민하는 것은 남성성의 문제입니다. 군대가 남성적인, 그러니까 군인이라는 것이 상징적인 전투병의 남성성을 포기 할 수 있는가의 문제에서 가장 많은 한계에 부딪치고 있습니다. 왜냐하면 이 전투병적 남성성이 2가지 효과를 일으키는 데, 예를 들어 평화유지군으로 다른 지역에 배치되었을 때, 지역여성의 성폭력과 성매매 여성의 증가가 항상 동반하는 문제입니다. 그 문제 때문에 군대문제와 관련한 여성학자들의 컨퍼런스가 네덜란드에서 열렸는데 국방부 장관이 와서 남성성에 대해 고민해달라는 말이 나올 정도로 문제는 심각합니다. 군대는 이와 같이 본질적으로 한계가 있습니다. 이런 한계는 군대에서 보다 집약적으로 나타나는 것이고, 아마 여성적인 관점에서 보면 거의 모든 공적 기관에서 많이 나타나는 부분일 것입니다.

또 다른 면에서 보면 지난번에 부시대통령도 그랬는데, 옛날에는 나라를 지키는 젠틀맨 이런 얘기, 즉 나라를 지키는 남자병사 얘기만 했는데, 그게 바뀌었습니다. 왜냐하면 여자군인들이 많이 늘어나고 있잖아요. 보이즈 앤드 걸즈라든가, 맨 앤드 우먼이 나라를 지키고 있다는 식의 표현이 나옵니다. 그것은 기본적으로 양성평등에서 중요하게 보고 있는 성역할 부분에서 군대가 도전해낼 수 있는 부분이 너무 많다는 것을 의미합니다. 대부분의 군대가 여성에게 문호를 확대하면서 이제까지 우리가 고정관념을 갖고 있던 성역할 분담론이 하나도 맞지 않았다는 것이 거의 모든 영역에서 증명이 되고 있거든요, 전투병과까지 포함해서. 그리고 여성이 더 부차적인 군인이다라는 논리 자체도 거의 깨지고 있는 상황입니다. 어떤 성역할에 대한 고정관념 파괴효과를 쉽게 만들어 낼 수 있는 것도 군대입니다.

또한 여성에게 있어서 군대가 굉장히 좋은 직장입니다. 미국에서 전형적으로 드러나는데요, 하층여성에게는 군대만한 직장이 별로 없습니다. 안정적이기 때문에, 직업상으로 봐서 여성에게 사실은 긍정적인 요소가 굉장히 많습니다, 여성이 군인이 됐다고 했을 때는. 그래서 양성평등적인 요소에서 긍정적인 영향을 미치는 부분이 분명히 있고요. 그렇지만 기본적으로 이 조직이 갖고 있는 한계성을 따진다면, 그리고 군대 자체의 목적을 따졌을 때에는 그 자체가 정말로 본질적인 차원에서 여성에 긍정적일 수 있는가에 대한 얘기는 굉장히 많은 논란이 일어날 것이라 생각합니다.

사회자 ┃ 예, 감사합니다. 양현아 교수님.

양현아 교수 ┃ 먼저 군가산점 제도에 대해서요. 오늘 저희 학술회의가 군가산점 제도뿐만 아니라 남성 징병제에 대한 헌법소원사건까지 다루었던 이유는 양 사건이 실제적으로는 서로 연관되어 있다는 생각하기 때문입니다. 제대군인에 대한 일종의 보상제도인 공무원 임용에 있어서 가산점에 대한 위헌 결정이 내려졌다면, 그 다음 정책 구상은 남성에게만 부가하는 군복무 의무에 대한 것이라고 생각합니다. 왜냐하면 병역의무가 명실공히 모든 국민의 보편적 의무라고 한다면 군이 그것에 대한 보상정책이 필요하기 않을 것이기 때문입니다. 병역의무가 보편적 의무가 되기 위해서는 군징집에 있어서 공정성과 투명성이 더 높아져야 할 것이지만 무엇보다 인구의 절반인 여성을 징집 대상으로 삼는 것이 수순입니다. 이러한 연후에도 군가산점제와 같은 일종의 보상제도가 필요하다면 특별히 어렵거나 희생적인 임무를 맡은 경우를 그 대상으로 해야 하지 않을까요. 예컨대 현재와는 달리, 군징집을 거부할 권리가 있는데도, 이를 사용치 않고 군임무를 마친 남녀에게, 그것도 특별히 어려운 임무를 잘 수행한 퇴역군인에게 국가가 혜택을 준다면 어떨까요. 군가산점의 문제는 논리가 이렇게 바뀌어져야 하지 않나 생각합니다. 큰 틀에서 볼 때, 제대군인 가산점의 미래는 남성만의 징병제의 폐지에 있다는 생각입니다.

그 다음은 충분한 병력에 대해 정 박사님께서 의견을 주셨는데요. 저는 이에 대해 동의하기 어렵습니다. 충분한 병력이라는 것은 시간의 변수를

투입해서 고려해야 할 것입니다. 지금 현재 24개월 이상 군복무를 하고 있는데, 현재의 충분한 인력이란 24개월 내지 18개월의 복무를 전제로 하여 산출한 인력이 아닌가 합니다. 인력이 증가한다면, 당연히 복무 기간이 줄어들게 되고 예컨대 12개월이나 12개월 미만으로 기간이 줄어든다면, 그것의 효과는 막대한 것이지요. 현재의 인력으로는 12개월이라는 복무기간을 감당하기에 충분한 것은 아니겠지요. 그런데, 현재의 군사훈련이나 병역시스템을 생각해서 12개월 이내의 복무는 상상할 수 없다라는 진단에 대해서도 검토가 필요할 것입니다. 이미 일 년 정도의 복무 기간을 가진 외국의 병역제도가 있다고 할 때, 위의 진단은 현재의 제도를 전제로 한 것이 아닌가 합니다.

그 다음에 여성이 병역의무를 지지 않는 것이 어떤 손해를 주었는가에 대해서입니다. 앞에서 남성 군법무관에 대한 의견도 있었지만, 또 다른 예는 공무원의 호봉 산정입니다. 남성이 공무원으로 임용이 될 때 군복무기간이 100% 모두 경력으로 인정되기 때문에, 동일 연령에 있어서 남성의 호봉이 여성에 비해 높게 산정될 가능성이 높습니다. 물론 이런 예를 놓고 남성들이 병역 의무로 인해 이익을 보았다고 일반화하기는 어렵겠지만, 남성들이 부담만을 지었다고 하기도 어렵습니다.

박선영 박사 ▌ 군가산점제가 상징적인 제도라고 제가 쓴 건 아니고요, 국방연구원 계신 분이 여러 가지 지원방안에 대해서 고민을 하면서, 각각의 장, 단점을 분석하면서, 군가산점제가 상징적이고 어떤 면에서 돈도 하나도 안 드는 제도지만, 위헌 소지가 너무 크기 때문에 제외했던 지원 정책이었습니다.

기업이 부담을 해야 되는지에 대해서도 명확하게, 법적인 논의를 논외로 한다고 하더라도 여성의 모성보호에 드는 비용의 경우에도 기업의 부담에서 사회적 부담으로 변화되고 있는 상황에서 군복무기간 동안 임금 지급

등을 개별 기업에 부담시키는 것은 국가가 부담해야 할 것을 개인에게 전가시키는 것으로 대안이 되기 어렵다고 생각합니다. 앞서도 말씀드렸지만 군가산점제가 폐지되면서 제대군인지원법이 개정되어 군경력이 호봉으로 인정됩니다. 그러나 문제는 공무원이 아닌 경우 이것이 별의미가 없다는 것이지요. 왜냐하면 임금체계 자체가 연공제에서 연봉제로 바뀌기 때문이지요. 그리고 사실 제대 군인에 대해 연령차별이 있다거나 군복무기간을 호봉으로 인정하고 있는 기업체가 어느 정도인지 등에 대한 어떤 실태 조사도 한 적이 없다는 게 문제라고 생각합니다.

자꾸 반복이 되는데, 저는 군복무에 대한 보상책은 우리사회 모두가 공동으로 분담을 할 수 있는 방식으로 이루어져야 하는데, 그 방식이 무엇인가에 대해서는 상상력이 필요한 부분입니다.

토론자 ▎ 아까 두 국책은행인가요? 그 부분은 사실상 법률로써 하기는 어려운 거 같습니다. 왜냐하면 저희 입장에서는 군에 갔다 오기전의 사람을 뽑아서 쓸 것인지, 군대 갔다 온 사람들을 뽑아서 쓸 것 인지, 그것은 기업의 자유로서 보호되어야 하는 부분이기 때문에 쉽게 법률이나 제도로써 강요하기는 어려울 것 같습니다.

질문자 ▎ 그렇다면 강제하는 것이 아니라 국가가 기업의 정책에 대해 보조금을 지급한다든가 포상할 수 있는 방법은 없을까요?

토론자 ▎ 예. 그런 정도로 할 수 있는 정도는 가능하겠죠. 그런 정책을 실시하는 기업에 대해서, 금연정책을 실시하는 기업에 보조금을 주는 것과 같은 차원에서 그런 정도의 간접적인 지원은 가능하겠지만, 지금 사실은 개정안이나 예전의 제대군인의 가산법에도 일반 사기업체에도 다 가산점을 부여하기로 되어 있었습니다. 그러나 실제 국가기관만 하고 있지 않았습니까. 저는 전체적으로 이것이 예를 들어서 남녀가 같이 사는 세상인데, 남자의 입장에서는 제대군인 가산점을 받으면 좋을 것 같지만, 사실은 가까운 사람들 중에는 여자들이 포함되어 있지 않습니까? 배우자도 그렇고 자기 아들 딸도 그렇고. 예를 들어서 그런 우산장사, 소금장사 개념으로 따질 것 같은데, 한 가정이 있는데 성년기에 달한 아들하나 딸 하나 두고 있으면 어떤 편을 들어야 되겠습니까? 한 쪽의 편을 들어서 가산점을 얻으면 딸이 취업을 하는데 어려움을 겪는데, 저는 근본적인 문제는 사회적 연대성 문제라고 생각이 들고, 선거 때마다 표를 의식해서 이런 부분을 자꾸 죽여서 사실은 이 문제를 사회적인 통합을 가장 해치는 방법이라 생각합니다.

사회자 ▌ 예, 김용화 교수님 말씀하십시오.

김용하 교수 ▌ 아까 전 간단히 그 질문 중에 여성의 재생산 하는 것을, 여성의 역할을 재생산하는 것에 한정시키는 것이 아니냐라는 질문이 있었는데, 그것은 앞에서 충분히 다 논의가 되었고요. 그 부분에 대한 건 국방의 의무라는 거지, 현역 공무원의 의무 그것만을 얘기하는 것이 아니라 여성의 재생산이라는 것이 국방의 의무에 간접적인 인력을 충원하는 부분에 있어서도 충분히 고려가 되어야 한다는 것, 모성적 기능에 대한 부분을 보완해서 들어갔던 얘기라고 이해해주셨으면 좋겠습니다.

사회자 ▌ 예, 고맙습니다. 공식적인 토론을 여기에서 마치도록 하겠습니다.

제3부

관련 자료

제1장

남성 징병제 헌법소원 관련

1 | 2000헌마30 사건

사 건 2000헌마30 병역법 제3조 제1항 위헌확인

청 구 인 서 ○ 훈 외 2인

주 문

이 사건 심판청구를 각하한다.

이 유

1. 사건의 개요

가. 기록에 의하면 청구인 윤○샘은 1980. 8. 2.생으로 ○○대학교 공과대학에 재학중이고, 같은 서○훈, 같은 홍○는 연령 및 직업 등이 불상인 자로서 대한민국 국민인 남자에 대하여 병역의무를 규정한 병역법 제3조 제1항이 청구인들의 행복추구권과 평등권을 침해하고 모든 국민은 법률이 정하

는 바에 의하여 국방의 의무를 진다는 헌법 제39조에 위배된다며 2000. 1. 13. 병역법 제3조 제1항의 위헌확인을 구하는 이 사건 헌법소원심판청구를 하였다.

2. 판단

이 사건은 제소없이 직접 법률의 위헌확인을 구하는 것으로 추상적 규범통제가 허용되지 아니하는 우리 법제에서는 부적법하므로 헌법재판소법 제72조 제3항 제4호에 따라 이를 각하하기로 하여 관여재판관 전원의 일치된 의견으로 주문과 같이 결정한다.

2000. 2. 2.

재 판 장 재 판 관 이영모, 하경철

사 건 2002헌마79 병역법 제3조 제1항 위헌확인
청 구 인 김○상

주 문
이 사건 심판청구를 각하한다.

이 유

1. 사건의 개요
청구인은 병역법의 규정에 따라 현역복무를 필하고 1985년 이래 공무원으로 근무하여 현재 청주지방검찰청 검찰주사로 재직중인 대한민국 남자로서, 남자에게만 병역의무를 부과하고 여자의 경우 지원에 의하여 복무할 수 있도록 규정하는 병역법 제3조 제1항에 의하여 평등권을 침해당하였다고 주장하며 2002. 1. 26. 위 병역법 규정의 위헌확인을 구하는 이 사건 헌법소원심판을 청구하였다.

2. 판단
헌법재판소법 제68조 제1항의 규정에 의한 헌법소원의 심판은 그 사유가 있음을 안 날로부터 60일 이내에, 그 사유가 있은 날로부터 180일 이내에 청구하여야 한다(헌법재판소법 제69조 제1항). 즉 법령에 대한 헌법소원은 법령의 시행과 동시에 기본권의 침해를 받는 경우에는 그 법령이 시행된 사실을 안 날로부터 60일 이내에, 그 법령이 시행된 날로부터 180일 이내에 청구하여야 하고, 법률이 시행된 뒤에 비로소 그 법률에 해당하는 사유가 발생하여 기본권의 침해를 받게 되는 경우에는 그 사유가 발생하였음을 안 날로부터 60일 이내에, 그 사유가 발생한 날로부터 180일 이내에 청구하여야 한다.

그런데 청구인이 위헌확인을 구하는 병역법 제3조 제1항은 청구인이 병역의무를 마친 후인 1993. 12. 31. 전문개정되어 1994. 1. 1.부터 시행되었으므로, 위 법률조항에 대한 헌법소원은 늦어도 위 법률조항이 시행된 날인 1994. 1. 1.부터 180일 이내에 청구하여야 할 것인데, 이 사건 심판청구는 청구기간이 지난 후인 2002. 1. 26. 청구되었음이 기록상 분명하다.

3. 결론

그렇다면 이 사건 심판청구는 청구기간이 경과된 후에 청구된 것으로서 부적법하므로, 헌법재판소법 제72조 제3항 제2호에 따라 재판관 전원의 일치된 의견으로 주문과 같이 결정한다.

2002. 2. 19.

재판장 재판관 김효종, 하경철, 주선회

<table><tr><td>3</td><td>**2006헌마328 병역법 제3조 제1항 등
위헌확인에 대한 심판청구원인보충서**[1]</td></tr></table>

사건 : 2006헌마 328 병역법 제3조 제1항 등 위헌확인

청구인 : 김ㅇ훈

  청구인의 국선대리인

  변호사 채형석

청구인의 국선대리인은 아래와 같이 청구원인을 보충합니다.

다음

1. 법률의 규정
가. 헌법의 규정
  제39조 ①모든 국민은 법률이 정하는 바에 의하여 국방의 의무를 진
    다.

자. 병역법의 규정
  제3조 (병역의무) ①대한민국 국민인 남자는 헌법과 이 법이 정하는
    바에 따라 병역의무를 성실히 수행하여야 한다. 여자는 지원에
    의하여 현역에 한하여 복무할 수 있다.
  제8조 (제1국민역에의 편입<개정 1999.2.5>) ①대한민국 국민인 남자

---

1) 본 사건은 2009년 5월 현재 헌법재판소에서 심의중에 있다.

는 18세부터 제1국민역에 편입된다.

2. 병역의무의 수행현황
가. 국방의 의무와 병역의무의 관계

(1) 병역법 제5조에서는 병역의 종류와 관련하여 현역 이외에 예비역(현역을 마친 사람 기타 이 법에 의하여 예비역에 편입된 사람), 보충역(징병검사를 받아 현역복무를 할 수 있다고 판정된 사람중에서 병력수급사정에 의하여 현역병입영대상자로 결정되지 아니한 사람과 공익근무요원·공중보건의사·징병전담의사·국제협력의사·공익법무관·공익수의사·전문연구요원·산업기능요원으로 복무 또는 의무종사하고 있거나 그 복무 또는 의무종사를 마친 사람 기타 이 법에 의하여 보충역에 편입된 사람), 제1국민역(병역의무자로서 현역·예비역·보충역 또는 제2국민역이 아닌 사람), 제2국민역(징병검사 또는 신체검사결과 현역 또는 보충역복무는 할 수 없으나 전시근로소집에 의한 군사지원업무는 감당할 수 있다고 결정된 사람 기타 이 법에 의하여 제2국민역에 편입된 사람)으로 나누어 규정하고 있습니다. 그리고 보충역 중 공익근무요원, 공중보건의사, 징병전담의사, 국제협력의사, 공익법무관, 공익수의사, 전문연구요원, 산업기능요원의 복무와 관련된 자세한 규정을 각 두고 있습니다.

(2) 그런데 현역 이외에 보충역(특히 공익근무요원, 공중보건의사, 징병전담의사, 국제협력의사, 공익법무관, 공익수의사, 전문연구요원, 산업기능요원), 제1국민역, 제2국민역의 복무 중 업무는 실질적으로 병역과는 무관한 것이 대부분이고, 오히려 국가에서 부족하거나 필요한 인력을 보완하는 공익적 업무가 대부분이라 할 것입니다.

(3) 개념적으로는 국방의 의무가 병역의무보다 넓게 이해되고 있으나

현실적으로 병역법에 의한 병역의무가 사실상 헌법에서 정한 국방의 의무의 근간이고, 대부분의 비중을 차지하고 있습니다. 또한 모든 국민이 민방위기본법, 전시근로동원법, 비상자원관리법 등에 의한 일부 간접적인 병력형성의무를 지고는 있다고 하더라도 민방위기본법은 그 실효성에 의문이 있고, 실질적으로 시행되지 않고 있는 특수상황에서의 의무를 국방의 의무로 일반화하기는 어렵다고 할 것입니다.

나. 군사현실의 변화로 인한 병역의 다양화

(1) 전통적으로 국방의 의무와 병역의무를 규정하고 있는 것은 외국으로부터의 전쟁이나 무력침입으로부터 자국을 보호하기 위한 것입니다. 그리고 이러한 목적이 지금도 가장 중요한 목적이라 할 것입니다. 그런데 현대에 있어서 전쟁의 개념은 무기의 현대화로 인하여 반드시 총과 칼을 들고 경계를 하거나 전쟁터에 나가서 싸우는 것보다는 현대화된 장비(인공위성, 정찰기 등)을 이용하여 보다 많은 정보를 수집·분석하여 전쟁에 대비하는 것이 보다 중요한 상황이고, 실제로 건장한 신체를 기초로 무기를 들고 싸우는 전통적인 개념의 전쟁과는 무관한 것이 현실입니다. 이러한 현실에서 남성의 신체적 조건이 여성보다 우월하다는 점만을 중요시하여 병역의무를 부과하던 전통적인 병역법의 규정은 재고되어야 하는 상황입니다. 그리고 여성이라고 하여 국가비상사태에 있어서 군사업무를 지원하지 못할 아무런 이유가 없고, 이러한 현실을 반영하여 각 사관학교에서도 여성을 생도로 뽑기 시작한 것이라 할 것입니다.

(2) 현행 병역법은 병역법상 대체복무를 규정하는 이외에, 보충역, 제1국민역, 제2국민역을 병역으로 규정하고 있습니다. 그런데 보충역 중 공익근무요원, 공중보건의사, 징병전담의사, 국제협력의사, 공익법무관, 공익수의사, 전문연구요원, 산업기능요원의 복무내용은 실질적으로 전통적인

병역의무를 이행하는 것이 아니라 넓은 의미의 대체복무형태라 할 것입니다. 그리고 이러한 대체복무형태를 통한 업무는 여성이라고 하여 못할 이유가 전혀 없습니다.

다. 병역의무내용의 변화

여성도 대체복무형태나 군사지원업무를 통한 병역의무의 이행이 가능합니다. 그리고 여성이 이러한 형태의 병역의무를 이행하게 되면 공익활동을 수행할 인력이 많아져서 국가의 보호가 필요한 더 많은 영역에 대체복무형태의 인력투입이 가능해 질 것이고 이는 곧 국가의 경쟁력과 복지제도를 향상시킬 것입니다. 그리고 남성의 경우도 이미 이러한 대체복무형태가 일반화된 현재의 상황에서 국방의 의무 중 병역의무는 국가를 위하여 일정기간 공익활동을 수행하는 것으로까지 광의로 이해되어야 할 것입니다. 그리고 현행 병역법에서도 이렇게 광의로 이해되고 있다고 보입니다.

라. 남북대치상황 및 경제상황

현재 우리나라는 남북이 대치하고 있는 상황이어서 병역의무에 많은 인력이 필요하고, 경제적으로 선진국에 진입하기 위하여 부단한 노력을 하여야 하나 복지국가의 수준에 도달하기 위해서는 이를 위한 인력과 예산이 많이 부족한 상황입니다.

마. 외국의 입법례

우리와 비슷한 상황인 이스라엘과 말레이시아, 쿠바, 배냉공화국 등에서는 남녀 모두에게 병역의무를 부과하고 있고, 프랑스, 스위스, 대만, 스웨덴, 독일 등에서도 이와 관련된 논의가 있는 상황입니다.

3. 병역법 규정의 위헌성

가. 평등권의 침해와 관련하여

(1) 평등권의 침해는 당해 법률이 당사자들의 특성 및 사회적 배경 등에 비추어 보아 다른 것은 같게, 또는 같은 것을 다르게 취급하여 당사자 일방에게 불합리하게 이익을 주거나 손해를 가할 경우에 인정되는 것입니다.

(2) 헌법 제39조는 모든 국민은 법률이 정하는 바에 의하여 국방의 의무를 진다고 규정하고 있습니다. 이에 따라서 병역법은 일반 국민의 병역의무를 규정하기 위하여 제정되었습니다. 그런데 병역법 제3조 제1항과 제8조 제1항을 살펴보면 국방의 의무로 남성의 병역의무를 규정하고 있는데 반하여 여성의 병역의무에 대해서는 원한다면 지원할 권리는 있으나 의무는 아무것도 규정하지 않고 있습니다. 이는 헌법을 입법자가 자의적으로 축소하여 법률로 규정한 결과라고 할 수 있습니다. 평등권 위반여부를 판단함에 있어 엄격한 심사척도에 의할 것인지, 완화된 심사척도에 의할 것인지는 입법자에게 인정되는 입법형성권의 정도에 따라 달라질 것이나, 헌법에서 특별히 평등을 요구하고 있는 경우에 있어 합리적인 이유없이 차별적 취급으로 관력 기본권에 대한 중대한 제한을 초래하게 된다면 입법형성권은 축소되고 보다 엄격한 심사척도가 적용되어야 할 것입니다.

그런데 국방의 의무에 대하여 헌법 제39조는 '모든 국민'이 국방의 의무를 진다고 하여 평등한 취급을 요구하고 있는 반면, 국방의 의무의 가장 근간이 되는 병역의무를 규정함에 있어서는 병역법에서 남성에게만 실질적인 병역의무를 지우고 여성은 실질적으로 아무런 병역의무를 지고 있지 않은 이상 이는 위헌이라 할 것입니다.

(3) 앞서 살핀 바와 같이 현대에서는 병역이 다양화되고 병역의무의 내용이 변화되고 있으며, 무기는 현대화되고 있습니다. 군대도 또한 그에 따

라 변해가면서 다양한 인재와 인력이 필요하게 되었고, 여성이 병역의무를 지더라도 작전 수립, 행정적 업무 등 군사지원업무에 투입할 수 있는 상황입니다.

또한 청구인은 '여성들도 남성과 똑같이 군대에 가야만 한다.'는 것을 주장하고 있는 것은 아닙니다. 그러나 여성들에게 국방의 의무의 근간인 병역의무를 실질적으로 이행할 필요가 없도록 규정한 현행 법체계에는 분명히 문제가 있음을 제기하고자 하는 것입니다. 여성들도 수행할 수 있는 병역의무의 방안이 분명히 여러 가지가 있음에도 불구하고 입법자는 여성이 자원하여 현역을 수행하는 것 이외에 아무런 방법도 고려하고 있지 않습니다.

병역의무가 넓게 해석되는 한 여성들에게도 사회봉사 등이 대체복무형태를 수행하도록 충분히 대안을 마련할 수 있습니다. 여성 복무인력을 보육시설이나 노인양로시설 기타 인력이 부족한 사회복지등과 관련된 시설에 보충하는 방안도 필요한 현실입니다., 그리고 이러한 대체복무형태를 이용한다면 국가예산의 문제나 내무생활여건의 어려움은 크게 문제가 되지 않는다고 할 것입니다.

이상으로 여성도 국방의 의무 중 병역의무를 이행할 수 있는 것인 바, 여성을 남성과 차별하여 실질적인 국방의 의무(병역의무)를 면제하게 한 것은 평등권위반이라 할 것입니다.

나. 직업의 자유, 신체의 자유, 거주 이전의 자유, 학문의 자유의 침해와 관련하여

(1) 남성들은 병역의무를 수행함으로 인하여 그 기간 동안 다른 직업을 가질 수 없으므로 직업의 자유가 침해되고 지정된 군 시설에서 거주하여야 하므로 거주이전의 자유가 침해되며, 훈련기간 중에 여러 가지 위험한 시설이나 위험한 상황에 노출되므로 행복추구권, 환경권, 신체의 자유 등이

침해됩니다.

(2) 보통 남성이 군대에 입대하는 나이는 한창 대학에서 학업에 열중하고 있을 때입니다. 그런데 남성의 경우 병역의무를 수행하기 위하여 대학 시절에 군대에 다녀온 후 학업의 연결성에 지장을 받아 남성들의 학업 능력이 떨어지는 경우가 많은 반면 여성들의 경우 대학 입학시부터 졸업시까지 자신이 원하는 공부를 계속할 수 있습니다. 따라서 이는 남성들의 학문의 자유를 침해하는 것이라 할 것입니다.

다. 비례의 원칙과 관련하여

병역의무는 헌법에서 정한 국방의 의무의 가장 근본적인 이행방법입니다. 그리고 병역법에서는 실질적으로 많은 대체복무형태를 규정하여 병역의무가 직접적인 병력형성의무만을 말한다고 하기 어려운 현실입니다. 이처럼 여러 가지 사회적 변화, 대체복무형태라는 대안의 존재 등에 비추어 볼 때 남성에게만 병역의 의무를 부과한 병역법 제3조 제1항, 제8조 제1항의 규정은 비례의 원칙에 어긋난 위헌적인 규정입니다.

4. 결어

따라서 병역법 제3조 1항, 제8조 1항은 평등권, 직업의 자유, 신체의 자유, 거주 이전의 자유, 학문의 자유, 비례의 원칙을 위반한 것이므로 위헌이라 할 것입니다.

2007.2.15

국선대리인 채 형 석

헌법재판소 제3지정재판부 귀중

2006 헌마 328 병역법 제3조 제1항 등 위헌확인에 대한 국방부장관 의견서

청구인 : 김○훈(810813-1065817)

　　　서울 양천구 목2동 548-6 다세대 주택 1층

사건명 : 2006 헌마 328 병역법 제3조 제1항 등 위헌확인

청구인에 제출한 준비서면에 대하여 다음과 같이 의견을 개진합니다.

다음

1. 심판청구의 요지

헌법소원 청구서에 나타난 청구인의 주장의 요지를 검토하면, 헌법 제 39조 제1항에서 '모든 국민은 법률이 정하는 바에 의하여 국방의 의무를 진다.'라고 규정되어 있음에도 불구하고, 병역법 제3조 제1항에서는 '대한 민국 국민인 남자는 헌법과 이 법이 정하는 바에 따라 병역의무를 성실히 수행하여야 한다. 여자는 지원에 의하여 현역에 한하여 복무할 수 있다.'라 고 규정하고 있으므로, 현재의 제도 하에서 여자는 단지 지원에 의해서만 현역(장교, 부사관)으로 군복무를 할 수 있고, 징집에 의한 국방의 의무는 수행하지 못하도록 되어 있어 위 병역법 조항이 남자인 청구인의 평등권, 직업선택의 자유 및 거주이전의 자유, 행복추구권 등을 침해하였다는 것입 니다.

2. 관련 규정

가. 헌법

제11조 제1항 모든 국민은 법 앞에 평등하다. 누구든지 성별, 종교 또는 사회적 신분에 의하여 정치적, 경제적, 사회적, 문화적 생활의 모든 영역에 있어서 차별을 받지 아니한다.

제15조 모든 국민은 직업선택의 자유를 가진다.

제39조 제1항 모든 국민은 법률이 정하는 바에 의하여 국방의 의무를 진다.

제2항 누구든지 병역의무의 이행으로 인하여 불이익한 처우를 받지 아니한다.

나. 병역법

제3조 제1항 대한민국 국민인 남자는 헌법과 이 법이 정하는 바에 따라 병역의무를 성실히 수행하여야 한다. 여자는 지원에 의하여 현역에 한하여 복무할 수 있다.

제2항 이 법에 의하지 아니하고는 병역의무에 대한 특례를 규정할 수 없다.

3. 심판청구의 각하

본건 헌법소원 심판청구는 다음과 같이 헌법소원 제기요건으로서 직접성 요건을 갖추지 못하였으므로 각하되어야 합니다.

즉 헌법재판소법 제68조 제1항에 의하면 헌법소원심판은 공권력의 행사 또는 불행사로 인하여 헌법상 보장된 자신의 기본권을 공권력에 의하여 직접 침해받은 자가 청구할 수 있습니다. 즉 헌법소원을 청구하기 위해서는 청구인의 권리침해가 당해 소원대상인 공권력 행위 외에 다른 행위의 매개가 있어야 효과를 발생하거나 그러한 매개행위 여부에 종속되어서는 안 되며, 당해 공권력 행위에 의하여 직접 발생하는 것이어야 할 것입니다.

가. 기본권의 침해성 여부

그런데, 위 청구인의 주장을 검토하면, 청구인이 병역법에 의한 병역의무자로된 것은 헌법상 국민의 국방의무에 그 근거를 둔 것으로서 병역의무의 이행과 관련하여서 이는 국민의 기본적 의무 그 자체로 청구인의 어떠한 기본권도 침해받았다고 볼 수 없는 것입니다. 다만, 청구인은 여자가 병역의무를 이행하지 아니하는 현행법상의 규정이 남자를 여자와 달리 차별하여 평등권 등이 침해되었다고 주장하고 있으나, 일반적 기본권인 평등권의 침해가 문제되는 경우는 개별·구체적인 기본권의 침해가 전제되어야 하는 바, 청구인은 헌법상의 의무로서 병역의무이행자로 된 것이고 여기에 어떠한 기본권의 침해가 있다고 볼 수 없으므로, 청구인의 기본권 침해주장은 그 주장 자체로 이유없다고 해야 합니다.

나. 기본권의 직접 침해성 여부

청구인은 청구서에서 병역법에 의하여 제1국민역에 편입되었고 모집병에 합격되어 병무청으로부터 입영영장을 받았다고 자인하고 있으므로 살피건대, 헌법 소원심판청구는 문제된 공권력행사가 직접 청구인의 기본권을 침해하여야 하고 매개행위(행정처분 등)가 있을 경우 이를 직접 헌법재판을 통해 다툴 수는 없다고 할 것이므로, 청구인은 위 제1국민역 편입처분이나 입영영장에 대하여 행정소송으로 불복하여 권리구제 절차를 밟는 것이 타당할 것으로 사료됩니다.

4. 심판청구의 기각

가. 청구인의 평등권 침해여부

청구인은 헌법 제39조 제1항에서 '모든 국민은 법률이 정하는 바에 의하여 국방의 의무를 진다.'라고 규정되어 있는데도 불구하고, 병역법은 대한민국 국민인 남자만이 병역의무를 수행토록 하고, 여자는 지원에 의하여 현역에 한하여 복무할 수 있다고 규정하고 있는 것은 청구인의 평등권을 침해하고 있다고 주장하고 있습니다.

(1) 위와 같은 청구인의 주장에 대하여 살피건대, 우리 헌법은 인간으로서의 존엄과 가치를 실현하기 위하여 제11조 제1항에서 평등권을 보장하고 있는바, 평등권은 모든 국민에게 여러 생활 영역에서 균등한 기회를 보장해 주는 '기회균등'과 기회균등의 요청에 반하는 어떠한 자위적인 공권력의 발동도 용납하지 않는 '자의금지'를 그 내용으로 하고 있습니다.

(2) 또한, 평등권에 내포된 평등의 규범적 의미는 산술적인 의미의 '절대적인 평등'을 뜻하는 것이 아니라, 같은 것은 같게, 다른 것은 다르게 처리하는 '상대적 평등'을 의미하는 바, 같은 것과 다른 것을 구별하는 판단기준은 자의적이지 아니하고 차별을 정당화할 만한 객관적으로 합리적인 사유가 있는지 여부입니다.

특히 '남녀간에 있어서의 평등'은 획일적으로 동일 업무를 남녀가 동등하게 수행하는 것을 의미하는 것이 아니라, 사회적으로 인식되어 있는 남자와 여자의 일반적 차이를 인정하고, 그 차이에 합당한 기회를 제공하여 줌으로써 달성될 수 있는 것이라 하겠습니다.

(3) 과연 남자만을 현역병 징집의 대상으로 삼는 병역법 조항이 청구인들의 평등권을 침해한 것인지 여부에 대해 보건대,

　헌법 제39조 제1항에서 '모든 국민은 법률이 정하는 바에 의하여 국방의 의무를 진다.'라는 규정에서 '여자도 반드시 현역병의 징집 대상으로 군복무를 하여야 한다.'라는 결론이 도출될 수는 없습니다. 즉 국방의 의무 중에서 직접적인 병력형성의무인 병역법에 의한 징집대상은 대한민국 남성만이 부담을 하지만, 간접적인 병력형성의무1)는 남녀를 가리지 않고 대한민국 국민이면 누구나 부담합니다. 따라서 위 헌법조항에서의 '모든 국민'에 남녀노소를 불문한 대한민국 국민 전체가 포함됨은 당연하지만 국방의 의무를 부담하는 국민들 중에서 구체적으로 어떤 사람을 징집하여 군복무를 시킬 것인가(병역의 의무)는 '직접적인 병력형성의 의무'에 관계된 것으로서 입법자가 국가의 안보상황, 재정능력 등의 여러 가지 사정을 고려하여 국가의 독립을 유지하고 영토를 보전함에 필요한 범위 내에서 결정할 사항이라고 하겠습니다.

　즉 징집대상자의 범위를 결정하는 문제는 그 목적이 국가안보와 직결되어 있고, 그 성질상 급변하는 국내외 정세 등에 탄력적으로 대응하면서 '최적의 전투력'을 유지할 수 있도록 합목적적으로 정해야 하는 사항이기 때문에, 본질적으로 입법자의 입법형성권이 광범위하게 인정되는 영역이라고 하겠습니다.

　현재 우리나라의 병력수급상황이 여성에게까지 현역병 징집 입영에 의한 병역의무의 부과를 요구할 정도는 아니며, 만약 여성에게까지 이러한 의무를 부과한다면 봉급지급에 의한 국가예산의 문제, 내무생활의 여건 문제 등 많은 어려움에 봉착하게 됩니다. 따라서 병역법 제3조 제1항에서 남자만을 현역병 징집의 대상으로 규율하는 것은 위에서 본 바와 같이 입법자가 광범위한 재량의 범위 내에서 국가의 안보상황, 재정능력 등의 여러

---

1) 민방위기본법에 의한 구조·복구 및 노력지원, 전시근로동원법에 의한 전투부대에 대한 군수품지원을 위한 노력동원의무, 비상대비자원관리법에 의한 훈련에 응할 의무 등이다.

사정을 고려하여 결정한 사항으로서 국방의 의무를 수행함에 있어서 여성을 차별하거나, 또는 남성을 차별하는 것이 아니라고 할 것입니다.

나. 청구인의 직업선택의 자유 등 침해여부

청구인은 남자만 병역의무를 이행함으로써 군복무기간 중에 다른 직업을 가질 수 없고 절대 다수의 남성들이 일반기업체에 취직하기 위해서는 병역의무를 이행하여야 하는데도, 병역의무를 이행 않는 여성은 대학 재학 중에도 취직이 가능하므로 청구인의 직업선택의 자유, 거주이전의 자유, 행복추구권 등이 침해받고 있다고 주장하고 있습니다.

(1) 직업선택의 자유라 함은 자기가 선택한 직업에 종사하여 이를 영위할 수 있는 자유를 말하는 바, 여기에는 직업결정의 자유, 직업종사(직업수행)의 자유, 전직의 자유 등이 포함된다고 할 것입니다. (헌재 1993.5.13. 선고 92헌마80 전원재판부 결정 외 다수)

(2) 그러나, 청구인이 이행하게 되는 병역의무는 헌법상에 근거를 둔 신성한 국방의 의무의 한 태양으로서, 직업선택의 자유를 포함한 모든 국민의 기본권 보장과 실현은 헌법상 국민의 기본적 의무와 상치되는 것이 아니라 헌법상 의무의 테두리 내에서 가능한 것이라고 보아야 합니다. 설령, 청구인이 병역의무이행으로 인하여 직업선택의 자유에 제한이 초래된다고 하더라도, 모든 국민의 기본권은 헌법 제37조 제2항에 따라서 법률로서 그 제한이 가능하다고 볼 것이므로, 더욱이 청구인이 주장하는 직업선택의 자유가 법률로서도 제한할 수 없는 절대적 기본권에 해당한다고 보여지지 아니하므로, 병역법에 의한 병역의무이행으로 제한될 여지가 있는 직업선택의 자유는 당연히 합헌적 테두리 내에 있는 것으로 보아야 할 것입니다.

(3) 더욱이, 청구인이 병역의무 이행으로 인하여 직업선택의 자유에 제한을 가져온다고 하더라도, 이는 직업결정의 자유에 대한 제한이라기보다는 헌법상 의무를 이행하는 과정에서 불가피하게 초래된 적업선택과정에서의 간접적인 제한, 즉 직업수행의 자유를 제한하거나 그보다 낮은 정도의 미미한 가이드라인으로 볼 것입니다. 즉 헌법재판소는 과거부터 직업수행의 자유는 직업결정의 자유에 비하여 상대적으로 그 침해의 정도가 작다고 보아 이에 대하여는 공공복리 등 공익상의 이유로 비교적 넓은 법률상의 규제가 가능하다고 판시하여 오고 있으므로 (헌재 1998.5.28. 선고 95헌바18 결정 등 참조), 직업선택의 자유를 침해하였다는 청구인의 주장은 이유가 없다고 하겠습니다.

(4) 결국, 병역의무이행으로 말미암아 청구인의 직업선택의 자유 외에 거주이전의 자유 기타 행복추구권 등을 침해받았다는 청구인의 주장 또한 위와 같은 이유로 모두 이유 없다고 할 것입니다.

5. 결론

이상에서 살펴본 바와 같이 청구인들의 헌법소원 심판청구는 그 제기요건인 직접성 등이 결여되어 있다고 할 것이고, 설령 그 청구요건이 구비된 것으로 인정한다 하더라도 소원대상인 이 사건 병역법 제3조 제1항은 청구인의 평등권, 직업선택의 자유 등을 침해하였다고 볼 수 없으므로, 본건 헌법소원심판청구는 그 이유 없어 마땅히 기각되어야 할 것입니다. 끝.

2007. 1. 25
국방부 장관
헌법재판소 귀중

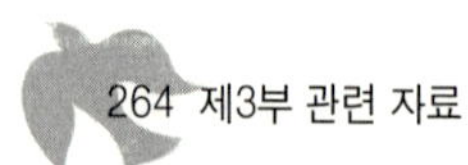

제2장
제대군인 가산점제 관련

1 | 98헌마363헌법재판소 결정

제대군인지원에관한법률 제8조 제1항 등 위헌확인

(1999. 12. 23. 98헌마363 전원재판부)

【판시사항】

1. 제대군인이 공무원채용시험 등에 응시한 때에 과목별 득점에 과목별 만점의 5% 또는 3%를 가산하는 제대군인가산점제도(이하 "가산점제도")가 헌법에 근거를 둔 것인지 여부(소극)

2. 가산점제도로 인한 차별의 대상

3. 가산점제도의 평등위반여부를 심사함에 있어 적용되는 심사척도

4. 가산점제도로 여성, 신체장애자 등의 평등권이 침해되는지 여부(적극)

5. 가산점제도로 여성, 신체장애자 등의 공무담임권이 침해되는지 여부 (적극)

【결정요지】

1. 헌법 제39조 제1항에서 국방의 의무를 국민에게 부과하고 있는 이상 병역법에 따라 군복무를 하는 것은 국민이 마땅히 하여야 할 이른바 신성한 의무를 다 하는 것일 뿐, 그러한 의무를 이행하였다고 하여 이를 특별한 희생으로 보아 일일이 보상하여야 한다고 할 수는 없는 것이므로, 헌법 제39조 제2항은 병역의무를 이행한 사람에게 보상조치를 취하거나 특혜를 부여할 의무를 국가에게 지우는 것이 아니라, 법문 그대로 병역의무의 이행을 이유로 불이익한 처우를 하는 것을 금지하고 있을 뿐인데, 제대군인지원에관한법률 제8조 제1항 및 제3항, 동법시행령 제9조에 의한 가산점제도는 이러한 헌법 제39조 제2항의 범위를 넘어 제대군인에게 일종의 적극적 보상조치를 취하는 제도라고 할 것이므로 이를 헌법 제39조 제2항에 근거한 제도라고 할 수 없고, 제대군인은 헌법 제32조 제6항에 규정된 "국가유공자·상이군경 및 전몰군경의 유가족"에 해당하지 아니하므로 이 헌법조항도 가산점제도의 근거가 될 수 없으며, 달리 헌법상의 근거를 찾아볼 수 없다.

2. 전체여성 중의 극히 일부분만이 제대군인에 해당될 수 있는 반면, 남자의 대부분은 제대군인에 해당하므로 가산점제도는 실질적으로 성별에 의한 차별이고, 가산점을 받을 수 있는 현역복무를 하게 되는지 여부는 병역의무자의 의사와 관계없이 징병검사의 판정결과, 학력, 병력수급의 사정에 따라 정해지는 것이므로 가산점제도는 현역복무나 상근예비역 소집근무를 할 수 있는 신체건장한 남자와 그렇지 못한 남자, 즉 병역면제자와 보

충역복무를 하게 되는 자를 차별하는 제도이다.

3. 평등위반 여부를 심사함에 있어 엄격한 심사척도에 의할 것인지, 완화된 심사척도에 의할 것인지는 입법자에게 인정되는 입법형성권의 정도에 따라 달라지게 될 것이나, 헌법에서 특별히 평등을 요구하고 있는 경우와 차별적 취급으로 인하여 관련 기본권에 대한 중대한 제한을 초래하게 된다면 입법형성권은 축소되어 보다 엄격한 심사척도가 적용되어야 할 것인바, 가산점제도는 헌법 제32조 제4항이 특별히 남녀평등을 요구하고 있는 "근로" 내지 "고용"의 영역에서 남성과 여성을 달리 취급하는 제도이고, 또한 헌법 제25조에 의하여 보장된 공무담임권이라는 기본권의 행사에 중대한 제약을 초래하는 것이기 때문에 엄격한 심사척도가 적용된다.

4. 가. 제대군인에 대하여 여러 가지 사회정책적 지원을 강구하는 것이 필요하다 할지라도, 그것이 사회공동체의 다른 집단에게 동등하게 보장되어야 할 균등한 기회 자체를 박탈하는 것이어서는 아니 되는데, 가산점제도는 아무런 재정적 뒷받침없이 제대군인을 지원하려 한 나머지 결과적으로 여성과 장애인 등 이른바 사회적 약자들의 희생을 초래하고 있으며, 각종 국제협약, 실질적 평등 및 사회적 법치국가를 표방하고 있는 우리 헌법과 이를 구체화하고 있는 전체 법체계 등에 비추어 우리 법체계내에 확고히 정립된 기본질서라고 할 '여성과 장애인에 대한 차별금지와 보호'에도 저촉되므로 정책수단으로서의 적합성과 합리성을 상실한 것이다.

나. 가산점제도는 수많은 여성들의 공직진출에의 희망에 걸림돌이 되고 있으며, 공무원채용시험의 경쟁률이 매우 치열하고 합격선도 평균 80점을 훨씬 상회하고 있으며 그 결과 불과 영점 몇 점 차이로 당락이 좌우되고 있는 현실에서 각 과목별 득점에 각 과목별 만점의 5퍼센트 또는 3퍼센트를

가산함으로써 합격여부에 결정적 영향을 미쳐 가산점을 받지 못하는 사람들을 6급이하의 공무원 채용에 있어서 실질적으로 거의 배제하는 것과 마찬가지의 결과를 초래하고 있고, 제대군인에 대한 이러한 혜택을 몇 번이고 아무런 제한없이 부여함으로써 한 사람의 제대군인을 위하여 몇 사람의 비(非)제대군인의 기회가 박탈당할 수 있게 하는 등 차별취급을 통하여 달성하려는 입법목적의 비중에 비하여 차별로 인한 불평등의 효과가 극심하므로 가산점제도는 차별취급의 비례성을 상실하고 있다.

다. 그렇다면 가산점제도는 제대군인에 비하여, 여성 및 제대군인이 아닌 남성을 부당한 방법으로 지나치게 차별하는 것으로서 헌법 제11조에 위배되며, 이로 인하여 청구인들의 평등권이 침해된다.

5. 헌법 제25조의 공무담임권 조항은 모든 국민이 누구나 그 능력과 적성에 따라 공직에 취임할 수 있는 균등한 기회를 보장함을 내용으로 하므로, 공직자선발에 관하여 능력주의에 바탕한 선발기준을 마련하지 아니하고 해당 공직이 요구하는 직무수행능력과 무관한 요소를 기준으로 삼는 것은 국민의 공직취임권을 침해하는 것이 되는바, 제대군인 지원이라는 입법목적은 예외적으로 능력주의를 제한할 수 있는 정당한 근거가 되지 못하는데도 불구하고 가산점제도는 능력주의에 기초하지 아니하고 성별, '현역복무를 감당할 수 있을 정도로 신체가 건강한가'와 같은 불합리한 기준으로 여성과 장애인 등의 공직취임권을 지나치게 제약하는 것으로서 헌법 제25조에 위배되고, 이로 인하여 청구인들의 공무담임권이 침해된다.

【심판대상조문】

제대군인지원에관한법률(1997. 12. 31. 법률 제5482호로 제정된 것) 제

8조(채용시험의 가점) ① 제7조 제2항의 규정에 의한 취업보호실시기관이 그 직원을 채용하기 위한 시험을 실시할 경우에 제대군인이 그 채용시험에 응시한 때에는 필기시험의 각 과목별 득점에 각 과목별 만점의 5퍼센트의 범위 안에서 대통령령이 정하는 바에 따라 가산한다. 이 경우 취업보호실시기관이 필기시험을 실시하지 아니한 때에는 그에 갈음하여 실시하는 실기시험·서류전형 또는 면접시험의 득점에 이를 가산한다.

② 생략

③ 취업보호실시기관이 실시하는 채용시험의 가점대상직급은 대통령령으로 정한다.

제대군인지원에관한법률시행령(1998. 8. 21. 대통령령 제15870호로 제정된 것) 제9조(채용시험의 가점비율 등) ① 법 제8조 제1항의 규정에 의하여 제대군인이 채용시험에 응시하는 경우의 시험만점에 대한 가점비율은 다음 각호의 1과 같다.

1. 2년 이상의 복무기간을 마치고 전역한 제대군인 : 5퍼센트

2. 2년 미만의 복무기간을 마치고 전역한 제대군인 : 3퍼센트

② 법 제8조 제3항의 규정에 의한 채용시험의 가점대상직급은 다음 각호와 같다.

1. 국가공무원법 제2조 및 지방공무원법 제2조에 규정된 공무원중 6급 이하 공무원 및 기능직공무원의 모든 직급

2. 국가유공자등예우및지원에관한법률 제30조 제2호에 규정된 취업보호실시기관의 신규채용 사원의 모든 직급

【참조조문】

헌법 제11조, 제25조, 제32조 제4항, 제6항, 제34조 제3항, 제5항, 제39

조 제1항, 제2항

　　제대군인지원에관한법률 제2조(정의) ① 이 법에서 "제대군인"이라 함
은 병역법 또는 군인사법에 의한 군복무를 마치고 전역(퇴역·면역 또는 상
근예비역소집해제를 포함한다. 이하 같다)한 자를 말한다.
② 이 법에서 "장기복무제대군인"이라 함은 장교·준사관·하사관으로 임
　 용되어 10년 이상 현역으로 복무하고 전역한 자를 말한다.

　　제대군인지원에관한법률 제7조(취업보호) ① 생략
② 취업보호를 실시할 취업보호실시기관의 범위·채용의무·고용명령 등
　 에 대하여는 국가유공자등예우및지원에관한법률 제30조 내지 제33조
　 의 규정을 각각 준용한다.
③~④ 생략

　　제대군인지원에관한법률 제8조(채용시험의 가점) ① 생략
② 현역복무중에 있는 자로서 전역예정일부터 6월 이내에 있는 자는 채용
　 시험의 가점에 있어서 이를 제대군인으로 본다.
③~④ 생략

　　국가유공자등예우및지원에관한법률　제30조(취업보호실시기관)　취업
보호를 실시할 취업보호실시기관은 다음과 같다.
　　1. 국가기관·지방자치단체 및 초·중등교육법 제2조 및 고등교육법 제2
　　　조의 규정에 의한 학교. 다만, 기능직공무원 정원이 5인 미만인 경우
　　　와 교원을 제외한 교직원 정원이 5인 미만인 사립학교의 경우를 제외
　　　한다.
　　2. 일상적으로 1일 20인 이상을 고용하는 공·사기업체 또는 공·사단체.

다만, 대통령령이 정하는 제조기업체로서 200인 미만을 고용하는 기업체를 제외한다.

국가공무원법 제26조(임용의 원칙) 공무원의 임용은 시험성적·근무성적 기타 능력의 실증에 의하여 행한다.

국가공무원법 제35조(평등의 원칙) 공개경쟁에 의한 채용시험은 동일한 자격을 가진 모든 국민에게 평등하게 공개하여야 하며 시험의 시기 및 장소는 응시자의 편의를 고려하여 결정한다.

【주　　문】

제대군인지원에관한법률(1997. 12. 31. 법률 제5482호로 제정된 것) 제8조 제1항, 제3항 및 동법시행령(1998. 8. 21. 대통령령 제15870호로 제정된 것) 제9조는 헌법에 위반된다.

【이　　유】

1. 사건의 개요

청구인 이○진은 1998. 2. 이화여자대학교를 졸업한, 청구인 조○옥, 박○주, 김○원, 김○정은 같은 대학교 4학년에 재학중이던 여성들로서 모두 7급 또는 9급 국가공무원 공개경쟁채용시험에 응시하기 위하여 준비중에 있으며, 청구인 김○수는 연세대학교 4학년에 재학중이던 신체장애가 있는 남성으로서 역시 7급 국가공무원 공개경쟁채용시험에 응시하기 위하여 준비중에 있다.

청구인들은 제대군인이 6급 이하의 공무원 또는 공·사기업체의 채용시

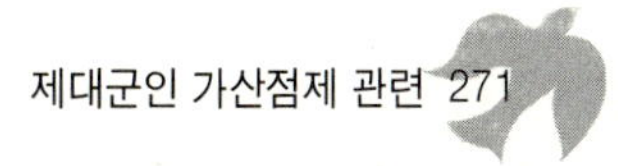

험에 응시한 때에 필기시험의 각 과목별 득점에 각 과목별 만점의 5퍼센트 또는 3퍼센트를 가산하도록 규정하고 있는 제대군인지원에관한법률 제8조 제1항, 제3항 및 동법시행령 제9조가 자신들의 헌법상 보장된 평등권, 공무담임권, 직업선택의 자유를 침해하고 있다고 주장하면서 1998. 10. 19. 이 사건 헌법소원심판을 청구하였다.

2. 청구인들의 주장과 관계기관의 의견
가. 청구인들의 주장

(1) 제대군인가산점제도의 입법취지는 병역의무를 자진하여 이행하는 풍토를 조성하는 한편 제대군인의 사회복귀를 도와 병역의무이행으로 인한 불이익을 보상함에 있다고 하는 바, 자발적인 병역의무이행 풍토를 조성하는 것은 어디까지나 병역법의 엄격한 적용과 병역의무에 대한 건전한 의식의 형성 등에 의하여 달성하여야 하는 것이지, 공무원 및 공·사기업체의 채용시험에서 제대군인에게 각 과목별로 만점의 3퍼센트 또는 5퍼센트를 가산하도록 하는 제대군인가산점제도를 그 수단으로 사용하는 것은 방법에 있어 적절하지 않으며, 제대군인에 대한 보상은 금전적 또는 다른 합리적인 범위내의 처우이어야 하지 제대군인이라는 특수한 사회적 지위를 창설하여 이들에게 특혜를 부여함으로써 다른 기본권 주체의 기본권을 침해하는 방법으로 하여서는 아니된다.

(2) 7·9급 공무원 채용시험의 경우 합격점이 평균 80점을 훨씬 상회하고 있고 불과 영점 몇점차로 합격여부가 좌우되는 상황에서 제대군인에 대하여 시험과목별로 3점 또는 5점을 가산하는 것은 당락에 결정적으로 영향을 미치는 바, 가산점 혜택을 받지 못하는 자는 경우에 따라 만점을 받고도 불합격되는 모순이 있을 수 있으며 결국 이들의 응시기회를 사실상 박탈하는 것과 같은 가혹한 결과를 초래하므로 피해의 최소성의 원칙에 어긋난다.

(3) 여성과 장애인은 유형·무형의 성적 차별 내지 사회적 편견·냉대로 능력에 맞는 직업을 구하기가 지극히 어려운 것이 현실인데, 제대군인가산점제도는 군복무를 마친 신체적으로 건장한 남성에 비해 상대적으로 사회적 약자인 여성과 장애인을 그들이 이행할 수도 없는 병역의무를 이행하지 않았다는 이유로 직업의 세계에서 몰아냄으로써 그들의 생존을 어렵게 하고 있다.

(4) 헌법 제25조는 공무담임권을 보장하고 있는바, 그 취지는 능력주의에 합당한 선발기준을 마련함으로써 모든 국민에게 그 능력과 적성에 따라 공직에 취임할 수 있는 동등한 기회를 보장한다는 것이다. 제대군인가산점제도는 직무수행능력이 아니라 병역의무이행 여부를 공무원선발의 기준으로 삼고 있다는 점에서 국민의 공무담임권을 침해하고 있다.

(5) 헌법 제15조는 직업의 자유를 보장하고 있고, 직업선택의 자유는 직업행사의 자유에 비하여 상대적으로 그 제한폭이 좁다고 할 것인바, 제대군인가산점제도는 여성이나 장애인이 공·사기업체에 취업하는 것을 사실상 차단하고 있으므로 이들의 직업선택의 자유를 침해하는 것이다.

(6) 따라서 제대군인가산점제도는 과잉금지원칙에 반하여 청구인들의 헌법상 보장된 평등권, 공무담임권, 직업선택의 자유를 침해하고 있다.

나. 국가보훈처장의 의견
(1) 여성에 대하여는 공무원시험에서 이른바 "여성채용목표제"가 시행되고 있어 합격선에 미달하더라도 추가로 합격처리될 수 있는바, 이러한 특혜를 부여받는 여성이 제대군인가산점제도로 인한 피해자라고 할 수 없으므로 청구인들 중 여성들은 헌법소원청구의 적격이 없다.

(2) 이 법은 1997. 12. 31. 공포되고, 1998. 7. 1. 시행되었는바, 헌법소원 청구기간의 기산점은 그 공포일로 보아야 하고, 따라서 1998. 10. 19.에야 청구된 이 사건 헌법소원은 청구기간을 도과한 것이다.

(3) 제대군인가산점제도는 군복무로 인하여 제한된 개인의 권익을 보전해 주는 한편, 현역장병들의 사기가 저하되지 않도록 함으로써 안정된 국방력을 확보하기 위하여 시행되는 제도로서, 군복무 중에는 학업 또는 생업을 포기하여야 하고 취업할 기회와 취업을 준비하는 기회도 상실하게 되는 개인적 희생을 감수하여야 하므로 이러한 손실을 최소한도나마 보전해 줌으로써 전역후 빠른 기간내에 일반사회로 복귀할 수 있도록 해 주는 것이 군복무를 하지 않고 일반 사회생활을 한 사람들과의 형평에 부합한다.

(4) 군복무자와 비복무자를 기계적으로 동등하게 취급하여 경쟁하도록 하는 것은 대부분의 군복무자들의 공무담임권과 직업선택의 자유를 원천적으로 제한하는 결과가 되고, 실질적 평등의 원칙에도 어긋난다.

3. 판　단
가. 적법성에 관한 판단
(1) 국가보훈처장은 이른바 여성채용목표제의 혜택을 받는 여성들은 가산점제도(이하 이 법 제8조 제1항, 제3항과 이 시행령 제9조에 의한 제대군인가산점제도를 "가산점제도"라 한다)의 피해자라 볼 수 없어 헌법소원청구의 적격이 없다고 주장하나, 여성채용목표제는 가산점제도와는 목적과 취지가 다른 별개의 제도이며, 가산점제도 자체로 인하여 뒤에서 보는 바와 같이 청구인들의 기본권적 지위에 영향을 받는 이상 자기관련성을 부인할 수 없다.

국가보훈처장은 또한 청구인 이유진이 1997년도 7급 국가공무원 채용

시험에 응시하였다가 가산점제도와 관계없이 불합격할 수 밖에 없는 성적
으로 불합격한 바 있으므로 청구인적격이 없다고 하나, 동 청구인이 심판
청구 당시 재차 국가공무원 시험을 준비하고 있지 않다고 볼 만한 사정이
없는 이상 청구인적격이 없다고 할 수 없다.

　(2) 심판청구 당시 청구인들은 국가공무원 채용시험에 응시하기 위하여
준비하고 있는 단계에 있었으므로 이 사건 심판대상조항으로 인한 기본권
침해를 현실적으로 받았던 것은 아니다. 그러나 청구인들은 심판청구 당시
국가공무원 채용시험에 응시하기 위한 준비를 하고 있었고, 이들이 응시할
경우 장차 그 합격여부를 가리는데 있어 가산점제도가 적용될 것임은 심판
청구 당시에 이미 확실히 예측되는 것이었다. 따라서 기본권침해의 현재관
련성이 인정된다(헌재 1992. 10. 1. 92헌마68등, 판례집 4, 659, 669 참조).
이와 같이 장래 확실히 기본권침해가 예측되어 현재관련성을 인정하는 이
상 청구기간이 경과하였다고 할 수 없다. 청구기간을 준수하였는지 여부는
이미 기본권침해가 발생한 경우에 비로소 문제될 수 있는 것인데, 이 사건
의 경우 아직 기본권침해는 없으나 장래 확실히 기본권침해가 예측되므로
미리 앞당겨 현재의 법적 관련성을 인정하는 것이기 때문이다. 따라서 청
구기간이 지났다는 국가보훈처장의 주장은 이유없다.

　(3) 그렇다면 달리 적법요건상의 흠결이 없으므로 이 사건 심판청구는
적법하다.

나. 본안에 관한 판단

(1) 가산점제도의 내용

가산점제도란, 일정한 취업보호실시기관이 채용시험을 실시할 경우 제
대군인이 그 채용시험에 응시한 때에는 필기시험의 각 과목별 득점(필기시

험에 갈음하여 실시하는 실기시험·서류전형 또는 면접시험의 득점 포함)
에 각 과목별 만점의 5% 또는 3%를 가산하는 제도를 말한다.

(가) 제대군인

제대군인이란 병역법 또는 군인사법에 의한 군복무를 마치고 전역(퇴
역·면역 또는 상근예비역소집해제를 포함)한 자를 뜻한다(이 법 제2조).

대한민국 국민인 남자는 국방의 의무가 있고(헌법 제39조 제1항, 병역
법 제3조 제1항), 병역법과 군인사법에 의하여 군복무를 하여야 하는바(병
역법 제3조 제1항, 제4조), 병역에는 현역, 예비역, 보충역, 제1국민역, 제2
국민역이 있으나(동법 제5조 제1항), 전역이라는 법문의 해석상 제대군인
에는 현역복무(전투경찰대원 및 교정시설경비교도로 전환복무되는 경우
포함)를 마치고 전역한 자와 상근예비역으로 근무를 마치고 소집해제된 자
만 포함된다. 그리하여 보충역으로 군복무를 마친 자나 제2국민역에 편입
된 자는 제대군인에 해당하지 아니한다.

여자는 지원에 의하여 현역에 복무할 수 있으므로(병역법 제3조 제1항
제2문), 여성도 제대군인이 될 수 있다.

한편, 현역복무중에 있는 자로서 전역예정일부터 6월 이내에 있는 자는
제대군인으로 본다(이 법 제8조 제2항).

(나) 취업보호실시기관

취업보호실시기관이란, 국가기관·지방자치단체 및 초·중등교육법 제2
조 및 고등교육법 제2조의 규정에 의한 학교(다만, 기능직공무원 정원이 5
인 미만인 경우와 교원을 제외한 교직원 정원이 5인 미만인 사립학교의 경
우를 제외)와 일상적으로 1일 20인 이상을 고용하는 공·사기업체 또는 공·
사단체(다만, 대통령령이 정하는 제조기업체로서 200인 미만을 고용하는
기업체를 제외)를 말한다(이 법 제7조, 국가유공자등예우및지원에관한법

률 제30조).

(다) 가점비율

2년 이상의 복무기간을 마치고 전역한 제대군인의 경우 5%, 2년 미만의 복무기간을 마치고 전역한 제대군인의 경우 3%를 가산한다(이 시행령 제9조 제1항).

(라) 가점대상직급

국가공무원법 제2조 및 지방공무원법 제2조에 규정된 공무원중 6급이하 공무원 및 기능직공무원의 모든 직급, 그리고 국가유공자등예우및지원에관한법률 제30조 제2호에 규정된 취업보호실시기관의 신규채용 사원의 모든 직급이 가점대상직급이다(이 시행령 제9조 제2항).

(2) 가산점제도의 위헌여부
(가) 가산점제도의 근거

1) 가산점제도가 헌법에 근거를 둔 제도인지, 아니면 단순히 입법정책적 제도인지는 가산점제도의 위헌여부를 판단하는데 있어 고려하여야 할 중요한 요소 중의 하나이므로 먼저 이에 관하여 본다.

2) 헌법 제39조 제2항은 "누구든지 병역의무의 이행으로 인하여 불이익한 처우를 받지 아니한다"고 규정하고 있는데, 이 조항이 가산점제도의 헌법상 근거로 될 수 있는지 본다.

헌법 제39조 제1항에 규정된 국방의 의무는 외부 적대세력의 직·간접적인 침략행위로부터 국가의 독립을 유지하고 영토를 보전하기 위한 의무로서, 헌법에서 이러한 국방의 의무를 국민에게 부과하고 있는 이상 병역법에 따라 군복무를 하는 것은 국민이 마땅히 하여야 할 이른바 신성한 의무를 다 하는 것일 뿐, 국가나 공익목적을 위하여 개인이 특별한 희생을 하는 것이라고 할 수 없다. 국민이 헌법에 따라 부과되는 의무를 이행하는 것은 국가의 존속과 활동을 위하여 불가결한 일인데, 그러한 의무를 이행하였다고 하여 이를 특별한 희생으로 보아 일일이 보상하여야 한다고 할 수는 없는 것이다.

그러므로 헌법 제39조 제2항은 병역의무를 이행한 사람에게 보상조치를 취하거나 특혜를 부여할 의무를 국가에게 지우는 것이 아니라, 법문 그대로 병역의무의 이행을 이유로 불이익한 처우를 하는 것을 금지하고 있을 뿐이다. 그리고 이 조항에서 금지하는 "불이익한 처우"라 함은 단순한 사실상, 경제상의 불이익을 모두 포함하는 것이 아니라 법적인 불이익을 의미하는 것으로 보아야 한다. 그렇지 않으면 병역의무의 이행과 자연적 인과관계를 가지는 모든 불이익 – 그 범위는 헤아릴 수도 예측할 수도 없을 만큼 넓다고 할 것인데 – 으로부터 보호하여야 할 의무를 국가에 부과하는 것이 되어 이 또한 국민에게 국방의 의무를 부과하고 있는 헌법 제39조 제1항과 조화될 수 없기 때문이다.

그런데 가산점제도는 이러한 헌법 제39조 제2항의 범위를 넘어 제대군인에게 일종의 적극적 보상조치를 취하는 제도라고 할 것이므로 이를 헌법 제39조 제2항에 근거한 제도라고 할 수 없다.

3) 헌법 제32조 제6항은 "국가유공자·상이군경 및 전몰군경의 유가족은 법률이 정하는 바에 의하여 우선적으로 근로의 기회를 부여받는다"고 규정하고 있으나, 제대군인은 여기서 말하는 "국가유공자·상이군경 및 전몰군경의 유가족"에 해당하지 아니한다. 구 국가유공자예우등에관한법률에 의하더라도 국가유공자에 해당하지 아니하며(제4조), 단지 입법의 편의상 국가유공자를 위한 가산점제도를 제대군인에게 준용하였을 뿐이었고(제70조), 이 법이 제정되면서부터는 제대군인을 국가유공자와 분리하여

별도로 규율하고 있다. 그러므로 헌법 제32조 제6항도 가산점제도의 근거
가 될 수 없고, 달리 헌법상의 근거를 찾아볼 수 없다.

4) 이와 같이 가산점제도에 헌법적 근거가 없는 이상 이 제도는 제대군
인의 사회복귀를 돕겠다는 취지하에 입법정책적으로 도입된 것에 불과하
다 할 것이다.

(나) 평등권 침해여부
가산점제도로 인하여 청구인들의 평등권이 침해되는지 여부를 본다.

1) 차별의 대상
가산점제도는 제대군인과 제대군인이 아닌 사람을 차별하는 형식을 취
하고 있다. 그러나 제대군인, 비(非)제대군인이라는 형식적 개념만으로는
가산점제도의 실체를 분명히 파악할 수 없다. 현행 법체계상 제대군인과
비제대군인에 어떤 인적 집단이 포함되는지 구체적으로 살펴보아야만 한
다. 위에서 본 바와 같이 제대군인에는 ① 현역복무를 마치고 전역(퇴역·
면역 포함)한 남자 ② 상근예비역 소집복무를 마치고 소집해제된 남자 ③
지원에 의한 현역복무를 마치고 퇴역한 여자, 이 세 집단이 포함되고, 비제
대군인에는 ① 군복무를 지원하지 아니한 절대다수의 여자 ② 징병검사 결
과 질병 또는 심신장애로 병역을 감당할 수 없다는 판정을 받아 병역면제
처분을 받은 남자(병역법 제12조 제1항 제3호, 제14조 제1항 제3호) ③ 보
충역으로 군복무를 마쳤거나 제2국민역에 편입된 남자, 이 세 집단이 포함
된다.

그러므로 먼저 무엇보다도 가산점제도는 실질적으로 남성에 비하여 여
성을 차별하는 제도이다. 제대군인 중 위 ③의 유형에는 전체여성 중의 극
히 일부분만이 해당될 수 있으므로 실제 거의 모든 여성은 제대군인에 해

당하지 아니한다. 그리고 남자의 대부분은 제대군인 중 위 ①과 ②유형에 속함으로써 제대군인에 해당한다. 이 사건 심판기록에 편철된「병역처분자료 통보」에 의하면 1994년부터 1998년까지 5년간 현역병입영대상자 처분을 받은 비율은 81.6%에서 87%(보충역은 4.6%에서 11.6%, 제2국민역은 6.4%에서 9.8%, 병역면제는 0.4%에서 0.6%)까지 이르고 있음을 알 수 있는데, 이는 우리나라 남자 중의 80%이상이 제대군인이 될 수 있음을 나타내는 것이다. 이와 같이 전체 남자 중의 대부분에 비하여 전체 여성의 거의 대부분을 차별취급하고 있으므로 이러한 법적 상태는 성별에 의한 차별이라고 보아야 한다.

다음으로 가산점제도는 현역복무나 상근예비역 소집근무를 할 수 있는 신체건장한 남자와, 질병이나 심신장애로 병역을 감당할 수 없는 남자, 즉 병역면제자를 차별하는 제도이다. 현역복무를 할 수 있느냐는 병역의무자의 의사에 따르는 것이 아니라 오로지 징병검사의 판정결과에 의하여 결정되는 바(병역법 제11조, 제12조, 제14조), 질병이나 심신장애가 있는 남자는 아무리 현역복무를 하고 싶어도 할 수 없고 그 결과 제대군인이 될 수 없어 가산점 혜택을 받을 수 없기 때문이다.

마지막으로 가산점제도는 보충역으로 편입되어 군복무를 마친 자를 차별하는 제도이기도 하다. 보충역 판정여부는 신체등위, 학력 등을 감안하고 또 병역수급의 사정에 따라 정해지는 것으로서(병역법 제5조 제1항 제3호, 제14조) 이 또한 본인의 의사와는 무관하다. 보충역으로 편입되는 자는 병역의무 이행의 일환으로 일정기간 의무복무를 마치더라도(보충역은 공익근무요원, 공익법무관, 공중보건의사, 전문연구요원 또는 산업기능요원으로 복무한다) 그 복무형태가 현역이 아니라는 이유로 가산점혜택을 받지 못하는 것이다.

2) 심사의 척도

가) 평등위반 여부를 심사함에 있어 엄격한 심사척도에 의할 것인지, 완화된 심사척도에 의할 것인지는 입법자에게 인정되는 입법형성권의 정도에 따라 달라지게 될 것이다. 먼저 헌법에서 특별히 평등을 요구하고 있는 경우 엄격한 심사척도가 적용될 수 있다. 헌법이 스스로 차별의 근거로 삼아서는 아니되는 기준을 제시하거나 차별을 특히 금지하고 있는 영역을 제시하고 있다면 그러한 기준을 근거로 한 차별이나 그러한 영역에서의 차별에 대하여 엄격하게 심사하는 것이 정당화된다. 다음으로 차별적 취급으로 인하여 관련 기본권에 대한 중대한 제한을 초래하게 된다면 입법형성권은 축소되어 보다 엄격한 심사척도가 적용되어야 할 것이다.

나) 그런데 가산점제도는 엄격한 심사척도를 적용하여야 하는 위 두 경우에 모두 해당한다. 헌법 제32조 제4항은 "여자의 근로는 특별한 보호를 받으며, 고용·임금 및 근로조건에 있어서 부당한 차별을 받지 아니한다"고 규정하여 "근로" 내지 "고용"의 영역에 있어서 특별히 남녀평등을 요구하고 있는데, 가산점제도는 바로 이 영역에서 남성과 여성을 달리 취급하는 제도이기 때문이고, 또한 가산점제도는 헌법 제25조에 의하여 보장된 공무담임권이라는 기본권의 행사에 중대한 제약을 초래하는 것이기 때문이다 (가산점제도가 민간기업에 실시될 경우 헌법 제15조가 보장하는 직업선택의 자유가 문제될 것이다).

이와 같이 가산점제도에 대하여는 엄격한 심사척도가 적용되어야 하는데, 엄격한 심사를 한다는 것은 자의금지원칙에 따른 심사, 즉 합리적 이유의 유무를 심사하는 것에 그치지 아니하고 비례성원칙에 따른 심사, 즉 차별취급의 목적과 수단간에 엄격한 비례관계가 성립하는지를 기준으로 한 심사를 행함을 의미한다.

3) 가산점제도의 평등위반성

가) 가산점제도의 입법목적

가산점제도의 주된 목적은 군복무 중에는 취업할 기회와 취업을 준비하는 기회를 상실하게 되므로 이러한 불이익을 보전해 줌으로써 제대군인이 군복무를 마친 후 빠른 기간내에 일반사회로 복귀할 수 있도록 해 주는 데에 있다. 인생의 황금기에 해당하는 20대 초·중반의 소중한 시간을 사회와 격리된 채 통제된 환경에서 자기개발의 여지없이 군복무 수행에 바침으로써 국가·사회에 기여하였고, 그 결과 공무원채용시험 응시 등 취업준비에 있어 제대군인이 아닌 사람에 비하여 상대적으로 불리한 처지에 놓이게 된 제대군인의 사회복귀를 지원한다는 것은 입법정책적으로 얼마든지 가능하고 또 매우 필요하다고 할 수 있으므로 이 입법목적은 정당하다.

나) 차별취급의 적합성 여부

ㄱ) 제대군인에 대한 사회복귀의 지원은 합리적이고 적절한 방법을 통하여 이루어져야 한다.

먼저 제대군인이 비(非)제대군인에 비하여 어떤 법적인 불이익을 받는 것이 있다면 이를 시정하는 것은 허용된다.

또한 군복무기간을 호봉산정이나 연금법 적용 등에 있어 적절히 고려하는 조치도 가능할 것인데, 현행법은 이미 이러한 제도를 두고 있다. 공무원보수규정 제8조, 별표 15에 의하면 공무원의 초임호봉을 획정함에 있어, 병역법에 의한 의무복무기간을 임용되는 계급의 근무연수로 보아 그 연수에 1을 더하여 획정하며(별표 16에 의한 공무원경력환산에 있어서도 군복무경력은 100% 환산되고, 별표 27에 의한 군인경력환산에 있어서도 군복무기간은 80% 내지 100% 환산된다), 공무원연금법 제23조 제3항은 병역법에 의한 현역병 또는 지원에 의하지 아니하고 임용된 하사관의 복무기간을 공무원의 재직기간에 산입하고 있다. 또한 국가공무원법은 병역의무 이행을 위한 군복무기간을 모두 휴직기간으로 인정하여 그 동안 공무원으로서의 신분을 보유하게 하고 있다(제71조 내지 제73조).

다음으로 제대군인에 대하여 여러 가지 사회정책적·재정적 지원을 강구하는 것이 가능할 것이다. 그러한 지원책으로는 취업알선, 직업훈련이나 재교육 실시, 교육비에 대한 감면 또는 대부, 의료보호 등을 들 수 있다. 이 법 제4조, 제10조, 제11조, 제12조, 제13조 등은 장기복무제대군인에 대하여 이러한 지원조치를 제공하고 있는바, 이와 같은 지원조치를 제대군인에 대하여도 여건이 허용하는 한 어느 정도 제공하는 것이야말로 진정으로 합리적인 지원책이 될 것이다.

ㄴ) 그런데 가산점제도는 이러한 합리적 방법에 의한 지원책에 해당한다고 할 수 없다. 가산점제도는 공무원 채용시험의 필기시험의 각 과목별 만점의 5% 또는 3%를 제대군인에게 가산토록 함으로써 제대군인의 취업기회를 특혜적으로 보장하고, 그 만큼 제대군인이 아닌 사람의 취업의 기회를 박탈·잠식하는 제도이다. 그런데 제대군인이 아닌 사람들이란 다름 아니라 절대다수의 여성들과 상당수의 남성들(심신장애가 있어 군복무를 할 수 없는 남자, 보충역에 편입되어 복무를 마친 남자)로서 이들은 제대군인이 될 수 없는 사람들이고, 특히 여성과 장애인은 이른바 우리 사회의 약자들이다. 헌법은 실질적 평등, 사회적 법치국가의 원리에 입각하여 이들의 권익을 국가가 적극적으로 보호하여야 함을 여러 곳에서 천명하고 있다. 성별에 의한 차별을 금지하고 있는 헌법 제11조, 인간다운 생활을 할 권리를 보장하고 있는 헌법 제34조 제1항 외에도, 위에서 본 헌법 제32조 제4항, "국가는 여자의 복지와 권익의 향상을 위하여 노력하여야 한다"고 규정하고 있는 헌법 제34조 제3항, "신체장애자 및 질병·노령 기타의 사유로 생활능력이 없는 국민은 법률이 정하는 바에 의하여 국가의 보호를 받는다"고 규정하고 있는 헌법 제34조 제5항, "국가는 모성의 보호를 위하여 노력

하여야 한다"고 규정하고 있는 헌법 제36조 제2항 등이 여기에 해당한다. 그럼에도 불구하고 여성과 장애인은 각종의 제도적 차별, 유·무형의 사실상의 차별, 사회적·문화적 편견으로 생활의 모든 영역에서 어려움을 겪고 있고, 특히 능력에 맞는 직업을 구하기 어려운 것이 현실이다. 이러한 현실을 불식하고 평등과 복지라는 헌법이념을 구현하기 위하여 여성·장애인 관련분야에서 이미 광범위한 법체계가 구축되어 있다. 여성발전기본법, 남녀차별금지및구제에관한법률, 남녀고용평등법에서 여성의 사회참여 확대, 특히 공직과 고용부문에서의 차별금지와 여성에 대한 우대조치를 누차 강조하고 이를 위한 각종 제도를 마련하고 있으며, 장애인복지법, 장애인고용촉진등에관한법률은 장애인에 대한 차별금지와 보호장치를 규정하고 있다. 어떤 입법목적을 달성하기 위한 수단이 헌법이념과 이를 구체화하고 있는 전체 법체계와 저촉된다면 적정한 정책수단이라고 평가하기 어려울 것이다. 여성에대한모든형태의차별철폐에관한협약등의 각종 국제협약, 위 헌법규정과 법률체계에 비추어 볼 때 여성과 장애인에 대한 차별금지와 보호는 이제 우리 법체계내에 확고히 정립된 기본질서라고 보아야 한다. 그런데 가산점제도는 아무런 재정적 뒷받침없이 제대군인을 지원하려 한 나머지 결과적으로 이른바 사회적 약자들의 희생을 초래하고 있으므로 우리 법체계의 기본질서와 체계부조화성을 일으키고 있다고 할 것이다.

요컨대 제대군인에 대하여 여러 가지 사회정책적 지원을 강구하는 것이 필요하다 할지라도, 그것이 사회공동체의 다른 집단에게 동등하게 보장되어야 할 균등한 기회 자체를 박탈하는 것이어서는 아니되는데, 가산점제도는 공직수행능력과는 아무런 합리적 관련성을 인정할 수 없는 성별 등을 기준으로 여성과 장애인 등의 사회진출기회를 박탈하는 것이므로 정책수단으로서의 적합성과 합리성을 상실한 것이라 하지 아니할 수 없다.

다) 차별취급의 비례성 여부

차별취급을 통하여 달성하려는 입법목적의 비중에 비하여 차별로 인한 불평등의 효과가 극심하므로 가산점제도는 차별취급의 비례성을 상실하고 있다.

ㄱ) 가산점제도는 우선 양적으로 수많은 여성들의 공무담임권을 제약하는 것이다. 이 사건 심판기록에 편철된「7·9급 채용시험 여성응시자 및 합격자비율」에 의하면 지난 1996년부터 1998년까지 3년간 7급 국가공무원 채용시험의 여성 응시자는 연간 약 만명 전후에 이르고, 9급 국가공무원 채용시험의 경우 연간 약 4, 5만명에 이른다. 가산점제도는 이처럼 많은 여성들의 공직진출에의 희망에 걸림돌이 되고 있다.

ㄴ) 공무원 채용시험의 합격여부에 미치는 효과가 너무나 크다. 각 과목별 득점에 각 과목별 만점의 5% 또는 3%를 가산한다는 것은 합격여부를 결정적으로 좌우하는 요인이 된다. 더욱이 7급 및 9급 국가공무원 채용시험의 경우 경쟁률이 매우 치열하고 합격선도 평균 80점을 훨씬 상회하고 있으며(심판기록에 편철된 「남·녀별 응시자 및 합격자의 평균 점수·연령, 합격선」에 의하면 1998년도의 경우 7급 일반행정직의 합격선은 남성이 86.42점, 여성이 85.28점이며, 9급 일반행정직의 경우 95.50점이다), 그 결과 불과 영점 몇 점 차이로 합격, 불합격이 좌우되고 있는 현실에서 각 과목별로 과목별 만점의 3% 또는 5%의 가산점을 받는지의 여부는 결정적으로 영향을 미치게 되고, 가산점을 받지 못하는 사람은 시험의 난이도에 따라서는 만점을 받고서도 불합격될 가능성이 없지 아니하다.

가산점제도의 영향력은 통계상으로도 여실히 드러난다. 심판기록에 편철된 「합격자의 과목별 성적표」에 의하여 1998년도 7급 국가공무원 일반행정직 채용시험의 경우를 분석하여 보면, 합격자 99명 중 제대군인가산점을 받은 제대군인이 72명으로 72.7%를 차지하고 있는데 반하여, 가산점을 전혀 받지 못한 응시자로서 합격한 사람은 6명뿐으로 합격자의 6.4%에 불과하며, 특히 그 중 3명은 합격선 86.42점에 미달하였음에도 이른바 여성채용목표제에 의하여 합격한 여성응시자이다. 그러므로 가산점의 장벽을 순전히 극복한 비제대군인은 통틀어 3명으로서 합격자의 3.3%에 불과함을 알 수 있다. 한편, 1998년도 7급 국가공무원 검찰사무직의 경우 합격자 15명 중 가산점을 전혀 받지 못한 응시자로서 합격한 사람은 단 1명 뿐이다.

이러한 사실에서 잘 알 수 있는 바와 같이 가산점제도는 결국 여성들과 같이 가산점을 받지 못하는 사람들을 6급 이하의 공무원 채용에 있어서 실질적으로 거의 배제하는 것과 마찬가지의 결과를 초래하고 있다.

ㄷ) 뿐만 아니라 가산점제도는 제대군인에 대한 이러한 혜택을 몇 번이고 아무런 제한없이 부여하고 있다. 채용시험 응시횟수에 무관하게, 가산점제도의 혜택을 받아 채용시험에 합격한 적이 있었는지에 관계없이 제대군인은 계속 가산점혜택을 받을 수 있다. 이는 한 사람의 제대군인을 위하여 몇 사람의 비제대군인의 기회가 박탈당할 수 있음을 의미하는 것이다.

ㄹ) 가산점제도는 승진, 봉급 등 공직내부에서의 차별이 아니라 공직에의 진입 자체를 어렵게 함으로써 공직선택의 기회를 원천적으로 박탈하는 것이기 때문에 공무담임권에 대한 더욱 중대한 제약으로서 작용하고 있다.

ㅁ) 더욱이 심각한 것은 공무원 채용시험이야말로 여성과 장애인에게 거의 유일하다시피 한 공정한 경쟁시장이라는 점이다. 사회적·문화적 편견으로 말미암아 여성과 장애인에게 능력에 맞는 취업의 기회를 민간부문에서 구한다는 것은 매우 어려운 실정이다. 이에 반하여 공무원채용시험은 국가가 능력주의와 평등원칙에 입각하여 공개적으로 실시하는 것이고, 또

그러하여야 하므로(국가공무원법 제26조는 능력의 실증에 의한 임용원칙을, 제35조는 동일한 자격을 가진 모든 국민에게 평등하게 공개적으로 채용시험을 실시할 것을 규정하고 있다) 이들을 공무원채용시험에 있어서마저 차별을 가한다면 그만큼 이들에게 심각한 타격을 가하는 것이 된다. 그런데 공직부문에서 여성의 진입이 봉쇄되면 국가전체의 역량발휘의 면에서도 매우 부조화스러운 결과를 야기한다. 국민의 절반인 여성의 능력발휘 없이 국가와 사회 전체의 잠재적 능력을 제대로 발휘할 수는 없다. 통계청의 자료에 의할 때 1997. 12.말 현재 전체 여성공무원은 265,162명으로 전체공무원의 28.7%만을 차지하고 있을 뿐이고, 그것도 전체 여성공무원 중 53.8%는 교육공무원, 18.6%는 기능직 공무원인 점, 한국여성개발원의 자료에 의하여 1997년 기준 여성공무원의 계급별분포를 볼 때 6급 이하가 22.2%, 5급이 3.2%, 4급이 1.6%, 1급 내지 3급이 0.9%인 점을 감안하면 우리나라의 공직사회는 남자가 주도하는 사회라고 하지 아니할 수 없는데, 이는 결코 바람직한 것이 아니다. 더구나 정보화시대에 있어 여성의 능력은 보다 소중한 자원으로 인식되어 이를 개발할 필요성이 점증하고 있다는 점까지 생각해 보면, 가산점제도는 미래의 발전을 가로막는 요소라고까지 말할 수 있다.

ㅂ) 위에서 본 바와 같이 가산점제도가 추구하는 공익은 입법정책적 법익에 불과하다. 그러나 가산점제도로 인하여 침해되는 것은 헌법이 강도높게 보호하고자 하는 고용상의 남녀평등, 장애인에 대한 차별금지라는 헌법적 가치이다. 그러므로 법익의 일반적, 추상적 비교의 차원에서 보거나, 차별취급 및 이로 인한 부작용의 결과가 위와 같이 심각한 점을 보거나 가산점제도는 법익균형성을 현저히 상실한 제도라는 결론에 이르지 아니할 수 없다.

라) 이른바 여성공무원채용목표제와의 관계

여성공무원채용목표제(이하 "채용목표제"라고 한다)는 공무원임용시험령 제11조의3, 지방공무원임용령 제51조의2에 근거를 두고 1996년부터 실시되었는데, 행정·외무고등고시, 7급 및 9급 국가공무원 채용시험 등에서 연도별 여성채용목표비율을 정해놓고(7급 공채의 경우 1996년 10%, 1997년 13%, 1998년 15%, 1999년 20%, 2000년 20%, 2001년 23%, 2002년 25%, 9급 공채의 경우는 1999년 20%, 2000년 20%, 2001년 25%, 2002년 30%), 여성합격자가 목표비율 미만인 경우 5급 공채는 -3점, 7·9급 공채는 -5점의 범위내에서 목표미달 인원만큼 추가로 합격처리하는 제도이다.

채용목표제는 이른바 잠정적 우대조치의 일환으로 시행되는 제도이다. 잠정적 우대조치라 함은, 종래 사회로부터 차별을 받아 온 일정집단에 대해 그동안의 불이익을 보상하여 주기 위하여 그 집단의 구성원이라는 이유로 취업이나 입학 등의 영역에서 직·간접적으로 이익을 부여하는 조치를 말한다. 잠정적 우대조치의 특징으로는 이러한 정책이 개인의 자격이나 실적보다는 집단의 일원이라는 것을 근거로 하여 혜택을 준다는 점, 기회의 평등보다는 결과의 평등을 추구한다는 점, 항구적 정책이 아니라 구제목적이 실현되면 종료하는 임시적 조치라는 점 등을 들 수 있다.

현재 시행되고 있는 채용목표제로 인하여 가산점제도의 위헌성이 제거되는 것인지 살펴본다.

ㄱ) 채용목표제는 가산점제도와는 제도의 취지, 기능을 달리 하는 별개의 제도이다.

채용목표제는 종래부터 차별을 받아 왔고 그 결과 현재 불리한 처지에 있는 여성을 유리한 처지에 있는 남성과 동등한 처지에까지 끌어 올리는 것을 목적으로 하는 제도이다. 이에 반하여 가산점제도는 공직사회에서의 남녀비율에 관계없이 무제한적으로 적용되는 것으로서, 우월한 처지에 있

는 남성의 기득권을 직·간접적으로 유지·고착하는 결과를 낳을 수 있는 제
도이다.

ㄴ) 채용목표제의 효과는 매우 제한적이다.

첫째, 평등지향의 목표 자체가 제한적이다. 2002년 최종연도까지 행정·
외무고등고시의 경우 20%, 7급 공채(교정·소년보호·보호관찰 직렬 제외)
의 경우 25%, 9급 공채의 경우 30%를 목표로 삼고 있다. 둘째, 채용목표제
는 한시적, 잠정적 제도이다. 2002년이 지나면, 그리고 위 목표가 달성되면
채용목표제는 종료된다. 셋째, 심판기록에 편철된 「여성채용목표제에 의
한 여성합격자 비율」에 의하면 1996년부터 1998년까지 3년간 행정고시의
경우 연간 2명에서 5명까지, 7급 국가공무원 채용시험의 경우 연간 9명에
서 16명까지의 여성만이 채용목표제의 혜택을 받아 최종합격하였다. 연간
만여명의 7급공무원 여성응시자, 또 연간 4,5만여명의 9급공무원 여성응시
자에게 심대한 불이익을 가하는 가산점제도로 인한 피해를 이러한 실적의
채용목표제로 보전하기는 어려울 것이다.

이상과 같은 점을 고려해 볼 때 채용목표제의 존재를 이유로 가산점제
도의 위헌성이 제거되거나 감쇄된다고는 할 수 없다.

마) 소 결

결론적으로 가산점제도는 제대군인에 비하여, 여성 및 제대군인이 아닌
남성을 비례성원칙에 반하여 차별하는 것으로서 헌법 제11조에 위배되며,
이로 인하여 청구인들의 평등권이 침해된다.

(다) 공무담임권의 침해여부

가산점제도로 인하여 청구인들의 공무담임권이 침해되는지 본다.

1) 공무담임권과 능력주의

헌법 제25조는 "모든 국민은 법률이 정하는 바에 의하여 공무담임권을 가진다"고 규정하여 공무담임권을 보장하고 있는 바, 공무담임권은 각종 선거에 입후보하여 당선될 수 있는 피선거권과 공직에 임명될 수 있는 공직취임권을 포괄하고 있다(헌재 1996. 6. 26. 96헌마200, 판례집 8-1, 550, 557). 공무담임권도 국가안전보장·질서유지 또는 공공복리를 위하여 필요한 경우 법률로써 제한될 수 있으나 그 경우에도 이를 불평등하게 또는 과도하게 침해하거나 본질적인 내용을 침해하여서는 아니 된다.

선거직공직과 달리 직업공무원에게는 정치적 중립성과 더불어 효율적으로 업무를 수행할 수 있는 능력이 요구되므로, 직업공무원으로의 공직취임권에 관하여 규율함에 있어서는 임용희망자의 능력·전문성·적성·품성을 기준으로 하는 이른바 능력주의 또는 성과주의를 바탕으로 하여야 한다. 헌법은 이 점을 명시적으로 밝히고 있지 아니하지만, 헌법 제7조에서 보장하는 직업공무원제도의 기본적 요소에 능력주의가 포함되는 점에 비추어 헌법 제25조의 공무담임권 조항은 모든 국민이 누구나 그 능력과 적성에 따라 공직에 취임할 수 있는 균등한 기회를 보장함을 내용으로 한다고 할 것이다. "공무원의 임용은 시험성적·근무성적 기타 능력의 실증에 의하여 행한다"고 규정하고 있는 국가공무원법 제26조와 "공개경쟁에 의한 채용시험은 동일한 자격을 가진 모든 국민에게 평등하게 공개하여야 하며…"라고 하고 있는 동법 제35조는 공무담임권의 요체가 능력주의와 기회균등에 있다는 헌법 제25조의 법리를 잘 보여주고 있다. 따라서 공직자 선발에 관하여 능력주의에 바탕한 선발기준을 마련하지 아니하고 해당 공직이 요구하는 직무수행능력과 무관한 요소, 예컨대 성별·종교·사회적 신분·출신지역 등을 기준으로 삼는 것은 국민의 공직취임권을 침해하는 것이 된다.

다만, 헌법의 기본원리나 특정조항에 비추어 능력주의원칙에 대한 예외를 인정할 수 있는 경우가 있다. 그러한 헌법원리로는 우리 헌법의 기본원리인 사회국가원리를 들 수 있고, 헌법조항으로는 여자·연소자근로의 보호, 국가유공자·상이군경 및 전몰군경의 유가족에 대한 우선적 근로기회의 보장을 규정하고 있는 헌법 제32조 제4항 내지 제6항, 여자·노인·신체장애자 등에 대한 사회보장의무를 규정하고 있는 헌법 제34조 제2항 내지 제5항 등을 들 수 있다. 이와 같은 헌법적 요청이 있는 경우에는 합리적 범위안에서 능력주의가 제한될 수 있다.

2) 가산점제도의 공무담임권 침해성
가) 위에서 본 바와 같이 제대군인 지원이라는 입법목적은 예외적으로 능력주의를 제한할 수 있는 정당한 근거가 되지 못하는데도 불구하고, 가산점제도는 능력주의에 기초하지 아니하는 불합리한 기준으로 공무담임권을 제한하고 있다.

ㄱ) 가산점제도는 제대군인에 해당하는 대부분의 남성을 위하여 절대다수의 여성들을 차별하는 제도이고, 그 기준을 형식적으로는 제대군인 여부에 두고 있으나 실질적으로는 성별에 두고 있는 것과 마찬가지임은 앞에서 본 바와 같다. 그러나 공직수행능력에 관하여 남녀간에 생리적으로 극복할 수 없는 차이가 있는 것이 아니므로 공직자선발에 있어서 적성·전문성·품성 등과 같은 능력이 아니라 성별을 기준으로 공직취임의 기회를 박탈하는 것은 명백히 불합리한 것이어서 헌법적으로 그 적정성을 인정받을수 없다.

ㄴ) 가산점제도는 또한 제대군인에 해당하는 남자와 병역면제자, 보충역복무자를 차별하는 제도이고, 이 경우 차별의 실질적 기준은 현역복무를 감당할 수 있을 정도로 신체가 건강한가에 있으므로 역시 공무수행능력과

는 별다른 관계도 없는 기준으로 공직취임의 기회를 박탈하는 것이다. 공직을 수행함에 있어서도 상당한 정도의 건강을 필요로 함은 물론이나, 공직수행에 필요한 건강의 정도와 현역복무를 감당할 수 있는 건강의 정도는 애초에 다를 수 밖에 없기 때문이다.

나) 가산점제도에 의한 공직취임권의 제한은 위 평등권침해 여부의 판단부분에서 본 바와 마찬가지 이유로 그 방법이 부당하고 그 정도가 현저히 지나쳐서 비례성원칙에 어긋난다.

다) 결론적으로 가산점제도는 능력주의와 무관한 불합리한 기준으로 여성과 장애인 등의 공직취임권을 지나치게 제약하는 것으로서 헌법 제25조에 위배되고, 이로 인하여 청구인들의 공무담임권이 침해된다.

4. 결 론
그렇다면 제대군인지원에관한법률 제8조 제1항 및 제3항, 동법시행령 제9조는 청구인들의 평등권과 공무담임권을 침해하는 위헌인 법률조항이므로 관여재판관 전원의 일치된 의견으로 주문과 같이 결정한다.

재판관 김용준(재판장) 김문희 이재화 정경식(주심)
고중석 신창언 이영모 한대현 하경철

1) 한나라당 김성회의원안

병역법 일부개정법률안
(김성회의원 대표발의)

의안번호	101

발의연월일 : 2008. 6. 30.
발 의 자 : 김성회·권경석·김장수
김종률·김학송·노철래
박종희·서종표·심재철
안상수·이한성·임해규
정의화·조전혁·허범도
황진하 의원(16인)

제안이유

1999년 헌법재판소의 '제대군인 가산점제도' 의 위헌결정 이후 우리나라의 젊은이들은 신성한 국방의무를 이행했다는 자긍심보다는 복무기간 동안 희생한 시간과 기회 상실로 인한 피해의식을 크게 느끼고 있음.

국가는 국방의 의무를 성실히 이행한 사람들에 대하여 정당한 보상을 해야 할 의무가 있으며, 그 방안을 마련하여 제공하여야 할 것임. 그 중 제 대군인 가산점제도는 군 복무기간 동안의 희생에 대하여 보상하고 제대 후 사회생활로의 원활한 복귀를 지원하기 위한 제도로서 국가가 보상할 수 있 는 가장 핵심적인 제도로 미국 등 다른 국가에서도 운영되고 있는 제도임.

이에 본 법률안에서는 제대군인 가산점제도를 도입하되, 위헌결정의 원 인이 된 평등권 침해 및 비례원칙 위반을 해소하기 위하여 가산점 비율을 최소화 하고, 가산점 사용의 횟수와 기간을 제한하였으며, 가산점을 사용 하여 합격한 사람에 대하여는 채용 후 호봉 또는 임금 산정시 군 복무기간 을 근무경력으로 인정하지 않도록 하는 등의 내용으로 제대군인 가산점제 도를 도입하려는 것임.

주요내용

가. 병역의무를 마친 사람 또는 지원에 따른 군복무를 마친 사람이 국가 등 취업지원 실시기관에 응시하는 경우에는 각 과목별 득점의 2퍼센트의 범위 안에서 가산점을 주도록 함(안 제74조의2제2항).

나. 가점을 받아 채용시험에 합격하는 사람은 그 채용시험 선발예정인원의 100분의 20을 초과할 수 없도록 그 상한을 정함(안 제74조의2제3항).

다. 채용시험에 응시하는 사람에 대한 가점 부여는 대통령령으로 정하는 횟수와 기간을 초과할 수 없도록 그 사용의 제한을 둠(안 제74조의2제 4항).

라. 가점을 받아 채용시험에 합격한 사람에 대하여는 호봉 또는 임금을 산 정할 때 군 복무기간을 근무경력으로 산정하지 않도록 하여 군 복무에 대한 보상이 이중으로 적용되는 것을 방지함(안 제74조의2제5항).

병역법 일부개정법률안

병역법 일부를 다음과 같이 개정한다.

제74조의2제1항 중 "취업보호실시기관"을 "취업지원 실시기관(이하 "취업지원실시기관"이라 한다)"으로 하고, 같은 조 제2항을 제7항으로 하며, 같은 조에 제2항부터 제6항까지를 각각 다음과 같이 신설한다.

② 취업지원실시기관의 장은 병역의무를 마친 사람(지원에 따른 군 복무를 마친 자를 포함한다)이 해당 기관의 채용시험에 응시하는 경우에는 필기시험의 각 과목별 득점에 각 과목별 득점의 2퍼센트의 범위 안에서 대통령령으로 정하는 비율에 해당하는 점수(이하 "가점"이라 한다)를 가산한다. 이 경우 취업지원실시기관이 필기시험을 실시하지 아니할 때에는 그에 갈음하여 실기시험·서류전형 또는 면접시험의 득점에 이를 가산한다.

③ 제2항에 따라 가점을 받아 채용시험에 합격하는 사람은 그 채용시험 선발예정인원의 20퍼센트를 초과할 수 없다. 이 경우 가점에 의한 선발인원을 산정하는 경우 소수점 이하는 버린다.

④ 제2항에 따른 채용시험에 응시하는 사람에 대한 가점 부여는 대통령령으로 정하는 응시횟수와 기간을 초과할 수 없다.

⑤ 취업지원실시기관의 장은 제2항에 따라 가점을 받아 채용시험에 합격한 사람에 대하여 호봉 또는 임금을 산정할 때에는 다른 법률의 규정에도 불구하고 군 복무기간을 근무경력으로 산정하지 아니한다. 이 경우 산정 여부의 결정시기는 응시자가 채용시험 전에 가점의 가산을 청구하였던 때로 한다.

⑥ 취업지원실시기관이 실시하는 채용시험의 가점 대상 계급·직급 및 직위와 그 밖에 채용시험의 가점에 필요한 사항은 대통령령으로 정한다.

부 칙

① (시행일) 이 법은 공포 후 3개월이 경과한 날부터 시행한다.

② (채용시 우대 등에 관한 적용례) 제74조의2제2항부터 제6항까지의 개
정규정은 이 법 시행 이후 최초로 모집을 실시하는 채용시험부터 적용
한다.

병역법 일부개정법률안
(주성영의원 대표발의)

의안번호	259

발의연월일 : 2008. 7. 14.
발 의 자 : 주성영·박선영·신학용
　　　　　　김정훈·이한성·안상수
　　　　　　강석호·손범규·박종희
　　　　　　이성헌·임해규·김성조
　　　　　　박대해·김동성·김장수
　　　　　　황진하(16인)

주요내용

가. 「국가유공자 등 예우 및 지원에 관한 법률」 제30조에 따른 취업지원 실시기관(이하 이 조에서 "취업지원실시기관"이라 한다)의 장은 현역 또는 보충역 복무를 마친 사람(현역 또는 보충역 복무를 마친 것으로 보는 사람을 포함한다)이 채용시험에 응시하는 경우에는 필기시험의 각 과목별 득점에 각 과목별 득점의 3퍼센트의 범위 안에서 대통령령으로 정하는 바에 따라 가산하며, 이 경우 취업보호실시기관이 필기시험을 실시하지 아니한 때에는 그에 갈음하여 실시하는 실기시험·서류전형

또는 면접시험의 득점에 이를 가산함(안 제74조의3제1항 신설).

나. 제1항에 따라 가점을 받아 채용시험에 합격하는 사람은 그 채용시험 선
발예정인원의 20퍼센트를 초과할 수 없음(안 제74조의3제2항 신설).

다. 가점하지 않는 점수로 합격선을 넘은 가점대상자는 제2항에 따라 채용
시험에 합격하는 사람의 범위에 포함시키지 아니함(안 제74조의3제3
항 신설).

라. 제2항에 따라 채용시험에 응시하는 사람에 대한 가점 부여는 대통령령
으로 정하는 횟수 또는 기간을 초과할 수 없음(안 제74조의3제4항 신
설).

마. 정당한 사유 없이 제74조의3제1항에 따른 가산점을 부여하지 않은 경
우, 제74조의3제2항에 따른 선발예정인원을 초과하여 합격시킨 경우,
제74조의3제4항에 따른 횟수 또는 기간을 초과하여 가점을 부여한 경
우에 해당하는 자에게는 500만원 이하의 과태료를 부과함(안 제95조
제1항 신설).

병역법 일부개정법률안

병역법 일부를 다음과 같이 개정한다.

제74조의3을 다음과 같이 신설한다.

제74조의3(채용시험의 가점) ①「국가유공자 등 예우 및 지원에 관한 법률」
제30조에 따른 취업지원 실시기관(이하 이 조에서 "취업지원실시기관"
이라 한다)의 장은 현역 또는 보충역 복무를 마친 사람(현역 또는 보충
역 복무를 마친 것으로 보는 사람을 포함한다)이 채용시험에 응시하는
경우에는 필기시험의 각 과목별 득점에 각 과목별 득점의 3퍼센트의 범
위 안에서 대통령령으로 정하는 바에 따라 가산한다. 이 경우 취업보호
실시기관이 필기시험을 실시하지 아니한 때에는 그에 갈음하여 실시하
는 실기시험·서류전형 또는 면접시험의 득점에 이를 가산한다.

② 제1항에 따라 가점을 받아 채용시험에 합격하는 사람은 그 채용시험 선발예정인원의 20퍼센트를 초과할 수 없다. 이 경우 가점에 의한 선발인원을 산정하는 경우 소수점 이하는 버린다.

③ 가점하지 아니한 점수로 합격선을 넘은 가점대상자는 제2항에 따라 채용시험에 합격하는 사람의 범위에 포함시키지 아니한다.

④ 제2항에 따라 채용시험에 응시하는 사람에 대한 가점 부여는 대통령령으로 정하는 횟수 또는 기간을 초과할 수 없다.

⑤ 취업보호실시기관이 실시하는 채용시험의 가점 대상 계급·직급 및 직위와 그 밖에 채용시험의 가점에 관하여 필요한 사항은 대통령령으로 정한다.

제95조에 제1항을 다음과 같이 신설하고, 같은 조 제3항 중 "제2항의"를 "제1항 및 제2항의"로 한다.

① 다음 각 호의 어느 하나에 해당하는 자에게는 500만원 이하의 과태료를 부과한다.

　1. 정당한 사유 없이 제74조의3제1항에 따른 가산점을 부여하지 아니한 경우

　2. 정당한 사유 없이 제74조의3제2항에 따른 선발예정인원을 초과하여 합격시킨 경우

　3. 정당한 사유 없이 제74조의3제4항에 따른 횟수 또는 기간을 초과하여 가점을 부여한 경우

부 칙

① (시행일) 이 법은 공포 후 1년이 경과한 날부터 시행한다.

② (채용시험의 가점에 관한 적용례) 제74조의3의 개정규정은 이 법 시행 후 최초로 공고하여 실시하는 채용시험부터 적용한다.

병역법 일부개정법률안
(임두성의원 대표발의)

의안번호	4091

발의연월일 : 2009. 3. 6.

발 의 자 : 임두성·김무성·서청원
　　　　　　김소남·진　영·최욱철
　　　　　　이인기·김성순·강성천
　　　　　　손숙미　의원(10인)

제안이유

「대한민국헌법」 제39조에서는 모든 국민에게 국방의 의무를 부과하고 있으며, 누구든지 병역의무의 이행으로 인하여 불이익한 처우를 받지 않을 것을 명시하고 있음. 또한 현행 「제대군인지원에 관한 법률」 제3조제1항에서는 제대군인에 대한 사회복귀 지원 및 그 인력의 개발·활용을 위한 제반 노력을 국가적 책무로 규정하고 있음.

그럼에도 불구하고 평시 상황에서의 국방의 의무는 남성들에게 집중되어 있어 여성에 비해 상대적 불이익을 받고 있다는 논란이 있어 왔으며, 제대군인에 대한 사회적 지원이 미흡하다는 지적도 계속되어 옴.

따라서 '자기계발지원계좌제'를 도입을 통해 제대군인에게 병역기간 중 매달 국가가 정한 지원금을 개인계좌에 적립하여 주고 전역 후에 학자금 및 창업·취업 준비금 등으로 사용할 수 있도록 함으로써, 제대군인에게 실질적인 지원이 이뤄질 수 있도록 하려는 것임.

아울러 병역의무이행자의 자기계발을 지원하기 위해 복무기간 중 국가자격시험에 응시하는 경우, 그 응시료를 면제할 수 있도록 하려는 것임.

주요내용

가. 국가는 병역의무이행자가 복무기간 중 「자격기본법」 제2조제4호에 해당하는 국가자격시험에 응시하는 경우, 그 응시료를 면제할 수 있도록 함(안 제73조의2제1항 신설).

나. 국가는 병역의무이행자등에 대한 인적자원을 효율적으로 개발·관리를 위하여 자기계발지원계좌제(이하 "계좌제")를 도입·운영하여야 하며 같은 법 제5조제1항제1호의 현역으로 입영하는 개인에게 매월 급여액을 기초로 계좌 금액을 책정하여 매월 개인계좌에 입금하도록 함(안 제73조의3 신설).

다. 자기계발계좌제를 신청하기 위하여 허위 자료를 제출하거나 자기계발지원금을 신청목적과 다르게 사용하여 적발된 경우 모두 반납해야 하며 지원금 교부를 위한 재신청은 할 수 없도록 함(안 제91조의2 신설).

병역법 일부개정법률안

병역법 일부를 다음과 같이 개정한다.

제73조의2을 다음과 같이 신설한다.

제73조의2(국가 자격시험 응시료 면제) ① 국가는 병역의무이행자가 복무기간 중 「자격기본법」 제2조제4호에 해당하는 국가자격시험에 응시

하는 경우, 그 응시료를 면제할 수 있다.

　② 제1항에 따른 응시료 면제대상 자격증의 범위는 대통령령으로 정한다.

제75조의3을 다음과 같이 신설한다.

제75조의3(자기계발지원계좌제 도입) ① 국가는 병역의무이행자등에 대한 인적자원을 효율적으로 개발·관리하기 위하여 자기계발지원계좌제(이하 "계좌제")를 도입·운영하여야 하며, 제5조제1항제1호에 따라 현역으로 입영하는 개인에게 매월 급여액을 기초로 계좌 금액을 책정하여 매월 개인계좌에 입금하여야 한다.

　② 병역의무이행자등은 제1항에 따라 지원받은 자기계발지원금을 제대 이후 다음 각 호의 어느 하나에 해당하는 경우에만 사용해야 한다.

　　1. 대학등록금, 교육비 등을 포함한 각종 학습비

　　2. 취업 및 창업 준비에 관한 비용 등

　　3. 그 밖에 필요하다고 인정하여 대통령령으로 정한 사항

　③ 국가는 제1항에 따른 계좌제 운영 등에 필요한 사항은 대통령령으로 정한다

제91조의2를 다음과 같이 신설한다.

제91조의2(계좌제 부정신청 및 사용) 제75조의3에 따른 계좌제를 신청하기 위하여 허위 자료를 제출하거나, 자기계발지원금을 신청목적과 다르게 사용하여 적발된 경우 모두 반납해야 하며 자기계발지원금 교부를 위한 재신청은 할 수 없다.

　부 칙

이 법은 공포 후 6개월이 경과한 날부터 시행한다.

4) 민주당 최영희의원안

제대군인지원에 관한 법률 일부개정법률안

(최영희의원 대표발의)

의안번호	1897

발의연월일 : 2008. 11. 12.

발 의 자 : 최영희·김상희·김영록
김유정·김재윤·김진표
박병석·박선숙·박영선
박은수·백원우·신학용
안규백·안민석·유선호
이성남·전현희·조배숙
조영택·최문순·최철국
의원 (21인)

제안이유

1999년 12월 23일 헌법재판소의 위헌결정에 따라 군가산점제도가 폐지된 이후 국방의 의무를 수행한 자에 대한 보상방법이 논의되어 왔음. 이에 따라 국방의 의무를 수행한 자가 대학에 복학할 경우 학자금전액에 대한 무이자 융자 지원을 졸업할 때까지 실시하여 군 복무의 사회적 중요성을 강조하고 개인의 기회비용과의 균형을 달성하려는 것임.

가. 국가는 국방의 의무를 수행한 중·장기복무제대군인 및 제대군인에게
대학에 복학할 경우 학자금전액에 대한 무이자 융자 지원을 졸업할 때
까지 실시함(안 제19조의2제1항 신설).

나. 국가는 학자금전액에 대한 무이자 융자 지원의 지급방법 및 지급절차,
그 밖의 필요한 사항은 하위법령에 위임함(안 제19조의2제2항 신설).

법률 제   호

제대군인지원에 관한 법률 일부개정법률안

제대군인지원에 관한 법률 일부를 다음과 같이 개정한다.

제19조의2를 다음과 같이 신설한다.

제19조의2(제대군인에 관한 학자금 무이자 융자 지원) ① 국가는 장기복무제대군인·중기복무제대군인(이하 "중·장기복무제대군인"이라 한다) 및 제대군인이 병역의무를 마치고 「고등교육법」제2조에 따른 대학(산업대학·교육대학·전문대학·원격대학 및 기술대학을 포함한다) 및 이에 준하는 학교에 복학하고자 할 때에는 그 대학을 졸업할 때까지 학자금 융자를 신청한 경우 학자금 전액에 대한 무이자융자 지원을 실시하여야 한다.

② 제1항에 따른 중·장기제대군인 및 제대군인이 대학에 복학할 경우 학자금 전액에 대한 무이자 융자지원의 지급방법·지급절차, 그 밖의 필요한 사항은 대통령령으로 정한다.

부   칙

이 법은 공포 후 3개월이 경과한 날부터 시행한다.

1) 국회 국방위원회 심사보고서: 2008. 12.

1. 심사경과

가. 발의일자 및 발의자 : 2008. 6. 30. 김성회 의원 등 16인

나. 회부일자 : 2008. 8. 29.

다. 상정일자 및 의결일자 :

제278회 국회(정기회)

제12차 국방위원회(2008. 11. 26) 상정, 제안설명, 검토보고, 대체
토론, 법률안심사소위원회 회부

제1·2차 법률안심사소위원회(2008. 11. 27, 12. 1)심사, 본회의에
부의하지 아니하기로 의결함.

제13차 국방위원회(2008. 12. 2) 소위원회 심사보고, 본회의에 부
의하지 아니하기로 의결함.

2. 제안 설명 (김성회 의원)

1999년 헌법재판소의 '제대군인 가산점제도' 의 위헌결정 이후 우리나
라의 젊은이들은 신성한 국방의무를 이행했다는 자긍심보다는 복무기간
동안 희생한 시간과 기회 상실로 인한 피해의식을 크게 느끼고 있음.

국가는 국방의 의무를 성실히 이행한 사람들에 대하여 정당한 보상을
해야 할 의무가 있으며, 그 방안을 마련하여 제공하여야 할 것임. 그 중 제

대군인 가산점제도는 군 복무기간 동안의 희생에 대하여 보상하고 제대 후 사회생활로의 원활한 복귀를 지원하기 위한 제도로서 국가가 보상할 수 있는 가장 핵심적인 제도로 미국 등 다른 국가에서도 운영되고 있는 제도임.

이에 본 법률안에서는 제대군인 가산점제도를 도입하되, 위헌결정의 원인이 된 평등권 침해 및 비례원칙 위반을 해소하기 위하여 가산점 비율을 최소화 하고, 가산점 사용의 횟수와 기간을 제한하였으며, 가산점을 사용하여 합격한 사람에 대하여는 채용 후 호봉 또는 임금 산정시 군 복무기간을 근무경력으로 인정하지 않도록 하는 등의 내용으로 제대군인 가산점제도를 도입하려는 것임.

3. 전문위원 검토보고의 요지 : 전문위원 손충덕

김성회의원 및 주성영의원 대표발의안

양 법률안의 개정취지는 종전의 「제대군인지원에 관한 법률」제8조제1항 및 제3항[1])의 규정에 따른 '제대군인 가산점제도'가 1999. 12. 23. 헌법

---

1) 구「제대군인지원에 관한 법률」(1997. 12. 31. 법률 제5482호)

　제8조 (채용시험의 가점) ①제7조제2항의 규정에 의한 취업보호실시기관이 그 직원을 채용하기 위한 시험을 실시할 경우에 제대군인이 그 채용시험에 응시한 때에는 <u>필기시험의 각 과목별 득점에 각 과목별 만점의 5퍼센트의 범위 안에서</u> 대통령령이 정하는 바에 따라 가산한다. 이 경우 취업보호실시기관이 <u>필기시험을 실시하지 아니한 때에는</u> 그에 갈음하여 실시하는 <u>실기시험·서류전형 또는 면접시험의 득점에 이를 가산한다.</u>

　③취업보호실시기관이 실시하는 채용시험의 가점대상직급은 대통령령으로 정한다.

　구「제대군인지원에 관한 법률」 시행령 제9조

　제9조 (채용시험의 가점비율 등) ①법 제8조제1항의 규정에 의하여 제대군인이 채용시험에 응시하는 경우의 시험만점에 대한 가점비율은 다음 각호의 1과 같다.

　1. 2년이상의 복무기간을 마치고 전역한 제대군인 : 5퍼센트

　2. 2년미만의 복무기간을 마치고 전역한 제대군인 : 3퍼센트

재판소의 위헌결정으로 폐지됨. 이에 따라 국방 의무 이행자에 대한 보상이 미흡하다는 점에서 이들의 자존심과 사기를 진작시키고 국가에 대한 충성심을 고취시키기 위하여 기존 위헌결정의 원인을 합리적인 범위 내에서 조정한 가산점을 부여하려는 것임.

다만, 양 법률안은 가점 부여 대상, 가점의 범위, 호봉·임금 산정시 군경력 미포함 및 가산점 미부여시 과태료 부과 등에서 차이를 보이고 있음.

참고로 동 개정안과 같은 취지의 병역법 개정안이 제17대국회에서 발의되어(고조홍의원 대표발의, 2007. 5. 28) 우리 위원회에서 심의·의결하였으나, 법제사법위원회에서 의결되지 못하고 임기만료로 폐기된 바가 있음.

또한 이 개정안과 같은 내용의 「제대군인지원에 관한 법률 일부개정법률안」(2008. 7. 14. 주성영의원 대표발의)이 발의되어 현재 정무위원회에 회부되어 있음.

개정안(병역의무이행자 가산점 부여) 비교

구 분	고조홍의원 (2007. 5.28.)	김성회의원 (2008. 6.30.)	주성영의원 (2008. 7.14.)
범위 설정	● 필기시험 각 과목별 본인 득점의 2% 범위내 ● 필기시험 미실시의 경우 → 실기, 서류전형 또는 면접시험 득점의 2% 가산	● 필기시험 각 과목별 본인 득점의 2% 범위내 ● 좌동	● 필기시험 각 과목별 본인 득점의 3% 범위내 ● 좌동
합격자 상한선 설정	● 채용시험 선발예정인원의 20% 미만	● 채용시험 선발예정인원의 20% 미만	● 채용시험 선발예정인원의 20% 미만

	• 소수점 이하는 버림 • 가점 없는 점수로 합격선을 넘은 가점대상자는 가점합격자로 보지 않음 → 국방위에서 추가한 사항	• 소수점 이하는 버림	• 소수점 이하는 버림 • 가점 없는 점수로 합격선을 넘은 가점대상자는 가점합격자로 보지 않음
부여 응시횟수 및 기간 제한	• 대통령령으로 제한 ※ 초안에는 응시횟수만 제한했으나 국방위에서 기간도 포함하여 제한	• 대통령령으로 제한	• 대통령령으로 제한
가점을 받아 합격 채용된 자의 근무경력 산정	• 해당없음	• 호봉 또는 임금산정시 다른 법률에 불구하고 근무경력으로 인정하지 않음	• 해당없음
규정 위반시 벌칙	• 해당없음	• 해당없음	• 정당한 사유없이 가산점 관련규정을 위반한 자에게 500만원 이하 과태료 부과 -가산점 미부여시 -선발예정인원의 20%를 초과하여 합격시킨 경우 -응시횟수 및 기간을 초과하여 가점을 부여한 경우

가. 헌법재판소의 위헌결정과 개정안 검토

이 개정안은 헌법재판소의 위헌결정(1999. 12. 23 98헌마363)에 의해 폐지된 '제대군인 가산점제도'의 내용을 일부 수정하여 이를 다시 「병역법」에 규정하려는 것이므로 헌법재판소의 위헌결정 내용과 비교하여 먼저 위헌성 여부를 검토할 필요가 있음.

(1) 헌법재판소의 위헌결정 요지

(가) 가산점제도의 헌법적 근거 여부

헌법재판소는 헌법 제39조제2항[2])을 소극적으로 해석하여 병역의무를 이행한 사람에게 보상조치를 취하거나 특혜를 부여할 의무를 국가에게 지우는 것이 아니라, 법문 그대로 병역의무의 이행을 이유로 불이익한 처우를 하는 것을 금지하고 있을 뿐이라고 하여 제대군인에게 적극적 보상조치를 취하는 가산점제도는 헌법적 근거가 없고 입법정책적으로 도입한 제도라고 결정함.

(나) 평등권 침해여부

헌법재판소는 군가산점제도가 표면상으로는 제대군인과 비제대군인을 차별하는 형식을 취하고 있으나, 실질적으로는 제대군인인 남성에 비하여 여성을 차별하고[3]), 신체 건장한 남자와 질병이나 심신장애로 병역을 감당할 수 없는 병역면제자(장애인) 등을 차별하는 제도[4])라고 결정하고,

이 평등원칙 위반을 심사함에 있어서도 헌법 제32조제4항[5])의 여자의

---

2) 헌법 제39조②누구든지 병역의무의 이행으로 인하여 불이익한 처우를 받지 아니한다.
3) 이는 군복무를 지원하는 여성은 전체여성 중 극히 일부분 만이 해당되는데 비해, 우리나라 남자 중의 80% 이상이 제대군인이 될 수 있어 가산점제도는 실질적으로 성별에 의한 차별이라고 봄.
4) 현역복무를 할 수 있느냐는 병역의무자의 의사에 따르는 것이 아니라 오로지 징병검사의 판정결과에 의하여 결정되는바, 질병이나 심신장애가 있는 남자는 아무리 현역복무를 하고 싶어도 할 수 없어 가산점 혜택을 받을 수 없음.
5) 헌법 제32조④여자의 근로는 특별한 보호를 받으며, 고용·임금 및 근로조건에

근로 보호 규정과 헌법 제25조의 공무담임권 규정에 의하여 엄격한 심사척도를 적용할 것을 요구하고 있음.

1) 정책수단의 적합성 및 합리성

헌법재판소는 제대군인에 대한 가산점제도가 아무런 재정적 뒷받침 없이 제대군인을 지원하려 한 나머지, 결과적으로 우리 법체계 내에 확고히 정립된 기본질서라고 할 수 있는 '여성과 장애인에 대한 차별금지와 보호'에도 저촉되므로 정책수단으로서의 적합성과 합리성을 상실하고 있다고 결정하였음.

2) 차별취급의 비례성

헌법재판소는 가산점제도가 공무원채용시험 각 과목별 득점에 각 과목별 만점의 5퍼센트 또는 3퍼센트를 가산함으로써 합격여부에 결정적 영향을 미치고, 따라서 가산점을 받지 못하는 사람들은 6급이하의 공무원 채용에 있어서 실질적으로 거의 배제되는 것과 마찬가지의 결과를 초래하고 있으며,

또한 제대군인에 대한 이러한 혜택을 몇 번이고 아무런 횟수 제한 없이 부여함으로써 한 사람의 제대군인을 위하여 다수의 비제대군인의 기회가 박탈당할 수 있게 되는 등, 차별취급을 통하여 달성하려는 입법목적의 비중에 비하여 차별로 인한 불평등의 효과가 극심하므로 가산점제도는 비례성을 상실하고 있어 평등권을 침해하고 있다고 결정함.

(다) 공무담임권의 침해여부

헌법 제25조6) 공무담임권은 모든 국민이 능력과 적성에 따라 공직에 취

---

6) 있어서 부당한 차별을 받지 아니한다.

임할 수 있는 균등한 기회를 보장하도록 하는 내용으로, 가산점제도는 능력주의에 기초하지 아니하고 성별·신체의 건강 같은 불합리한 기준으로 여성과 장애인 등의 공직취임권을 지나치게 제약하는 것으로서 헌법 제25조에 위배되고 공무담임권을 침해한다는 결정을 내렸음.

(2) 위헌 소지 검토

양 개정안은 가점 수준을 종전의 각 과목별 만점의 5% 내지 3%에서 각 과목별 득점의 2% 또는 3%로 축소하고, 또한 가점을 받아 채용시험에 합격하는 사람은 그 채용시험 선발예정인원의 20%를 초과할 수 없도록 하여 가산점이 합격 여부에 미치는 효과를 대폭 축소함으로써 병역의무를 마친 사람과 아닌 사람 간의 합격기회의 균등을 도모하고 있으며, 또한 대통령령으로 횟수 및 응시기간을 제한할 수 있도록 함으로써 응시기회의 불평등을 완화하고 있다고 하겠음.

헌법재판소의 군가산점제도의 평등권 침해여부 결정내용에 대해서는 그 동안 ①가산점 정도가 지나쳐 위헌이라는 견해와 ②가산점제도 자체가 위헌이라는 견해가 대립되어 왔으며(고조홍의원의 병역법개정안에 대한 법제사법위원회 전문위원 검토보고 참조) 현재까지도 끊임없는 논란의 대상이 되고 있음. 양 개정안은 가산점의 정도가 지나쳐 위헌이라는 입장에서 차별취급의 비례성을 보완하고자 하는 입법으로 판단됨.

참고로 「국가유공자 등 예우 및 지원에 관한 법률」에 의한 국가유공자 등의 가점제도가 국민의 평등권을 지나치게 침해한다는 헌법불합치 결정('06. 2. 23)에 따라 가점비율을 하향조정하여 시행중임.

---

6) 헌법 제25조 모든 국민은 법률이 정하는 바에 의하여 공무담임권을 가진다.

위헌결정 내용과 개정안의 차이점

구 분	위헌결정 내용	의원입법 발의안		
		김성회의원 발의안 (2008. 6. 30. 발의)	주성영의원 발의안 (2008. 7. 14. 발의)	
적용법률	제대군인지원에 관한 법률(보훈처)	병 역 법(국방부)	병 역 법 (국방부)	제대군인지원에관한법률(보훈처)
대상	제대군인(현역, 전환복무, 상근예비역)	병역의무 이행자 + 지원한 복무 이행자(보충역, 여성 지원자 포함)	김성회 의원 법률안과 동일	위헌판결제도 + 공익근무요원 일부
가점범위	만점의 3% 또는 5%	득점의 2% 범위내	득점의 3% 범위내	
가점부여 합격인원	제한 없음	선발예정인원의 20%이내	좌 동	
채용횟수	제한 없음	횟수와 응시 기간 제한	좌 동	
가점·경력 이중혜택	중복 산정	가산점과 경력산정 중 택일	중복 산정	
위반시 제재	없 음	없 음	가점 규정 미적용시 500만원 이하 벌금	
적용기관	국가 /지방자치단체, 초·중등학교, 일상 1일 20인이상 고용업체단, 200인 미만 고용 제조업체 제외			
적용시험	필기시험 (필기에 갈음하는 실기, 서류전형, 면접시험 포함)			

나. 관련기관의 의견 등

(1) 국가인권위원회 결정

국가인권위원회는 2008. 9. 8일 김성회의원이 대표발의한 병역법개정안에 대하여

군가산점제도는 병역의무를 마친 자에 대한 지원이라는 목적 달성을 위한 수단으로 적절하지 않고 여성이나 장애인 등 사회적 약자에 대한 불평등 효과가 상당하여 평등권 침해의 소지가 크고,

협약 당사국에 대하여 차별 금지 및 시정 의무를 부여하고 있는 국제인권기준에 위배되며, 능력주의와 기회균등을 요체로 하는 공무담임권을 침해하는 등 헌법에서 명시한 기본권 침해의 소지가 크다고 인정되어 도입이 바람직하지 않다는 의견을 표명하고 있음.

(2) 여성부 의견

군복무에 따른 보상의 필요성은 인정하나, 군가산점제도는 이미 헌법재판소의 위헌결정으로 폐지된 바 있고, 또한 이는 공무원 등 시험에 응시하는 일부에게만 혜택이 가는 제도라는 점에서 반대하고 있음.

(3) 여론조사 결과

군 가산점제도 도입에 대한 여론조사 결과를 보면

먼저 우리 위원회의 금년도 국정감사 정책자료집을 통한 조사 결과에 의하면, 여론조사 기관인 디오피니언(소장 안부근)에 의한 조사에서는 찬성의견이 79.7%, 반대의견이 18.5%로 나타나고 있으며,7)

전국 여자대학생을 대상으로 한 경우, 제도 도입에 반대하는 입장이 56.0%이고, 찬성하는 입장이 41.6%임.8)

한편, 언론기관 등에서 실시한 여론조사 결과는 아래 표와 같이 나타나고 있음.

---

7) 김학송, 『긴급점검! 국방 현안 여론조사』, 2008년도 국정감사 정책자료집 Ⅱ, 2008. 10, 11-12쪽. 참조.

8) 김옥이, 『여성의 국방 참여 기회 확대방안 – 전국 여대생 여론조사 결과 및 정책제안』, 2008 국정감사 정책자료집, 2008. 10, 37쪽 참조,

가산점 제도 부활에 대한 찬·반 의견(단위 : %)

조사 기관	응답자수	찬 성	중 립	반 대
한국경제('07. 5.)	633명	93.7	0.5	5.8
SBS 이슈 pool('08. 2.)	1,317명	89.0	1.0	10.0
취업포탈커리어('08. 2.)	843명	87.4	0.5	12.1

* 자료 출처 : 국방부

4. 대체토론의 요지

종전의 위헌결정이 가산점 비율에 대한 것이 아니라 기본적으로 가산점 제도 자체에 대한 것이라면 이번 개정안도 위헌 소지가 있을 수 있음.

5. 소위원회 심사내용(법률안심사소위원장 안규백 위원)

김성회 의원 및 주성영 의원이 각각 대표발의한 2건의 「병역법 일부개정법률안」에 대해서는 각각 본회의에 부의하지 아니하기로 하고 이를 통합하여 위원회 대안을 제안하기로 하였음.

대안의 주요내용은,

첫째, 병역의무를 마친 사람이 채용시험에 응시하는 경우에는 필기시험의 각 과목별 득점에 각 과목별 득점의 2.5퍼센트의 범위 안에서 대통령령이 정하는 바에 따라 가산하도록 하고,

둘째, 가점을 받아 채용시험에 합격하는 사람은 그 채용시험 선발예정인원의 20퍼센트를 초과할 수 없도록 하며,

셋째, 채용시험에 응시하는 사람에 대한 가점 부여는 대통령령으로 정하는 횟수 또는 기간을 초과할 수 없도록 하였음.

한편, 동 법안은 헌법재판소의 위헌결정에 의해 폐지된 "제대군인 가산점 제도"의 내용을 일부 수정하여 병역의무이행자에게 다시 가산점을 부여하려는 것으로, 종전에 위헌결정의 원인이 된 평등원칙 및 비례원칙 위반

등 위헌소지 여부에 대해 찬반의 의견이 있어 토론 끝에 표결을 통해 의결
하였다는 것을 말씀드림.

6. 심사결과

본회의에 부의하지 아니하기로 하고 대안을 채택하기로 함.

2) 국회 여성위원회 검토보고서: 2008. 11.

검토의견

병역법 일부개정법률안(2건)은 국방위원회 소관법률이며, 제대군인지원에 관한 법률 일부개정법률안은 정무위원회 소관법률로 병역의무를 마친 사람에 대한 가산점 부여 등을 주요내용으로 하고 있으며, 그 내용이 우리위원회와 관련이 있다고 인정되어 관련위원회 의견제시의 건으로 회부된 법률안임.

검토 대상인 3건의 법률안을 주요내용 별로 비교하면 〈표 1〉과 같음.

〈표 1〉 각 법률안의 주요내용 비교

구 분	병역법 일부개정법률안		제대군인지원에 관한 법률 일부개정법률안
	김성회의원	주성영의원	주성영의원
범위 설정	● 필기시험 각 과목별 본인 득점의 2% 범위내 ● 필기시험 미실시의 경우 → 실기시험, 서류전형 또는 면접시험 득점의 2% 가산	● 필기시험 각 과목별 본인 득점의 3% 범위내 ● 필기시험 미실시의 경우 → 실기시험, 서류전형 또는 면접시험 득점의 2% 가산	● 필기시험 각 과목별 본인 득점의 3% 범위내 ● 필기시험 미실시의 경우 → 실기시험, 서류전형 또는 면접시험 득점의 2% 가산
합격자 상한선 설정	● 채용시험 선발예정인원의 20% 미만	● 채용시험 선발예정인원의 20% 미만	● 채용시험 선발예정인원의 20% 미만

	● 소수점 이하는 버림	● 소수점 이하는 버림 ● 가점 없는 점수로 합격선을 넘은 가점대상자는 가점합격자로 보지 않음	● 소수점 이하는 버림 ● 가점 없는 점수로 합격선을 넘은 가점대상자는 가점합격자로 보지 않음
부여 응시횟수 및 기간 제한	● 대통령령으로 제한	● 대통령령으로 제한	● 대통령령으로 제한
가점을 받아 합격 채용된 자의 근무경력 산정	● 호봉 또는 임금산정시 다른 법률에 불구하고 근무경력으로 인정하지 않음	● 해당없음	● 해당없음
규정 위반시 벌칙	● 해당없음	● 정당한 사유없이 가산점 관련규정을 위반한 자에게 500만원 이하 과태료 부과 -가산점 미부여시 -선발예정인원의 20%를 초과하여 합격시킨 경우 -응시횟수 및 기간을 초과하여 가점을 부여한 경우	● 정당한 사유없이 가산점 관련규정을 위반한 자에게 500만원 이하 과태료 부과 -가산점 미부여시 -선발예정인원의 20%를 초과하여 합격시킨 경우 -응시횟수 및 기간을 초과하여 가점을 부여한 경우

개정안은 헌법재판소의 위헌결정(1999. 12. 23 98헌마363)에 의해 폐지된 '제대군인 가산점제도'의 내용을 일부 수정하여 이를 다시 「병역법」 및 「제대군인지원에 관한 법률」에 규정하려는 것임.

제대군인 가산점제도에 대한 헌법재판소의 위헌결정(헌재 1999. 12. 23. 98헌마363)을 보면, 헌법재판소는 군가산점제도는 헌법적 근거가 없고 단지 입법정책적으로 도입한 제도라고 판시하였으며, 가산점제도는 아무런 재정적 뒷받침없이 제대군인을 지원하려 한 나머지 결과적으로 여성과 장애인 등 이른바 사회적 약자들의 희생을 초래하고 있으며, 우리 법체계 내에 확고히 정립된 기본질서라고 할 "여성과 장애인에 대한 차별금지 및 보호"에도 저촉되므로 정책수단으로서의 적합성과 합리성을 상실한 것이며, 여성 및 제대군인이 아닌 남성을 부당한 방법으로 지나치게 차별하는 것으로서 헌법 제11조에 위반된다고 판단하고 있음.

또한, 제대군인 지원이라는 입법목적은 예외적으로 능력주의를 제한할 수 있는 정당한 근거가 되지 못하는데도 불구하고 가산점제도는 능력주의에 기초하지 아니하고 성별, '현역복무를 감당할 수 있을 정도로 신체가 건강한가'와 같은 불합리한 기준으로 여성과 장애인 등의 공직취임권을 지나치게 제약하는 것으로서 헌법 제25조의 공무담임권을 침해하고 있다고 판시하였음.

군가산점제도의 평등권 침해여부 판시내용에 대하여는 그동안 가산점의 정도가 지나쳐 위헌이라는 견해와 가산점제도 자체가 위헌이라는 견해가 대립되어 왔음.

개정안은 가산점의 정도가 지나쳐 위헌이라는 입장에서 군가산점의 범위를 2% 또는 3% 이내로 하향조정하고, 가산점 합격자의 채용상한을 20%로 한정하며, 가산점 부여 횟수와 기간을 제한하고 있음.

그러나, 제대군인 가산점제도에 대한 헌법재판소의 위헌결정의 취지를 종합적으로 고려하여 볼 때 개정안이 헌법재판소의 판시내용에 비추어 그 위헌성이 모두 제거되었다고 보기는 어렵다고 보임[1].

---

1) 다음의 기관들도 같은 의견을 제시하고 있음.
   국가인권위원회, 김성회의원 대표발의 「병역법 일부개정법률안」에 대한 의견
   표명, 2008.9.8
   법제처, 「병역법 일부개정법률안」에 대한 검토의견, 2008. 9.15

따라서, 병역의무를 마친 사람에 대한 보상의 필요성은 인정되나, 병역의무를 마친 사람에 대한 보상의 수단으로 사회적 약자에 대한 기본권 침해가 큰 가산점제도를 재도입하는 것은 타당하지 않다고 보여지는 바, 가산점 제도 이외의 병역의무이행자에 대한 적정하고 합리적인 지원책을 강구할 필요가 있다고 보임.

이에 군가산점제도의 부활안은 위헌소지를 해소하지 못하였을 뿐 아니라, 여성과 장애인들의 취약한 경제적 지위를 더욱 악화시킬 것으로 예상된다는 점에서 동 제도의 부활에 반대할 필요가 있으며2), 병역의무 이행 후 사회 복귀 지원에 대한 다양한 대안들이 제시되어 온 바3), 병역 의무 이행에 따른 불이익을 사회, 경제적 약자들에게 책임을 전가하거나 희생을 요구하는 방식이 아닌, 사회공동체 모두가 부담하는 합리적인 방안을 모색하는 것이 타당하다는 의견을 제시할 필요가 있다고 보임.

참고로, 국회여성가족위원회에서는 2007. 6.25. 병역법 일부개정법률안(고조홍의원 대표발의)에 대하여 국방위원장에게 군가산점제도가 사회통합의 정신에 비추어볼 때 바람직하지 않다는 의견을 제시한 바 있음.

법제처·입법조사처 "군가산점제 위헌", 연합뉴스 2008. 9.28
한국젠더법학회·서울대 공익인권법센터, 「군대와 양성평등」, 2008. 6.14

2) 세계경제포럼(WEF) 성별격차보고서(Gender Gap Report) 2008년도 한국 순위는 130개국 중 108위임. 그 중 경제참여와 기회의 항목에서는 110위로 가장 낮은 수준을 보여주고 있음. 이러한 성별격차의 순위는 2007년 97위, 2006년 92위로 남녀불평등이 해마다 계속 악화되고 있음.

3) 한국여성정책연구원, 「군가산점제 부활안의 쟁점과 대안」, 2007. 8.24
민주당 제5정조위원회·최영희의원실, 「군가산점제 대체입법 마련을 위한 토론회」, 2008. 9.4

3) 국가인권위원회 의견: 2008. 10.

국가인권위원회(위원장 안경환)는 병역의무를 마친 자에게 공무원 채용 시험 등에서 가산점을 주는 내용으로 김성회 의원이 대표발의한 「병역법 일부개정법률안」(이하 "김성회의원안")에 대하여 △여성이나 장애인 등 사회적 약자의 평등권을 침해하는 제도로서 △능력주의와 기회균등을 요체로 하는 공무담임권을 침해하는 등 「헌법」과 국제인권기준에서 명시한 기본권 침해의 소지가 크므로 이 제도의 도입은 바람직하지 않다는 의견을 표명했습니다.

국방부는 2008. 7. '김성회의원안'에 대하여 국가인권위에 의견을 요청하였습니다.

'김성회의원안'은 1999년 헌법재판소가 공무원채용시험 등에서 각 과목별 득점에 과목별 만점의 5% 범위 내에서 가산점을 부여하는 (구)제대군인 가산점제에 대해 내린 위헌결정(1999. 12. 23. 98헌마363)에서 지적된 평등권 침해 및 비례원칙 위반을 해소하는 방식으로 병역의무 이행자 가산점제를 도입하고자 한다고 밝히고 있습니다.

'김성회의원안'의 주요 내용은 "병역의무를 마친 사람 또는 지원에 따른 군복무를 마친 사람(이하 '병역의무 이행자')이 취업지원 실시기관에 응시하는 경우 각 과목별 득점의 2% 범위 내에서 가산점을 부과하되, 선발예정 인원을 20%내로 하고 가점 부여 횟수와 기간을 제한하며, 가점을 받아 채용시험에 합격한 자에 대하여 호봉 또는 임금 산정 시 군 복무기간을 한

정하지 아니한다"를 골자로 하고 있습니다.

국가인권위는 병역의무 이행자의 안정된 사회복귀를 지원하는 정책의 필요성은 인정되지만, 그러한 정책은 합리적이고 타당한 것이어야 하는데, 이는 △첫째, 「헌법」이 보장하는 다른 사람들의 기본권을 훼손하지 않고 △둘째, 특히 우리사회가 특별히 관심을 가져야 하는 사회적 약자를 배제하지 않으며 △셋째, 병역의무 이행자 내에서도 형평성을 유지하면서 실질적인 지원의 의미를 담고 △넷째, 사회공동체 모두가 부담하는 방식이어야 한다는 전제에서 '김성회의원안'의 군가산점제를 검토했습니다.

평등권 침해의 문제

'김성회의원안'은 가점대상자 범위를 현역과 보충역, 지원에 따른 군 복무를 포함하여 종전 군가산점제에 비해 대상자 범위를 확대하고 있습니다.

그러나 국가인권위는 △지원에 따라 군복무를 하는 일부 여성을 제외하고는 병역의무를 지지 않는 대다수의 여성과 장애인이나 신체상의 이유로 병역이 면제된 남성은 여전히 제외된다는 점, △사실상 제2국민역에 편입되는 1년 6월 이상의 수형자, 고아, 혼혈인, 귀화자, 중학중퇴 이하자 등 사회적 약자라 할 수 있는 이들을 배제한다는 점, △공무원 시험에 응시하는 일부 사람에게만 우대조치를 하는 것으로 실현될 가능성이 높아 병역의무 이행자 내에서도 형평성을 유지하지 못한다는 점에서 합리적인 방법이라 인정하기 어렵다고 판단했습니다.

비가산점자의 공무담임권 침해 문제

또한, '김성회의원안'대로 가산점제를 적용할 경우 여성의 공직 진출에 미치는 영향을 2006년도 국가공무원 채용시험에 적용하여 분석한 연구들에 의하면 득점의 2%를 가산할 때 7급 공채에서 여성의 합격률은 약 10% 정도 감소하고 9급 공채에서도 약 15% 정도 감소하는 등 현저히 불리한 영향을 주는 것으로 나타났습니다.

국가인권위는 여성과 장애인의 고용현실이 상당히 열악한 상황에서, 특히 상대적으로 공정한 경쟁이 가능하고 다른 직종보다 고용안정도가 높은 공무원 시험이 미세한 점수차로 합격 여부가 좌우되고[1] 공직채용 시험 경쟁률이 더욱 높아가고 있는 현실을 고려할 때, 가산점 비율을 하향 조정하고 적용범위를 제한하더라도 여성과 장애인 등에 대해서는 여전히 불평등 효과가 크다고 판단했습니다.

이러한 점을 고려할 때 국가인권위는 '김성회의원안'이 △첫째, 능력주의에 기초하지 않고 직무수행능력의 핵심요소라 할 수 없는 병역이행 여부를 기준으로 하지만 달리 능력주의의 예외로 인정할만한 정당한 근거가 없다는 점, △둘째, 공직 진출에 있어 대다수 여성이나 장애인 등의 기회균등 보장을 침해한다는 점, △셋째, 공직 채용시험 경쟁률이 높아가고 극소한 점수 차이로 합격 여부가 결정되는 현실을 고려할 때 병역의무 이행자의 사회복귀 지원이라는 입법목적에 비해 공직 진입 기회를 박탈할 소지가 지나치게 크다는 점에서 비가산점 응시자의 공무담임권을 침해한다고 판단했습니다.

국가인권위 의견표명

따라서 국가인권위는 △'김성회의원안'이 평등권과 공무담임권 등 「헌

---

1) 2006년도 국가공무원 채용시험에서 7급의 합격선은 85.14였고, 9급은 84.00이 었음.

법」에서 명시하고 있는 기본권 및 「사회권규약」이나 「여성차별철폐협약」
과 같은 국제협약의 차별금지 원칙 위반의 소지가 크므로 이 안의 군가산
점제를 도입하는 것은 적절하지 않다고 판단했으며, △국가를 비롯한 사회
공동체는 병역의무 이행자에 대한 사회복귀 지원정책에 대하여 여성 대 남
성, 신체 건강한 남성 대 그렇지 않은 남성과 같이 국민의 사적 이해간의 충
돌을 빚게 하고 사회적 약자에게 병역의무 이행자의 불이익에 대한 책임을
전가하거나 이들의 희생을 요구하는 방식이 아니라 사회공동체 모두가 부
담하는 합리적이고 적절한 방법을 모색하는 것이 바람직하다는 의견을 표
명했습니다.

군가산점제 부활 논쟁과 남성 의식조사[*]

2007년 고조홍 위원 등이 군가산점제 부활을 주 내용으로 하는 '병역법 개정안'이 발의된 이 후 실시된 각종 여론조사 결과들을 보면, 남성들의 다수가 군가산점제 부활을 찬성하고 여성은 이에 반대한다는 결과를 양산해내고 있다. 그러나 이들 조사결과는 남성들의 압도적인 다수가 군가산점제 부활에 찬성한다는 표면적인 결과에 지나치게 매몰되고 있어, 정작 이러한 찬성여론의 저변에 흐르고 있는 남성들의 보상욕구나 동기를 짚어보고 이를 정확히 이해하려는 노력이 상대적으로 부족하였다고 볼 수 있다. 이러한 탓에 군가산점제가 여러 가지 보상 대안 중에 단지 하나에 불과한 제도일 뿐인데도, 가산점 부여만이 국가를 위해 애쓴 제대군인들에 대한 유일한 보상 방안인 것처럼 문제의 초점을 흐림으로써 이해가 상충되는 여러 계층의 집단들 모두가 만족할 수 있는 합리적 대안을 찾으려는 움직임에 오히려 저해요소가 되고 있다.

이러한 문제 인식에 따라 한국여성정책연구원에서는 "군복무에 대한 사회통합적 보상체계 마련을 위한 정책방안 연구"라는 수시과제를 통해 제

---

[*] 이 글은 한국여성정책연구원의 수시과제 "군복무에 대한 사회통합적 보상체계 마련을 위한 정책방안연구(박선영·안상수·김영택·곽용수, 2007)"의 보고서 내용 중 일부를 새롭게 정리한 것임.

대군인에 대한 보상 문제에 대해 남성들이 갖고 있는 실제적인 욕구와 관심사들이 무엇인지 좀 더 정확히 이해 해 볼 목적으로 2007년 8월 6일부터 11일까지 6일간에 걸쳐서 군가산점제 문제와 직·간접적으로 연관성이 높을 것으로 예상되는 20·30대 젊은 남성만을 대상으로 전화 설문조사를 실시하였다. 이 연구에서는 군가산점제 부활에 대한 주요 쟁점들에 대한 남성들의 인식을 좀 더 구체적으로 검토하였으며, 이를 위해 군가산점 부여를 포함하는 군복무관련 사회적 형평성의 주된 관심사가 무엇인지, 군복무에 따른 구체적인 불이익과 이점은 무엇인지, 사회복귀에 도움을 주기 위해 필요한 병영문화개선 방안은 어떤 것이 되어야 하는지, 군복무 경력이 취업, 직장 승진, 대인관계에 도움이 된다고 보는지 등을 알아보았다. 아울러 가산점제 부활에 대한 주요 논쟁들에 대한 동의 정도, 가산점제 부활에 대한 찬성여부, 찬성 혹은 반대의 이유들을 알아보았으며, 군가산점제도 이외의 어떤 보상 대안을 필요로 하는지 알아보았다.

1. 조사개요

이 조사는 전국단위의 대표적 표집을 통한 20~39세 사이의 20·30대 남성 1,000명을 조사대상으로 하였으며, 전화설문조사 방법으로 2007년 8월 06일부터 8월 11일까지 6일간에 걸쳐서 조사가 이루어졌다. 이 조사의 오차한계는 95% 신뢰수준에서 ±3.1 이었다.

2. 조사결과

1) 남성들 내부에 군가산점제 부활에 관한 다양한 시각이 존재함

(1) 군가산점제 도입에는 73.8%의 남성이 찬성하였고 25.7%의 남성이

반대했다. 그러나 이러한 찬성여부에는 다양한 시각들이 존재하는 것으로 나타났다.

(2) 집단별 응답 경향을 살펴보면, 예컨대 공무원시험 등 취업 준비를 하는 남성들이 전체 평균비율보다 훨씬 높은 90%를 이상이 가산점제 부활을 찬성하는 것으로 나타났고 현재 공무원인 사람들 또한 전체 평균보다 높은 찬성률을 나타냈다.

(3) 반면 가산점 혜택을 받을 수 없는 면제자들은 반대가 53.5%로 나타났다. 또한 전체 평균 반대율보다는 높은 집단은 농림어업에 종사하는 남성들과 생산/기술/노무직에 종사하는 남성과 고졸이하 학력을 가진 남성, 보충역 남성, 그리고 자영업 남성 등이 전체 평균을 상회하는 반대율을 보이는 것으로 나타났다.

이와 같이 군가산점 혜택여부 등에 따라 집단별로 가산점 부활에 대한 찬성여부에 상당한 인식차가 있음을 확인할 수 있었다.

2) 군가산점제가 제대군인에 대한 실제적 보상이 못됨

(1) 남성 대다수(80.4%)가 제대군인에 대한 국가의 보상과 지원이 불충분하다는 불만을 가지고 있었다.

(2) 남성 3명 중 2명(67.0%)은 군가산점제가 실제 모든 현역 복무자들에게 혜택을 주지는 않는다고 생각하는 것으로 나타났다.

(3) 특히 군 복무에 따른 손실에 대한 정당한 보상이라며 군가산점제 도입에 찬성한 남성(538명) 중 66% (359명) 역시 이와 같은 생각을 갖고 있었다(그림1 참조).

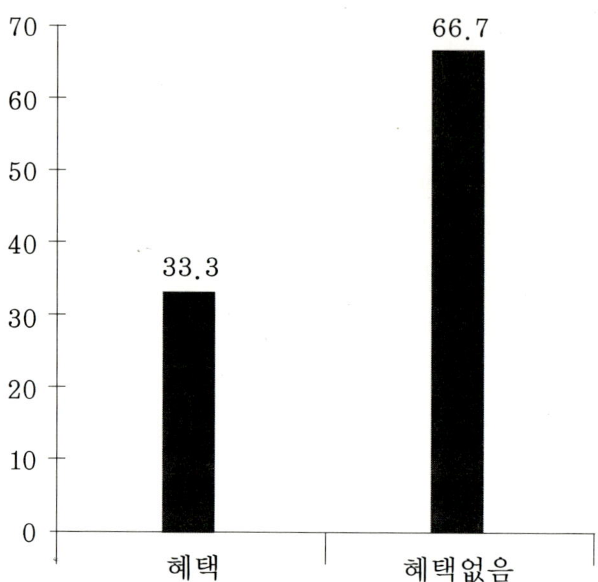

〈그림 1〉 군복무에 따른 손실의 정당한 보상이라고 응답한
남성 중 군가산점제가 실제 모든 현역 복무자들에게
혜택을 주는가에 대한 응답비율

결국 군가산점제에 대한 남성들의 높은 지지는 그것이 유일한 대안이라서이기보다는 군 복무에 따른 '손실'을 보상해줄 마땅한 대안이 없기 때문일 가능성이 있다.

3) 군경력은 취업이나 승진에는 도움 안 되나 전반적으로는 이익

(1) 20·30대 남성들은 군 생활 경험으로 입는 손실(32.0%)보다는 이득(38.5%)이 더 많다고 생각하였다. 이는 군가산점제를 찬성하는 남성들 역시 이익이 되었다는 사람(37.7%)이 손해였다고 하는 사람(32.0%)보다 많은 것으로 나타났다(그림2 참조).

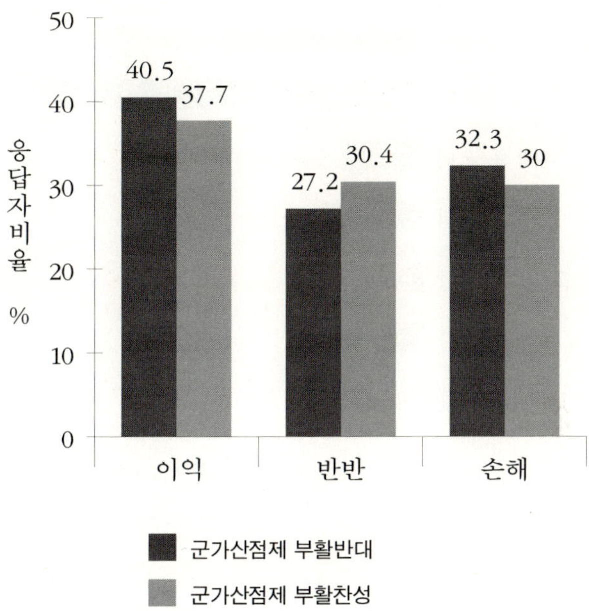

〈그림 2〉 군가산점제 찬반여부별 군생활의 전반적 득실

(2) 하지만 당장 군 경력이 취업이나 승진에는 도움이 되지 않는다는 응
   답이 60%를 웃돌았다.

(3) 이들은 군 복무에 따른 불이익으로 '인생의 중요한 시기의 공백'
   (48.2%), 취업 지연에 따른 경제적 손실(16.0%), 학업 능력 저하
   (15.2%)를 꼽았다.

(4) 반면 조직 적응력(46.9%)과 인내심(23.9%), 자기 성찰 기회(12.1%)
   등은 군대 경험을 통해 얻은 이득으로 보았다(그림3 참조).

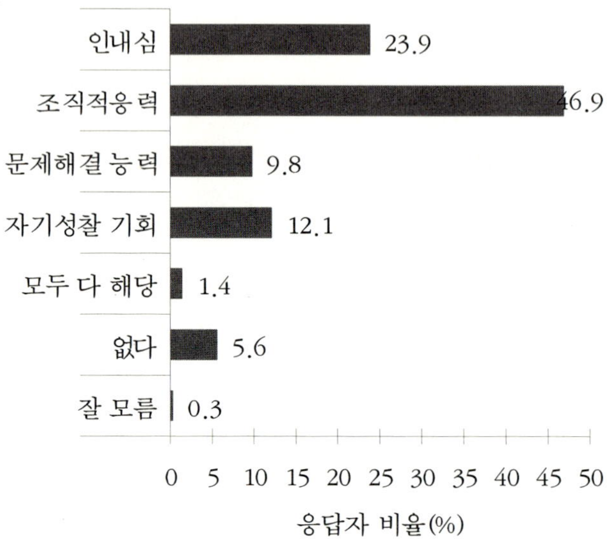

〈그림 3〉 군복무로 얻는 이익

군생활 경험의 불이익은 주로 입직과 관련되는 요인들이었지만, 이익은 주로 사회생활 전반에 걸친 장기적으로 유리한 파급효과를 갖는 요인들이라고 할 수 있다. 이 결과는 흔히 '군대에서 썩는다'는 말로 상징되는 군 복무에 따른 손실의 사회적인 강조와 차이가 있었다.

4) 군가산점제 도입보다는 징집절차의 투명성확보가 우선 해결과제

(1) 앞서 보았듯이 군가산점제 도입에는 73.8%의 남성이 찬성하였고 25.7%의 남성이 반대했다. 하지만 전체 응답자의 67%는 군가산점제가 실제 모든 현역 복무자에게 혜택을 주는 것은 아니라는 생각을 밝혔다.

(2) 군 복무 제도의 사회적 형평성을 높이기 위해 군가산점제 도입(29.4%)에 앞서 징집 절차의 투명성 확보(40.5%)를 우선 해결 과제

로 꼽았다(그림4 참조).

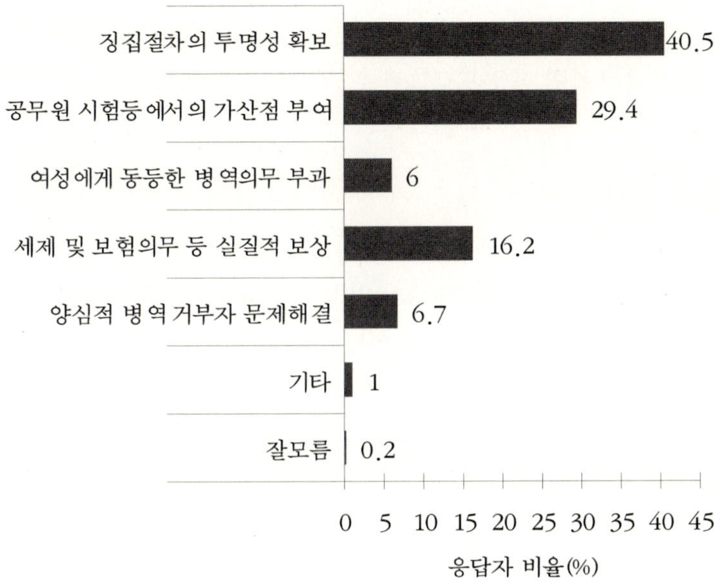

〈그림 4〉 군복무제도의 사회적 형평성을 위해 해결되어야 할 우선과제

(3) 응답자의 70.9%가 우리나라 군징집 절차의 형평성에 문제가 있다고
응답하였다.
(4) 다만 20대와 7·9급 공무원 시험 준비생 등 군가산점제 도입의 직접
적인 이해 당사자로 볼 수 있는 남성들은 징집 절차의 투명성보다
군가산점제의 도입을 더 우선 해결해야 할 과제로 꼽았다.

5) 취업지원센터 운영과 자기계발을 위한 자유 시간 확보 선호

(1) 제대군인에 대한 보상 대안으로 20·30세대 남성들은 군가산점 이외

에 제대 군인에 대한 보상으로는 취업 지원 센터 운영(32.3%), 민간 기업의 군 경력 인정 법제화(26.1%), 학자금 장기 저금리 융자(14.1%), 국민연금 군 의무 복무 기간 반영(14.1%) 등을 꼽았다

(2) 병영 생활에서는 자기 계발을 위한 자유 시간 확보(23.3%)와 취업 알선(23.1%), 사회 복귀 적응 프로그램 운영(22.5%) 등에 대한 요구가 많았다.

3. 결어

이상의 조사결과에서 살펴보았듯이 남성들의 군가산점 제도 부활 찬성은 가산점이 유일한 대안이라서가 아니라 현실적으로 군복무에 대한 실질적 보상의 마땅한 대안이 없어서 일 가능성을 시사하고 있다. 또한 상당수 남성들은 징집 절차의 투명성 확보와 같이 군의무복무제도의 집행과정에서 나타나는 남성내부의 차이에서 비롯되는 불형평성을 더 큰 문제시하고 있었고, 실질적 보상의 욕구 또한 가산점제 도입만큼이나 중요한 문제로 제기될 수 있음을 보여주고 있다. 그리고 군복무로 인한 불이익 역시 큰 문제인 것으로 나타났다. 그렇지만 군복무로 인한 이익이나 득실을 살펴보았을 때 반드시 부정적인 결과로만 작용하는 것은 아니라는 인식도 갖고 있음을 확인할 수 있었다. 군생활의 경험은 사회에서 긍정적으로 평가되는 부분도 있어서 직장이나 사회에서 유리한 면도 많이 있다. 그 동안 국가는 국방의 의무에 대한 신성성이라는 사회적 가치를 조성해 왔고, 기업들 역시 이러한 국가의 방침에 일조해 왔다. 사원선발과 인사결정과정에서 군복무를 마친 남성의 조직적응력과 인내심, 원만한 대인관계를 높이 평가하는 관행들은 여전히 남아 있으며, 이는 여성의 사회진출에 장벽으로 작용했음을 부정하기 어렵다. 이러한 결과는 비교적 공정한 시험으로 이루어지는 하위직 공무원 시험에 여성이 몰리게 되는 이유이기도 하다. 현재 군가산

점제 관련 논쟁의 중심에 여성이 설 수 밖에 없는 것은 그 동안의 성불평등적인 우리 사회의 관행이 부메랑으로 돌아 온 결과인 셈이다.

그러나 젊은 남성들이 군복무로 인해 인생의 중요한 시기를 국가에 징발 당한 것에 대한 보상은 반드시 필요하다. 그 보상이 크든 작든 보상을 받지 못하는 어느 한 계층의 피해를 가져와서는 안 된다. 합리적이고 실질적 보상의 대안은 보상을 받지 못하는 어느 한 일방의 피해를 전제하지 않아야 하며, 군복무로 인해 불이익한 처우를 경험한 제대군인이 모두 혜택을 받을 수 있어서 보상의 형평성에도 어긋나지 않는 제도가 마련되어야 할 것이다. 손실에 대한 정당한 보상은 군가산점제만 유일한 대안일 수는 없다는 인식의 공유가 출발점이 되어야 할 것이다. 군가산점제 부활 문제가 남성 대 여성, 남성 대 남성 군면제자 간의 갈등으로 이 문제를 해결하기 어려운 것은 매우 당연한 이치이다. 군가산점제 부활에 대한 일부 높은 찬성 여론에 고무되어 다양한 목소리에 귀를 닫는 것이 문제해결을 가장 어렵게 하는 요소가 될 것임에 틀림없다. 기왕에 불거진 논의라면 이 기회에 제대군인에 관한 실질적이고도 모두가 만족할 수 있는 대안을 마련해 보는 계기로 만드는 것이 더 중요하다. 이를 위해서는 자신의 입장을 지지하는 증거만을 선택적으로 수용하는 오류를 범해서 안된다. 현재 가산점제 부활에 가장 반대가 심할 것 같은 여성계가 제대군인을 위한 대안적 보상체계 마련의 가장 적극적인 지지 세력임을 분명히 인식할 필요가 있다.

이러한 논의에 빠져서 안 될 부분은 장애인을 비롯한 소수자의 문제이다. 이들을 고려한다면 군가산점제가 남녀간 성평등의 문제가 아니라 사회적 약자와 소수자의 권리를 침해하는 제도임이 더욱 분명해 진다. 군가산점제의 부활을 추진하는 것은 사회적 약자와 소수자를 배려해야 한다는 사회적 합의에도 어긋나는 것임을 알아야 한다.

또한 군가산점 혜택을 받는 사람에게는 가산점이 시험 당락에 결정적인 문제이지만 제대군인 전체를 봤을 때 돌아가는 혜택은 전혀 없다. 이 조사

결과에서도 시사하고 있듯이 많은 남성들에게는 군가산점제가 제대군인 보상정책의 상징처럼 받아 들여져 절대적인 지지를 하고 있지만, 이 제도는 제대군인을 모두 포괄하는 보상방안이 될 수 없음이 분명하다. 그럼에도 일부 정치권을 중심으로 군가산점제의 부활을 추진하는 것은 제대군인에 대한 실질적 보상이 없이 예산 한 푼 들이지 않고, 남성의 지지를 이끌어내려는 발상이라 할 수 있다. 제대군인에 대한 실질적 보상은 상당한 재원 요구되는 사안이며, 취업지원시스템의 마련, 세제 혜택 등의 다양한 제도와 정책이 모색되어야 할 문제이다. 따라서 이 문제의 해결에 적극적으로 나서야 할 이유가 되는 것이며, 군가산점제 부활에 대한 논의로 더 이상의 소모적인 논쟁이 되기보다는 이번 군가산점제 도입 관련 논의를 통하여 군가산점 제 부활 여부에만 논의를 국한 시킬 것이 아니라, 무엇인 제대군인들에게 합리적 보상일 것인가에 대한 논의로의 초점의 대전환이 필요하며, 남성내부에 존재하는 여러 가지 인식차를 극복할 수 있을 뿐만 아니라, 여성계를 포함한 우리사회의 모든 구성원들이 공감할 수 있는 제대군인 보상대책이 마련될 수 있는 계기가 되어야 할 것이다.

참고문헌

김엘림,『현행남녀차별법령의 개정방향』, 한국여성개발원, 1995.

김정열, "군가산점제 위헌 판결에 대한 장애우의 입장",『여성과 사회』11, 146-155쪽, 2000.

김창수, "현행 징병제의 문제점과 대안",『여성과 사회』11, 156-169쪽, 2000.

박선영·장명선,『군가산점제 부활안의 법적 쟁점. 군가산점제 부활안의 쟁점과 대안』, 한국여성정책연구원 토론회, 2007.

박홍주, "노동시장의 관점에서 본 군가산점제",『여성과 사회』11, 115-132쪽, 2000.

배은경, "군가산점제 논란과 쟁점",『여성과 사회』11, 92-114쪽, 2000.

정길호,『의무복무 제대군인 불이익 해소 및 인센티브 제공방안 연구』, 국가보훈처, 2004.

정강자,『제대군인가산점제도의 문제점과 대안에 관한 제언. 군가산점 논쟁, 어떻게 풀것인가』, 경실련 토론회, 2000.

정진성, "군가산점제에 대한 여성주의 관점에서의 재고",『한국여성학』17, 1, 5-33쪽, 2001.

조경옥 외. 헌법소원심판청구서, 1998. 10.

조주현, "군가산점제 논쟁과 젠더 정치: 가능성 접근법의 관점에서",『한국여성학』19-1, 181-208.

헌법재판소 결정, "98헌마363 제대군인지원에관한법률 제8조 제1항 등 위헌 확인",『여성과 사회』11, 170-190, 2000.

공익과인권 15

군대와 성평등

값20,000원

2009년 8월 20일　초판 인쇄
2009년 8월 30일　초판 발행

기　　획 : 서울대학교 공익인권법센터
엮 은 이 : 양 현 아
발 행 인 : 한 정 희
편　　집 : 신 학 태
발 행 처 : 경인문화사
　　　　　서울특별시 마포구 마포동 324-3
　　　　　전화 : 718-4831~2, 팩스 : 703-9711
　　　　　이메일 : kyunginp@chol.com
　　　　　홈페이지 : http://www.kyunginp.co.kr
　　　　　　　　　　http://한국학서적.kr
등록번호 : 제10-18호(1973. 11. 8)

ⓒ 2009, 공익인권법센터
ISBN : 978-89-499-0660-7　03360
※ 파본 및 훼손된 책은 교환해 드립니다.